上海市教委重点课程建设项目

U0957471

无机化学实验

主编　包新华　徐甲强

上海大学出版社
· 上海 ·

图书在版编目(CIP)数据

无机化学实验/包新华主编．—上海：上海大学出版社，2010.9

ISBN 978-7-81118-667-3

Ⅰ.①无… Ⅱ.①包… Ⅲ.①无机化学－化学实验－教材 Ⅳ.①061-33

中国版本图书馆 CIP 数据核字(2010)第 175944 号

责任编辑 陈基明 焦贵平

封面设计 施羲雯

无机化学实验

包新华 徐甲强 主编

上海大学出版社出版发行

(上海市上大路 99 号 邮政编码 200444)

(http://www.shangdapress.com 发行热线 66135110)

出版人：姚铁军

*

南京展望文化发展有限公司排版

江苏句容市排印厂印刷 各地新华书店经销

开本 890×1240 1/32 印张 9.75 字数 262 000

2010 年 9 月第 1 版 2010 年 9 月第 1 次印刷

印数：1~3100

ISBN 978-7-81118-667-3/O·051 定价：25.00 元

前言

加强实验教学环节，提高学生的动手能力，增强学生的创新意识，已成为21世纪全面提高学生素质的迫切要求。化学实验教学在培养学生的基础知识、实践能力和科学素质等各方面起着不可替代的作用。

为适应上海大学教学改革的需要，按照《无机化学实验教学大纲》的要求，我们编写了这本《无机化学实验》教材。

本教材是在我校已使用多年的自编讲义《无机化学实验》的基础上，补充、修改而成。本教材突破原教材的无机实验课程依附理论课程教学的传统框架，在多年教学实验改革的基础上，从已有的实验内容和近年的新实验中，精心选择了43个实验，进行重新组合，形成了相对独立和完整的无机化学实验新体系。

本教材的特色是：

1. 为适应无机化学理论课和实验课在教学上的相对独立，本教材在每章实验前安排了相关的理论内容，既紧密配合无机化学理论课的教学，又注意保持《无机化学实验》作为一门课程的相对独立性和完整性。使学生通过实验更好地掌握理论课所学的知识，提高实验操作技能，养成良好的实验习惯和尊重科学、实事求是的科学素质，为后续实验课奠定坚实的基础。

2. 注重加强基本操作训练和培养，压缩验证性实验，增加了操作技能训练以及综合性、设计型的实验，对重要的和难度较大的基本操作在不同的实验中反复出现，以使学生得到充分练习，突出能力和素质培养。

3. 为提高学生对实验课的兴趣，激发学生求知欲望和探索精神，使学生处于实验课的主体地位，选用了与工业生产、环境保护、生活实践等密切相关的题材作为实验或扩展实验、兴趣实验的素材，如“维生素C药片中抗坏血酸含量的测定”、“生理盐水中氯化钠含量的测定”、“从硼镁泥制取七水硫酸镁”等实验。让学生意识到化学无处不在。

4. 选用了一些外文实验，让学生比较早地接触本专业的专业英语。同时，为我校在实验教学上开展双语教学作一些有益的探索。

本教材由包新华、徐甲强主编，参加编写的教师有包新华、徐甲强、朱守荣、谢赛英、邢菲菲、赵永梅、柏跃玲、刘洪江、钱群、林昆华。在本教材的编写过程中，教研室的同事给予了大力的支持和帮助，在此，一并表示感谢。

由于编者的水平所限，难免有不足或错误之处，恳请使用本教材的老师和同学们给予批评指正。

编　者

2010年8月

目录

绪　论 …… 1
0-1　无机化学实验的目的 …… 1
0-2　无机化学实验的基本要求和学习方法 …… 2
0-3　无机化学实验成绩的评定 …… 4
0-4　无机化学实验室规则和安全知识 …… 4

第一章　无机化学实验基本知识 …… 8
1-1　常用器皿与仪器 …… 8
1-2　无机化学实验室用的水 …… 8
1-3　实验结果的表示 …… 10
1-3-1　误差和数据处理 …… 10
1-3-2　化学计算中的有效数字 …… 12
1-3-3　作图方法简介 …… 15

第二章　无机化学实验基本操作和技术 …… 17
2-1　玻璃仪器的洗涤及干燥 …… 17
2-2　试剂的规格、存放及取用 …… 19
2-2-1　化学试剂的规格 …… 19
2-2-2　试剂的存放 …… 20
2-2-3　试剂的取用 …… 21

2-3 试纸 …… 22
2-4 加热与冷却 …… 24
2-4-1 加热装置 …… 24
2-4-2 加热操作 …… 25
2-4-3 冷却方法 …… 26
2-5 气体的制备、净化及气体钢瓶的使用 …… 27
2-5-1 气体的发生 …… 27
2-5-2 气体的收集 …… 28
2-5-3 气体的净化与干燥 …… 29
2-5-4 气体钢瓶、减压阀及使用 …… 29
2-6 量器及其使用 …… 30
2-6-1 滴定管 …… 30
2-6-2 移液管 …… 33
2-6-3 容量瓶 …… 34
2-6-4 量筒和量杯 …… 35
2-7 温度计及其使用 …… 35
2-7-1 液体-玻璃温度计 …… 36
2-7-2 热电偶温度计 …… 36
2-8 称量仪器的使用 …… 36
2-8-1 电子天平 …… 36
2-8-2 试样的称取方法 …… 38
2-9 固、液分离与结晶 …… 40
2-9-1 滤纸、滤器及其使用 …… 40
2-9-2 固、液分离 …… 40
2-9-3 重结晶 …… 44
2-10 常用仪器的使用 …… 45
2-10-1 320-SpH 计的使用 …… 45

2-10-2　3107 型电导率仪的使用 …………………………… 48
2-10-3　722E 型可见分光光度计的使用 ………………………… 50

第三章　基本操作训练 …………………………………………… 53
基本要求 ………………………………………………………… 53
理论概述 ………………………………………………………… 53
3-1　实验一　煤气灯的使用、玻璃工操作和仪器洗涤 ……… 59
3-2　实验二　二氧化碳摩尔质量的测定 ……………………… 66
3-3　实验三　气体常数的测定 ………………………………… 69
3-4　实验四　氯化铵生成焓的测定 …………………………… 73
3-5　实验五　化学反应热效应的测定 ………………………… 77
3-6　实验六　氢氧化钠浓度的标定 …………………………… 81
扩展实验　维生素 C 药片中抗坏血酸含量的测定 ……………… 85
3-7　实验七　盐酸溶液浓度的测定 …………………………… 87
扩展实验　APC 药片中阿司匹林含量测定 ……………………… 92
3-8　实验八　氯化钠提纯 ……………………………………… 94
3-9　实验九　氧化还原反应与电化学 ………………………… 98

第四章　化学反应特征常数的测定 ……………………………… 104
基本要求 ………………………………………………………… 104
理论概述 ………………………………………………………… 104
4-1　实验十　醋酸电离常数和电离度的测定（pH 电位法）
……………………………………………………………… 108
4-2　实验十一　四氨合铜(II)配离子的 $\Delta G^{\ominus}$ 和 $K^{\ominus}_{稳}$ 的测定
（pH 电位法） …………………………………………… 111
4-3　实验十二　Fe^{3+}～NCS^- 平衡常数的测定
（分光光度法） ………………………………………… 114

4-4 实验十三 Fe^{3+}与磺基水杨酸配合物的组成和标准稳定常数的测定(分光光度法) …… 118
4-5 实验十四 化学反应速率、速率常数和反应级数的测定($S_2O_8^{2-}$ 与 I^- 的氧化还原反应) …… 123
4-6 实验十五 二氯化铅溶度积的测定(离子交换法) …… 130
扩展实验 生理盐水中氯化钠含量的测定 …… 134
4-7 实验十六 电导率法测定 $BaSO_4$ 的溶度积常数 …… 136
4-8 实验十七 分光光度法测定碘化铜溶度积常数 …… 138

第五章 无机物制备和提纯 …… 142
基本要求 …… 142
理论概述 …… 142
5-1 实验十八 硫酸亚铁铵的制备 …… 150
5-2 实验十九 从硼镁泥制取七水硫酸镁 …… 152
5-3 实验二十 由含银废液制取金属银 …… 156
5-4 实验二十一 三氯化铁的提纯 …… 159
5-5 实验二十二 四氯化锡的制备(微型实验) …… 161
5-6 实验二十三 无水三氯化铬的制备 …… 163
5-7 Experiment 24 Purification of Copper Sulfate …… 167
5-8 Experiment 25 Preparation, purification and solubility of potassium nitrate …… 171

第六章 常见元素及其化合物的性质实验 …… 177
基本要求 …… 177
理论概述 …… 178
6-1 实验二十六 p区重要非金属元素及其化合物 …… 185
6-2 实验二十七 p区重要金属化合物 …… 192

6－3　实验二十八　d 区重要金属化合物(一) …………………… 198
6－4　实验二十九　d 区重要金属化合物(二) …………………… 202
6－5　Experiment 30　Important metal compounds of ds block elements …………………… 207
6－6　实验三十一　常见阴离子的分离和鉴定 …………………… 214
6－7　实验三十二　常见阳离子的分离和鉴定 …………………… 223

第七章　综合实验和设计实验 …………………… 234
7－1　实验三十三　三草酸合铁(III)酸钾的制备及组分的测定 …………………… 234
7－2　实验三十四　过氧化钙的制备及含量分析 …………………… 245
7－3　实验三十五　三氯化六氨合钴(Ⅲ)的制备及组成的 …………………… 247
7－4　实验三十六　离子交换法从海带中提碘(微型实验) …………………… 250
7－5　实验三十七　室温固相反应法制备半导体纳米材料 …………………… 253
7－6　实验三十八　聚碱式氯化铝的制备与净水实验 …………………… 257
7－7　实验三十九　分子筛的制备及其物性测定 …………………… 260
7－8　实验四十　二茂铁的合成和表征 …………………… 263
7－9　实验四十一　未知配合物的合成和表征 …………………… 265
7－10　Experiment 42　Anion analysis of unknown solution …………………… 268
7－11　Experiment 43　Cation analysis of unknown solution …………………… 269

附录一　国际相对原子质量表 …………………… 271
附录二　不同温度下一些常见无机化合物的溶解度 …………………… 273

附录三 不同温度下水的饱和蒸气压 …… 278
附录四 弱酸和弱碱的电离平衡常数 …… 281
附录五 一些难溶化合物的溶度积常数 …… 283
附录六 常用酸、碱的浓度 …… 285
附录七 标准电极电势(298.16K) …… 286
附录八 常见配离子的稳定常数 …… 292
附录九 某些试剂溶液的配制 …… 294
附录十 强酸、强碱、氨溶液的百分浓度与比重、物质的量浓度(M)的关系 …… 296
附录十一 酸碱指示剂 …… 299

主要参考资料 …… 300

绪论

0-1 无机化学实验的目的

到目前为止，化学还是一门实验科学，任何化学上的发现、发明都离不开实验，化学中的理论、学说、定律都来源于实验并且不断地经受实验的检验。从历史上来看，通过实验人们发现了元素，通过实验人们了解了物质的组成，通过实验人们研究了物质的组成，最后通过实验人们又合成了新的物质。所以我们把化学实验看成是摘取化学成果的梯子，让学生真正体会到化学实验是掌握化学知识的重要途径。

我们开设无机化学实验的主要目的是：

1. 培养学生的动手能力

化学实验中有各种各样的实验操作，我们要求学生能掌握准确的操作规程（包括操作手势等），为今后的科研工作打下基础。

2. 培养学生观察事物的能力

化学实验中有许多实验现象，我们要求学生能时刻注意实验现象，对于细微的变化也不能产生观察上的遗漏。我们知道稀有气体的发现就是由于前辈科学家有锐利的洞察力，从空气中分离氮气所测出的分子量与氨分解出氮气的分子量之间有微弱差别中发现了稀有气体。

3. 培养学生独立思考的能力和解决问题的能力

对学生来说化学实验中有许多新问题需要解决，要求学生去独立思考，找出解决问题的方法，并且通过实践去验证自己的方法正确与否。

4. 培养学生的创新能力

本实验书中引入了一些设计性的实验，让同学自己提出进行实验的方案，教师略作指导，只要符合安全要求，容许学生自己去做自己想要做的实验。

5. 培养实事求是的工作态度

在实验中决不允许有弄虚作假乱凑数据的伪科学作风，培养学生实事求是的科学品质。

0-2 无机化学实验的基本要求和学习方法

无机化学实验的学习，不仅需要学生有一个正确的学习态度，而且还需要有一个正确的学习方法。现将学习方法归纳成如下几方面：

1. 预习

预习是做好实验的前提和保证，预习工作可以归纳为看、查、写。

(1) 看　认真阅读本书有关章节、有关教科书及参考资料，做到明确目的，了解实验原理；熟悉实验内容、主要操作步骤及数据的处理方法，明确实验的关键步骤和注意事项，合理安排实验时间，预习仪器的基本操作。

(2) 查　通过查阅附录或有关手册，列出实验所需的物理化学数据。

(3) 写　在“看”和“查”的基础上认真写好预习报告。

2. 讨论

(1) 实验前以提问的形式，师生共同研讨实验原理、操作要点和注意事项。

(2) 观看操作录像，或由教师操作示范，使基本操作规范化。

(3) 实验后组织课堂讨论，对实验现象、实验结果进行分析，对实验操作和素养进行评说，以达到提高的目的。

3. 实验

(1) 按拟定的实验步骤独立操作，既要大胆，又要细心，仔细观察实验现象，认真测定数据，并做到边操作、边思考、边记录。

(2) 观察的现象，测定的数据，要如实记录在报告本上。不用铅笔记录，不记在草稿纸、小纸片上。不凭主观意愿删去自己认为不对的数据，不杜撰原始数据。原始数据不得涂改或用橡皮擦拭，如有记错可在原始数据上作出记号，再在旁边写上实验数据。

(3) 实验中要勤于思考，仔细分析，力争自己解决问题。碰到疑难问题，可查资料，亦可与教师讨论，获得指导。

(4) 如对实验现象有怀疑，在分析和查原因的同时，可以做对照试验、空白试验，或自行设计实验进行核对，必要时应多次实验，从中得到有益的结论。

(5) 如实验失败，要检查原因，经教师同意后重做实验。

4. 实验后

做完实验仅是完成实验的一半，接下来更为重要的是分析实验现象，整理实验数据，把直接的感性认识提高到理性思维阶段。要做到：

(1) 认真、独立完成实验报告。对实验现象进行解释，写出反应式，得出结论，对实验数据进行处理(包括计算、作图、误差表示)。

(2) 分析产生误差的原因；对实验现象以及出现的一些问题进行讨论，敢于提出自己的见解；对实验提出改进的意见或建议。

(3) 回答问题。

5. 实验报告

无机化学实验大致可分为化学性质的定性和定量测定、化合物性质和鉴定以及化合物制备等三大类。要求按一定格式书写，字迹端正，叙述简明扼要，实验记录、数据处理使用表格形式，作图应使用规定作图纸，图形准确清楚，报告本整齐清洁。

实验报告的书写，通常包括三部分，即：

(1) 根据实验内容写出实验目的、原理(扼要)、主要使用的仪器和试剂、步骤(简明)。

(2) 根据原始记录写出实验现象、测定数据,包括作图等内容。

(3) 结论部分(实验后完成),包括对实验现象、所测数据或产品产量进行分析、解释、结论;原始数据的处理、误差分析和对实验进行讨论。

实验报告的格式无机化学实验大致可分为常数测定、制备和性质等三大类。

0-3 无机化学实验成绩的评定

学生实验成绩的评定主要依据如下:

1. 对实验原理和基本知识的理解。

2. 对基本操作、基本技术的掌握,对实验方法的掌握。

3. 实验结果(合理的产量、纯度;准确度、精密度等)。

4. 原始数据的记录(及时、正确,包括表格的设计),数据处理的正确性,有效数字、作图技术的掌握。实验报告的书写与完整性。

5. 实验过程中的综合能力、科学品德和科学精神。

根据化学实验中的特点,成绩评定的着重点有所不同,但实验结果决不是唯一的决定因素。

0-4 无机化学实验室规则和安全知识

一、无机化学实验规则

1. 第一次进入无机化学实验室,应按教师发给的实验仪器进行清点,如发现有破损或缺少,应立即报告教师,按规定手续向仓库补领。实验时如有损坏,按学校仪器赔偿制度进行处理。未经教师同意,不得动用规定实验以外的药品和仪器。

2. 每次实验前应认真预习，明确目的要求，弄清有关基本原理、操作步骤方法以及安全注意事项。写出实验预习报告，做到心中有数，有计划地进行实验。

3. 实验时应遵守纪律，保持安静，集中思想，认真操作，仔细观察现象，如实记录结果，积极思考问题。

4. 实验时应保持实验室和桌面清洁整齐。废纸、火柴梗等固体废物以及各种强腐蚀性废液等应放入废物缸或其他规定的回收容器内，严禁倒入水槽，以防水槽和下水管道堵塞或腐烂。有毒废液、有毒固体应集中回收处理。

5. 爱护国家财产，小心使用仪器设备，节约药品、水、电和煤气。

6. 使用药品应注意下列几点：

(1) 药品应按规定取用。如果书中未规定用量，应注意节约。

(2) 取用固体药品时，注意勿使其撒落在实验桌上。

(3) 药品自药瓶中取出后，不应倒回原药瓶中，以免带入杂质而引起瓶中药品变质。

(4) 试剂瓶使用过后，应立即盖上塞子，并放回原处，以免和其他瓶上的塞子搞错，混入杂质。

(5) 各种公用的试剂和药品都放在一定的试剂架上，使用时尽可能不要为了方便拿到自己的实验桌上不放回原处。

7. 使用精密仪器时，要细心谨慎。如发现仪器有故障，必须停止使用，及时报告指导教师，由教师来处理，以避免仪器损坏，影响以后实验。

8. 实验结束后，应将玻璃仪器洗刷干净，放回原处，整理好药品及自己实验的桌面。

9. 值日生打扫整个实验室，最后检查自来水开关及煤气开关是否关紧，电源是否切断，门窗是否关好。经教师同意后才能离开实验室。

10. 根据原始记录，严肃认真地写出实验报告，准时交给指导教师。

二、无机化学实验室中的安全操作和事故处理

化学药品中,有很多是易燃、易爆、有腐蚀性和有毒的。所以在化学实验室中工作,首先必须在思想上十分重视安全问题,决不能麻痹大意。其次,在实验前应充分了解本实验中的安全注意事项,在实验过程中应集中注意力,并严格遵守操作规程,才能避免事故的发生。假如由于各种原因而发生事故,应立即紧急处置(措施见后)。

(一) 安全守则

1. 一切易燃、易爆物质的操作都要在离火较远的地方进行,并严格按照操作规程操作。

2. 有毒、有刺激性的气体的操作都要在通风橱内进行,有时需要借助于嗅觉判别少量的气体时,决不能将鼻子直接对着瓶口或管口,而应当用手将少量气体轻轻扇向自己的鼻孔。

3. 加热、浓缩液体的操作要十分小心,不能俯视加热的液体,加热的试管口更不能对着自己和别人。浓缩溶液时,特别是有晶体出现之后,要不停地搅拌,更不能离开工作岗位。尽可能戴上保护眼镜。

4. 绝对禁止在实验室内饮食、抽烟。严格防止有毒的药品(如铬盐、钡盐、铅盐、砷的化合物、汞及汞的化合物,氰化物等)进入口内或接触伤口。剩余的固体、强腐蚀废液及有毒物体决不许倒入下水道,可回收后集中处理。

5. 浓酸、浓碱具有强腐蚀性,使用时不要溅在皮肤或衣服上,更应注意保护眼睛。稀释时(特别是浓硫酸),应在不断搅拌下将它们慢慢倒入水中,不能进行相反顺序操作,以避免迸溅。

6. 使用的玻璃或玻璃棒切割后应马上将断口烧熔保持圆滑。玻璃碎片要放在回收容器内,决不能丢在地面或桌面上。

7. 水、电、煤气使用完毕应立即关闭。

8. 每次实验结束后,应将手洗净才可离开实验室。

(二) 意外事故的紧急处理

实验过程中,如发生意外事故,可采取如下救护措施:

1. 玻璃割伤。伤口内若有玻璃碎片,须先挑出,然后涂上红药水并用消毒纱布进行包扎。

2. 烫伤。切勿先用水冲洗,而应在烫伤处抹上黄色的苦味酸溶液、烫伤膏或万花油均可。

3. 酸(或碱)溅入眼内。立刻先用大量水冲洗,然后用饱和碳酸氢钠溶液(或硼酸溶液)冲洗,最后再用水冲洗。

4. 吸入刺激性或有毒气体。如吸入氯化氢气体时,可吸入少量酒精和乙醚的混合蒸气使之解毒。吸入硫化氢气体而感到不适时,立即到室外呼吸新鲜空气。

5. 触电。立即切断电源,在必要时进行人工呼吸。

6. 如不慎起火,要立即灭火,采取措施防止火势扩展(如切断电源,移走易燃药品等)。灭火的方法要根据起因选用合适的方法。一般的小火可用湿布、石棉布或砂子覆盖燃烧物,火势大时可使用泡沫灭火器。电器设备所引起的火灾,只能使用四氯化碳灭火器灭火,不能使用泡沫灭火器,以免触电。实验人员衣服着火时,切勿惊慌乱跑,赶快脱下衣服,或用石棉布覆盖着火处(就地卧倒打滚,也可起到灭火作用)。

第一章
无机化学实验基本知识

1-1 常用器皿与仪器

实验室常用仪器种类很多,图 1-1 列出了无机化学实验室常用的仪器。

1-2 无机化学实验室用的水

我国已建立了实验室用水的国家标准(GB6682-92),规定了实验室用水的技术指标(见表 1-1)、制备方法及检验方法。

表 1-1 实验室用水的级别及主要指标

指标名称	一级	二级	三级
pH 范围(298 K)	—	—	5.0~7.5
电导率(298 K)/($ms\cdot m^{-1}$)≤	0.01	0.10	0.50
吸光度(254 nm,1 cm 光程)≤	0.001	0.01	—
二氧化硅含量/($mg\cdot L^{-1}$)≤	0.01	0.02	—

有些实验室对水还有特殊的要求,可根据需要检验有关项目,如氧、铁、氨含量等。

实验室常用的蒸馏水、去离子水和电导水,它们在 298 K 时的电

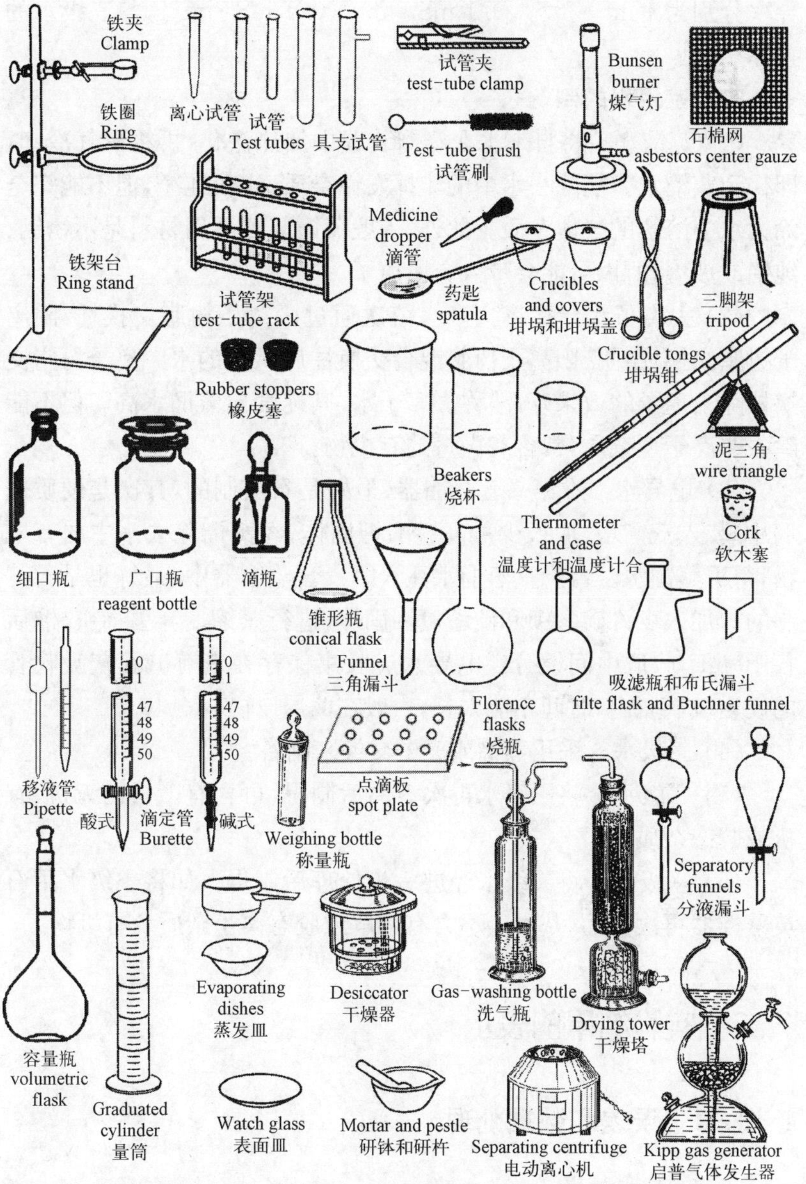

图 1-1 无机化学实验室常用仪器

导率分别为 1 mS·m^{-1}、0.1 mS·m^{-1}、0.1 mS·m^{-1}，与三级水的指标相近。

实验室用水的制备

(1) 蒸馏水　将自来水在蒸馏装置中加热汽化，再将蒸气冷却，即得到蒸馏水。能除去水中的非挥发性杂质，比较纯净，但不能完全除去水中溶解的气体杂质。此外，一般蒸馏装置所用材料是不锈钢、纯铝或玻璃，所以可能会带入金属离子。

(2) 去离子水　指将自来水依次通过阳离子树脂交换柱，阴离子树脂交换柱，阴、阳离子树脂混合交换柱后所得的水。离子树脂交换柱除去离子的效果好，故称去离子水，其纯度比蒸馏水高。但不能除去非离子型杂质，常含有微量的有机物。

(3) 电导水　在第一套蒸馏器(最好是石英制的，其次是硬质玻璃)中装入蒸馏水，加入少量高锰酸钾固体，经蒸馏除去水中的有机物，得重蒸馏水。再将重蒸馏水注入第二套蒸馏器中(最好也是石英制的)，加入少许硫酸钡和硫酸氢钾固体，进行蒸馏。弃去馏头、馏后各 10 mL，收取中间馏分。电导水应收集保存在带有碱石灰吸收管的硬质玻璃瓶内，时间不能太长，一般在两周以内。

(4) 三级水　采用蒸馏或离子交换来制备。

(5) 二级水　将三级水再次蒸馏后制得，可含有微量的无机、有机或胶态杂质。

(6) 一级水　将二级水经进一步处理后制得。如将二级水用石英蒸馏器再次蒸馏，基本上不含有溶解或胶态离子杂质及有机物。

1-3　实验结果的表示

1-3-1　误差和数据处理

1. 准确度和误差

(1) 准确度

指测定值与真实值之间的偏离程度。

(2) 误差

绝对误差是指测定值与真实值之差，相对误差是指绝对误差与真实值之比（占百分之几）。即

绝对误差＝测定值－真实值（单位与被测值相同）

相对误差＝绝对误差/真实值（无单位）

例：真实值为 0.100 0 g 的样品，称出的测定值为 0.102 0 g。

绝对误差＝0.102 0 g－0.100 0 g＝0.002 0 g

相对误差＝0.002 0 g/0.100 0 g＝2.0%

又：真实值为 1.000 0 g 的样品，称出的测定值为 1.002 0 g。

绝对误差＝1.002 0 g－1.000 0 g＝0.002 0 g（与上例相同）

相对误差＝0.002 0 g/1.000 0 g＝0.20%（为上例的 1/10）

绝对误差与被测量的大小无关，而相对误差却与被测量的大小有关。从上例可知若被测的量越大则相对误差越小。一般用相对误差来反映测定值与真实值之间的偏离程度（即准确度）比用绝对误差更为合理。

2. 精密度和偏差

(1) 精密度

指测量结果的再现性（重复性）。

(2) 偏差

通常被测量的真实值很难准确知道，于是用多次重复测量结果的平均值代替真实值。这时单次测定的结果与平均值之间的偏离就称为偏差。偏差与误差一样，也有绝对偏差和相对偏差之分。

绝对偏差＝单次测定值－平均值

相对偏差＝绝对偏差/平均值

从相对偏差的大小可以反映出测量结果再现性的好坏，即测量的精密度。相对偏差小，则可视为再现性好，即精密度高。

3. 产生误差的原因

产生误差的原因很多。一般可分为系统误差和偶然误差两大类。

(1) 系统误差

在做多次重复测定时，由于某种固定因素的影响，使结果总是偏高或偏低。这些固定的因素通常有：实验方法不完善，所用的仪器准确度差，药品不纯等。系统误差可以用改善方法、校正仪器、提纯药品等措施来减少。有时也可以在找出误差原因后，算出误差的大小而加以修正。

(2) 偶然误差

在多次重复测定中，纵使操作者技能再高，工作再细致，每次测定的数据也不可能完全一致。而是有时稍偏高些，有时稍偏低些。这种误差产生的原因常难以察觉，例如在滴定管读数时，最后一位数字要估计到 0.01 mL，则难免会估计得有些不准确。这种误差是由于偶然因素引起的，误差的数值有时大些，有时小些，而且有时是正误差，有时是负误差。通常可采用“多次测定，取平均值”的方法来减小偶然误差。

(3) 过失差错

除了上述两类误差以外，还有由于工作粗枝大叶，不遵守操作规程等原因而造成测量的数据有很大的误差。如果确知由于过失差错而引起了误差，则在计算平均值时应剔除该次测量的数据。通常只要我们加强责任感，对工作认真细致，过失差错是完全可以避免的。

1-3-2 化学计算中的有效数字

1. 什么叫有效数字

各种测量都难免有误差，因此记录和计算测量的结果就应与测量的误差相适应，不能超出测量的精确度。例如：用 50 mL 滴定管测量液体体积时可以准确到每格刻度 0.1 mL，再在两个刻度之间进行估计，可以估计到 0.01 mL（实际上往往只估计到 0.02 mL）。如果被观测的液面位于 24.1 mL 和 24.2 mL 之间的正中，那么就可记录为 24.15 mL；如果位于 24.1 mL 的刻度以下 0.02 mL（估计）处，则记录为 24.12 mL。在 24.15 和 24.12 中，各数字都属有效数字。在有效数字中，除最后一位数字有一定误差外，其余的数字都是准确的。例如在 24.15 mL 和 24.12 mL 这两个数据中，“24.1”是可靠的，而在小数后第二位上的“5”和“2”则是估计的，有一定的误差。

有些人可能认为小数点后的位数愈多精密度愈高。其实两者之间并无联系。小数点的位置只与单位有关。例如 24.15 mL 也可写为 0.024 15 升，两者的精密度完全相同，都是四位有效数字。关于“0”的作用，因其位置不同而异。在 0.215，0.021 5 或 0.002 15 中，“0”只起到表示小数点位置的作用，不算作有效数字。这三个数值都有三位有效数字。在 24.10，21.10，2.000，2.010 等数据中，“0”则是有效数字，所以它们都是四位有效数字。但是在 2 100 和 2 000 中，“0”的意义就不确切了。这时只能按照实际测量的精密程度来确定。如果它们各有两位数字是有效的，那么这两个数值就应该写成 2.1×10^3 和 2.0×10^3；如果是三位有效数字，则写成 2.10×10^3 和 2.00×10^3。同理，2×10^3 只表示它有一位有效数字。

2. 有效数字的运算法则

如将 13.65，0.008 2 和 1.632 加起来，所得的结果应取几位有效数字呢？我们知道它们的末位数字是估计的，含有一定的误差（被估计的数字下面划一横线表示）在末位数字之后则还有一些估计不出来的未知数（用“?”表示）。那么通过下面运算便知，在所得到的结果中，未知数字“9”已包含有一定的误差，以后就更不用说了，故三个数值加起来的总和只能取 15.29。减法运算也有类似情况。所以在加、减运算中，计算结果所保留的小数点后的位数，应与各个数值中其小数点后位数最少者相同。例如 Cl 的原子量为 35.453，H 的原子量为 1.007 97，两者之和便是 HCl 的分子量。两者加起来为

36.460 97，但根据有效数字运算法，则 HCl 的分子量应该取 36.461，而不是 36.460 97。有效数字的位数确定后，其余数字应采取四舍五入的法则弃去。

$$
\begin{array}{r}
13.65? \\
0.0082? \\
+)\ 1.632? \\
\hline
15.29???
\end{array}
$$

在乘、除运算中，计算结果的有效数字位数应与各项中其有效位数最少者相同，例如：

$$20.03 \times 0.20 = 4.0$$

运算的结果在小数点后第一位已含有误差，以后就更不用说了。所以经过四舍五入法则处理，结果取了 4.0，而不是 4.006。

$$
\begin{array}{r}
20.03? \\
\times)\ 0.20? \\
\hline
????? \\
00000 \\
+)\ 4006? \\
\hline
4.0????
\end{array}
$$

在对数运算中，对数的首数(整数部分)不算有效数字，其尾数(小数部分)的有效数字与相应的真数相同。例如：有三份溶液，其氢离子的浓度 $C(H^+)$ 分别为 0.020 00，0.020 和 0.02 $mol \cdot L^{-1}$，它们的对数值[$\lg C(H^+)$]应分别取 $\bar{2}$.301 0，$\bar{2}$.30 和 $\bar{2}$.3，因而它们的 pH 值[$-\lg C(H^+)$]应分别取 1.699 0，1.70 和 1.7。这些 pH 值的有效数字分别为四位、二位和一位，整数“1”不算有效数字。

在进行较复杂的运算时，中间各步可以暂时多保留一位数字，以免多次四舍五入，造成误差的积累。但最后结果仍只保留其应有位数。

必须说明的是，若第一位数字是 8 或大于 8，则计算有效数字时可多计一位。例如 851，0.9……等，它们的有效数字可分别看成是四位和两位。故 0.9÷0.9 其商值取 1.0 而不是 1。另外，还必须强调一下，只有在涉及由直接或间接测定所提到的物理量时，才存在有效数字的问题，而那些不需要经过测量的数值如“2”等分、“3”次……等等，在运算过程中应该认为它们是无限多位有效数字，即 2.000 0、3.000 0……，决不能把它们看成是一位有效数字。

1-3-3　作图方法简介

将实验数据用几何图形表示出来的方法称图解法。图解法能简明地揭示出各变量之间的关系，例如数据中的极大、极小、转折点、周期性等等都很容易从图象上找出来。有时，进一步分析图象还能得到变量间的函数关系。另外，根据多次测试的数据所描绘出来的图象，一般具有“平均”的意义，从而也可以发现和消除一些偶然误差。所以图解法在数据处理上也是一种重要的方法。但在本书中应用到图解法处理数据的实验不多。所以现在只是将作图的方法简略介绍一下，更详尽的讨论留待后续课中介绍。

1. 坐标标度的选择

最常用的作图纸是直角毫米坐标纸。习惯上以横坐标表示自变量，纵坐标表示因变量。坐标轴比例尺的选择一般应遵循下列原则：

(1) 能表示出全部有效数字，从图中读出的物理量的精密度应与测量的精密度一致。通常，可采取读数的绝对误差在图纸上约相当于 0.5～1 个小格(最小分度)即 0.5～1 mm。例如用分度为 1℃的温度计测量时，读数可能有 0.1℃的误差，则选择的比例尺应使0.1℃相当于 0.5～1 小格，即 1℃ ≈ 5 或 10 小格。

(2) 坐标标度应取容易读数的分度，即每单位坐标格子应代表 1，2，或 5 的倍数，而不要采用 3，6，7，9 的倍数。而且应把数字标示在图纸逢五或逢十的粗线上。

(3) 在不违反上述两个原则的前提下，坐标纸的大小必须能包括所有必需的数据且略有宽裕。如无特殊需要(如直线外推求截距等)就不一定把变量的零点作为原点,可以只从稍低于最小测量值的整数开始。这样可以充分利用图纸而且有利于保证图的精密度。

2. 点和线的描绘

(1) 点的描绘

代表某一数点可用·、+、×、⊙、☆、#、*、○、△等不同的符号表示。符号的重心所在即表示读数值。整个点的符号应有足够的大小,它可粗略地表示出测量误差的范围。

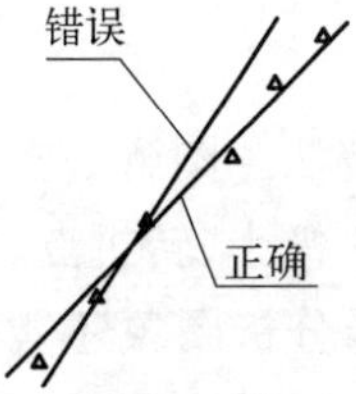

图 1-2

(2) 线的描绘

描出的线必须平滑,尽可能接近(或贯串)大多数的点(并非要求贯串所有的点)并且使处于平滑曲线(或直线)两边的点数大致相等(图1-2)。这样描出的曲线(直线)就能近似地表示出被测量的平均变化情况。

(3) 在曲线的极大、极小或转折处应多取一些点,以保证曲线所表示的规律的可靠性。如果发现有个别点远离曲线,又不能判断被测物理量在此区域会发生什么突变,就要分析一下是否有偶然性的过失误差,如果确属后一情况,描线时可不考虑这一点,但是如果重复实验仍有同样情况,就应在这一区间重复进行仔细的测量。搞清在此区域内是否存在某些必然的规律,并严格按照上述原则描线。总之,切不可毫无理由地丢弃离曲线较远的点。

现在,计算机技术的迅猛发展,我们可以用计算机来处理实验数据,画出图形,例如 Excel、Oringin 等软件就可以根据实验数据作出图形。

第二章
无机化学实验基本操作和技术

2-1 玻璃仪器的洗涤及干燥

1. 仪器的洗涤

化学实验室经常使用各种玻璃仪器，而这些仪器是否干净，常常影响到实验结果的准确性，所以应该保证所使用的仪器是很干净的。"干净"两字的含义比我们日常生活中所指干净程度要求要高，它主要是指"不含妨碍实验准确性的杂质"的意思。

洗涤玻璃仪器的方法很多，应根据实验的要求、污物的性质和沾污的程度来选用。一般说来，附着在仪器上的污物既有可溶性物质，也有尘土和其他不溶性物质，还有油污和有机物质。针对这种情况，可以分别采用下列洗涤方法：

(1) 用水刷洗：这种方法既可以使可溶物质溶去，也可以使附着在仪器上的尘土和不溶物质脱落下来。但往往不能洗去油污和有机物质。

(2) 用去污粉、肥皂或合成洗涤剂洗：肥皂和合成洗涤剂的去垢原理已众所周知，不必重述。去污粉是由碳酸钠、白土、细沙等混合而成。使用时，首先把要洗的仪器用水湿润（水不能多），撒入少许去污粉，然后用毛刷擦洗。碳酸钠是一种碱性物质，具有很强的去油污能力，而细沙的摩擦作用以及白土的吸附作用则增强了仪器清洗的效果。待仪器的内外器壁都经过仔细的擦洗后，用自来水冲去仪器内外的去污粉，要冲洗到没有微细的白色颗粒状粉末留下为止。最后，用去离子水润洗仪器内壁三次，把由自来水中带来的钙、镁、铁、氯等离子洗去，每次的去离子水用量要少一些，注意节约。这样洗出来的仪器的器壁就干净了，把仪器倒置时就会观察到仪器内壁上的水可以完全流尽而没有水珠附着在器壁上。

(3) 用铬酸洗液洗涤：这种洗液的配制方法有好多种，例如：将 5 g 固体重铬酸钾溶于 100 mL 工业浓硫酸中就可得到这种洗液。它具有很强的氧化性，对有机物和油污的去污能力特别强。在进行精确的定量实验时，往往遇到一些口小、管细的仪器，很难用上述的方法洗涤，这时就可用铬酸洗液来洗。

往仪器内加入少量洗液。使仪器倾斜并慢慢转动，让仪器内部全部为洗液润湿。再转动仪器，使洗液在仪器内部流动，洗液流动几圈后，把洗液倒回原瓶内。然后用自来水把仪器壁上残留的洗液洗去。最后用去离子水润洗三次。

如果用洗液把仪器浸泡一段时间，或用热的洗液洗，则效率就更高。但要注意安全，不要让热洗液溅出，以免灼伤皮肤。

能用别的洗涤方法洗干净的仪器，就不要用铬酸洗液洗，因为它具有毒性，流入下水道后对环境有严重的污染。

洗液的吸水性很强。应该随时把装洗液的瓶子盖严，以防吸水，降低去污能力。洗液反复使用直到出现绿色(重铬酸钾还原成硫酸铬的颜色)，就失去了去污能力，不能继续使用。

(4) 特殊物质的去除：可以通过试剂相互作用将附着在器壁上的物质转化为水溶性物质。例如铁盐引起的黄色污染可加入稀盐酸或稀硝酸溶解片刻，即可除去；使用高锰酸钾后的沾污可用草酸溶液洗去；沾在器壁上的二氧化锰用浓盐酸处理使之溶解；沾有碘时，可用碘化钾溶液浸泡片刻，或加入稀的氢氧化钠溶液温热之，用硫代硫酸钠溶液也可；银镜反应沾附的银或有铜板附着时，可加入硝酸，仍洗不掉时可稍微热，等等。

凡是洗净的仪器，决不能再用布或滤纸去擦拭。应任其自然晾干或烘干。

2. 仪器的干燥

(1) 加热烘干：洗净的仪器可以放在电烘箱(控制在105℃左右)内烘干。应先尽量把水倒干，然后放进去烘。一些常用的烧杯、蒸发皿等可置于石棉网上用小火烤干(容器外壁的水珠应先揩干)。试管则可以直接用火烤干，但必须先使试管口向下倾斜，以免水珠倒流炸裂试管(图2-1)。火焰也不要集中在一个部位，应从底部开始，缓慢向下移至管口，如此反复烘烤到不见水珠后，再将管口朝上，把水汽烘赶干净。

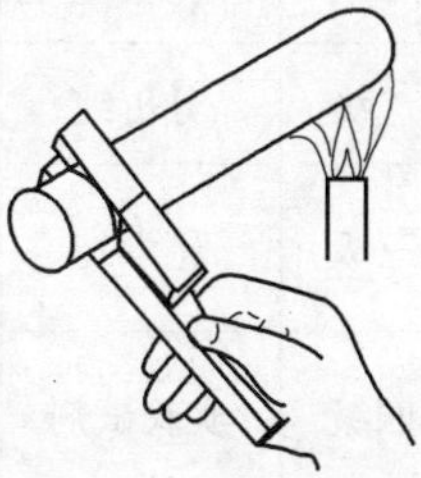

图2-1　烤干试管

(2) 晾干和吹干：不急等用的仪器在洗净后就可以放置于干燥处，任其自然晾干。带有刻度的计量仪器，不能用加热的方法进行干燥，因为它会影响仪器的精密度。我们可以加一些易挥发的有机溶剂(最常用的是酒精或酒精与丙酮体积比为1∶1的混合液)倒入已洗净的仪器中去，倾斜并转动仪器，使器壁上的水与有机溶剂互相溶解，然后倒出。少量残留在仪器中的混合液，很快挥发而干燥。假如利用吹风器或压缩空气往仪器中吹风，那就干得更快。

2-2　试剂的规格、存放及取用

2-2-1　化学试剂的规格

常用化学试剂根据纯度的不同分不同的规格，目前常用的试剂一般分四个级别(详见表2-1)。

表 2－1　试剂的规格和适用范围

级别	名　称	代号	瓶标颜色	适 用 范 围
一级	优级纯	GR	绿色	痕量分析和科学研究
二级	分析纯	AR	红色	一般定性定量分析实验
三级	化学纯	CP	蓝色	适用于一般的化学制备和教学实验
四级	实验试剂	LR	棕色或其它颜色	一般的化学实验辅助试剂

除上述一般试剂外，还有一些特殊要求的试剂，如指示剂、生化试剂和超纯试剂(如电子纯、光谱纯、色谱纯)等，这些都会在瓶标签上注明，使用时请注意。

表 2－1 列出了试剂的规格与适用范围供选用试剂时参考。因不同规格的试剂其价格相差很大，选用时注意节约，防止超级使用造成浪费。若能达到应有的实验效果，应尽量采用级别较低的试剂。

2－2－2　试剂的存放

化学试剂中的部分试剂具有易燃、易爆、腐蚀性或毒性等特性，化学试剂除使用时注意安全和按操作规程操作外，保管时也要注意安全，要防火、防水、防挥发、防曝光和防变质。化学试剂的保存，应根据试剂的毒性、腐蚀性和潮解性等各不相同的特点，采用不同的保管方法。

(1) 一般单质和无机盐类的固体，应放在试剂柜内，无机试剂要与有机试剂分开存放。危险性试剂应严格管理，必须分类隔开放置，不能混放在一起。

(2) 易燃液体：主要是有机溶剂、极易挥发成气体，遇明火即燃烧。实验中常用的有苯、乙醇、乙醚和丙酮等，应单独存放，要注意阴凉通风，特别要注意远离火源。

(3) 易燃固体：无机物中如硫磺、红磷、镁粉和铝粉等，着火点都很低，也应注意单独存放。存放处应通风、干燥。白磷在空气中可自燃，应保存在水里，放于避光阴凉处。

(4) 遇水燃烧的物品：金属锂、钠、电石和锌粉等，可与水剧烈反应，放出可燃性气体。锂要用石蜡密封，钠和钾应保存在煤油中，电石和锌粉等应存放在干燥处。

(5) 强氧化剂：氯酸钾、硝酸盐、过氧化物、高锰酸盐和重铬酸盐等都具有强氧化性，当受热、撞击或混入还原性物质时，就可能引起爆炸。保存这类物质，一定不能与还原性物质或可燃物放在一起，应存放在阴凉通风处。

(6) 见光分解的试剂：如硝酸银、高锰酸钾等；与空气接触易氧化的试剂：如氯化亚锡、硫酸亚铁等，都应存于棕色瓶中，并放在阴暗避光处。

(7) 容易侵蚀玻璃的试剂：如氢氟酸、含氟盐、氢氧化钠等应保存在塑料瓶内。

(8) 剧毒试剂：如氰化钾、三氧化二砷(砒霜)、升汞等，应特别注意由专人妥善保管，取用时应严格做好记录，以免发生事故。

2-2-3　试剂的取用

1. 液体试剂

取出的瓶盖要倒放在桌上，右手握住瓶子，试剂标签面握在手心里，以瓶口靠住容器壁，缓缓倒出所需要的液体，让液体沿着器壁往下流。必要时可用玻璃棒引入容器中，用完后把瓶盖盖上。

加入反应容器中的所有液体的总量不能超过总容量的2/3，如果容器是试管则不能超过总容量的1/2。

取用滴瓶中的试剂时，要用滴瓶中的滴管，不能用别的滴管。滴管必须保持垂直，避免倾斜，尤忌倒立，否则试剂流入橡皮滴头内而弄脏。滴管的尖端不可接触承接容器的内壁，更不能插到其他溶液里，也不能把滴管放在原滴瓶以外的任何地方，以免杂质污染。

2. 固体试剂

用干净、干燥的药匙取用。

3. 试剂取用原则

(1) 不弄脏试剂。试剂不能用手接触,固体用干净的药匙,试剂瓶盖决不能张冠李戴。

(2) 节约。在实验中,试剂用量按规定取用。若书上没有注明用量,应尽可能少取,如果取多了,应将多余的试剂分给其他需要试剂的同学使用,不要倒回原瓶中,以免污染原试剂。

2-3 试纸

1. 试纸的种类

(1) 石蕊试纸和酚酞试纸　石蕊试纸有红色和蓝色两种。石蕊试纸、酚酞试纸用来定性检验溶液的酸碱性。

(2) pH 试纸　pH 试纸包括广泛 pH 试纸和精密 pH 试纸两类,用来检验溶液的 pH 值。广泛 pH 试纸的变色范围是 $pH = 1 \sim 14$,它只能粗略地估计溶液的 pH 值。精密 pH 试纸可以较精确地估计溶液的 pH 值,根据其变色范围可分为多种。如变色范围为 $pH = 3.8 \sim 5.4$, $pH = 8.2 \sim 10$ 等等。根据待测溶液的酸、碱性,可选用某一变色范围的试纸。

(3) 淀粉碘化钾试纸　用来定性检验氧化性气体,如 Cl_2、Br_2 等。

当氧化性气体遇到湿的试纸后,则将试纸上的 I^- 氧化成 I_2, I_2 立即与试纸上的淀粉作用变成蓝色:

$$2I^- + Cl_2 = 2Cl^- + I_2$$

如气体氧化性强,而且浓度大时,还可以进一步将 I_2 氧化成无色的 I_3^-,使蓝色褪去:

$$I_2 + 5Cl_2 + 6H_2O = 2HIO_3 + 10HCl$$

可见，使用时必须仔细观察试纸颜色的变化，否则会得出错误的结论。

(4) 醋酸铅试纸 用来定性检验硫化氢气体。当含有 S^{2-} 的溶液被酸化时，逸出的硫化氢气体遇到试纸后，即与纸上的醋酸铅反应，生成黑色的硫化铅沉淀，使试纸呈褐黑色，并有金属光泽。

$$Pb(Ac)_2 + H_2S \Longrightarrow PbS\downarrow + 2HAc$$

当溶液中 S^{2-} 浓度较小时，则不易检验出。

2. 试纸的使用

(1) 石蕊试纸和酚酞试纸 用镊子取小块试纸放在表面皿边缘或滴板上，用玻棒将待测溶液搅拌均匀，然后用玻棒末端沾少许溶液接触试纸，观察试纸颜色的变化，确定溶液的酸碱性。切勿将试纸浸入溶液中，以免弄脏溶液。

(2) pH 试纸 用法同石蕊试纸，待试纸变色后，与色阶板比较，确定 pH 值或 pH 值的范围。

(3) 淀粉碘化钾试纸和醋酸铅试纸 将小块试纸用去离子水润湿后放在试管口，须注意不要使试纸直接接触溶液。

使用试纸时，要注意节约，除把试纸剪成小块外，用时不要多取。取用后，马上盖好瓶盖，以免试纸沾污。用后的试纸丢弃在垃圾桶内，不能丢在水槽内。

3. 试纸的制备

(1) 酚酞试纸(白色) 溶解 1 g 酚酞在 100 mL 乙醇中，振摇后，加入 100 mL 去离子水，将滤纸浸渍后，放在无氨蒸气处晾干。

(2) 淀粉碘化钾试纸(白色) 把 3 g 淀粉和 25 mL 水搅和，倾入 225 mL 沸水中，加入 1 g 碘化钾和 1 g 无水碳酸钠，再用水稀至 500 mL，将滤纸浸泡后，取出放在无氧化性气体处晾干。

(3) 醋酸铅试纸(白色) 将滤纸浸入 3%醋酸铅溶液中浸渍后，放在无硫化氢气体处晾干。

2－4　加热与冷却

2－4－1　加热装置

通常的加热装置有煤气灯、电炉、管式炉和马福炉等。

电炉(图 2－2)可以代替酒精灯或煤气灯用于加热盛于容器中的液体。温度的高低可以通过调节电阻来控制。容器(烧杯或蒸发皿)和电炉之间要隔一块石棉网,保证受热均匀。

管式炉(图 2－3)有一管状炉膛,利用电热丝或硅碳棒来加热,温度可以调节。用电热丝加热的管式炉最高使用温度为 950℃,用硅碳棒加热的管式炉最高使用温度可达 1 300℃。炉膛中可插入一根耐高温的瓷管或石英管,瓷管中再放入盛有反应物的瓷舟。反应物可以在空气气氛或其他气氛中受热。

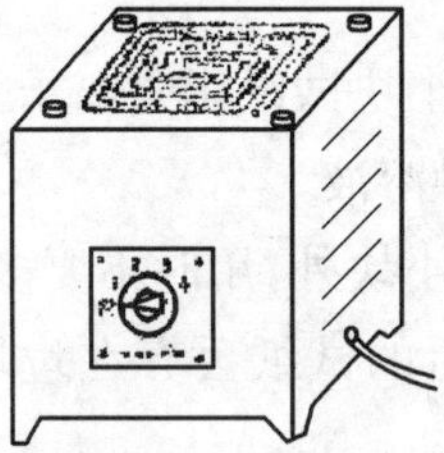

图 2－2　电炉

图 2－3　管式炉

马福炉(图 2－4)也是一种用电热丝或硅碳棒加热的炉子。它的炉膛是长方体。有一炉门,打开炉门就很容易地放入要加热的坩埚或其他耐高温的器皿。最高使用温度有 950℃ 和 1 300℃。

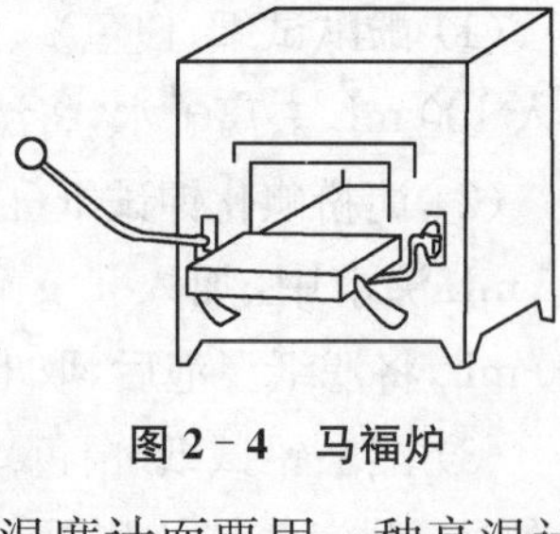

图 2－4　马福炉

管式炉和马福炉的温度测量不能用温度计而要用一种高温计,

它是由一对热电偶和一只毫伏表所组成。热电偶是由两根不同的金属丝焊接一端制成的(例如一根是镍铬丝,另一根是镍铝丝),把未焊接在一起的那一端连接到毫伏表的(+)、(−)极上。将热电偶的焊接端伸入炉膛中,炉子温度愈高,金属丝发生的热电势也愈大,反映在毫伏表上,指针偏离零点也愈远。这就是高温计指示炉温的简单原理。

有时需要控制炉温在某一温度附近,这时只要把热电偶和一只接入线路的温度控制器连接起来,待炉温升到所需温度时,控制器就把电源切断,使炉子的电热丝断电停止工作,炉温就停止上升。由于炉子的散热,炉温刚稍低于所需温度时,控制器又把电源连通,使电热丝工作而炉温上升。不断交替,就可把炉温控制在某一温度附近。

2-4-2　加热操作

1. 直接加热

(1) 直接加热液体

适用于在较高温度下不分解的溶液或纯液体。

少量的液体可装在试管中加热,用试管夹夹住试管的中上部(不用手拿,以免烫伤),试管口向上,微微倾斜(图2-5)。管口不能对着自己和其他人的脸部,以免溶液沸腾时溅到脸上。管内所装液体量不能超过试管高度的 1/3。加热时,先加热液体的中上部,再慢慢往下移动,然后不时地上下移动,使溶液受热均匀。不能集中加热某一部分,否则会引起暴沸。

图 2-5　加热试管中的液体

如需要加热的液体较多,则可放在烧杯或其他器皿中。待溶液沸腾后,再把火焰调小,使溶液保持微沸,以免溅出。

如需把溶液浓缩,则把溶液放入蒸发皿(放在泥三角上)内加热,待溶液沸腾后改用小火慢慢地蒸发、浓缩。

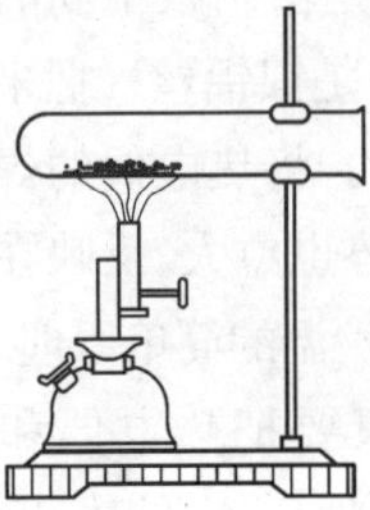

图 2-6　加热固体

(2) 直接加热固体

少量固体药品可装在试管中加热，加热方法与直接加热液体的方法稍有不同，此时试管口向下倾斜(图 2-6)，以免冷凝在管口的水珠流到试管的灼烧处而导致试管炸裂。

较多固体的加热，应在蒸发皿中进行。先用小火预热，再慢慢加大火焰，但火也不能太大，以免溅出，造成损失。要充分搅拌，使固体受热均匀。需高温灼烧时，则把固体放在坩埚中，用小火预热后慢慢加大火焰，直至坩埚红热，维持一段时间后停止加热。稍冷，用预热过的坩埚钳将坩埚夹持到干燥器中冷却。

2. 水浴加热

当被加热物质要求受热均匀，而温度又不能超过 373 K 时，采用水浴加热。若把水浴锅中的水煮沸，用蒸汽来加热即成为蒸汽浴。水浴锅上放置一组铜质或铝质的大小不等的同心圈，以承受各种器皿。根据器皿的大小选用铜圈，尽可能使器皿底部的受热面积最大。水浴锅内盛放水量不超过其总容量的 2/3，在加热过程中要随时补充水以保持原体积，切不能烧干。不能把烧杯直接放在水浴中加热，这样烧杯底会碰到高温的锅底，由于受热不均匀而使烧杯破裂，同时。烧杯也容易翻掉。

在蒸发皿中蒸发、浓缩时，也可以在水浴上进行，这样比较安全。

3. 沙浴和油浴加热

当被加热物质要求受热均匀，而温度又需要高于 373 K 时，可用沙浴或油浴。

沙浴是将细沙均匀地铺在一只铁盘内，被加热的器皿放在沙上，底部部分插入沙中，用煤气灯加热铁盘。

用油代替水浴中的水即是油浴。

2-4-3　冷却方法

(1) 流水冷却　需冷却到室温的溶液，可用此法。将需冷却的物品直接用流动的自来水冷却。

(2) 冰水冷却　将需冷却的物品直接放在冰水中。

(3) 冰盐浴冷却　冰盐浴由容器和冷却剂(冰盐或水盐混合物)组成,可冷却至 273 K 以下。所能达到的温度由冰盐的比例和盐的品种决定,干冰和有机溶剂混合时,其温度更低。为了保持冰盐浴的效率,要选择绝热较好的容器,如杜瓦瓶等。

2-5　气体的制备、净化及气体钢瓶的使用

2-5-1　气体的发生

实验室中常用启普发生器(图 1-1)来制备氢气、二氧化碳和硫化氢等气体:

$$Zn + H_2SO_4(稀) = ZnSO_4 + H_2\uparrow$$

$$CaCO_3 + 2HCl(浓) = CaCl_2 + CO_2\uparrow + H_2O$$

$$FeS + 2HCl(稀) = FeCl_2 + H_2S\uparrow$$

启普发生器是由一个葫芦状的玻璃器和球形漏斗组成。固体药品放在中间圆球内,可在固体下面放些玻璃丝来承受固体,以免固体掉至下部球内。酸从球形漏斗加入。使用时只要打开活塞,由于压力差,酸液自动下降进入中间球内,与固体接触而产生气体。要停止使用时,只要关闭活塞,继续发生的气体会把酸液从中间球内压入下球及球形漏斗内,使酸液与固体不再接触而停止反应。下次使用时,只要重新打开活塞即可,使用十分方便。

启普发生器中酸液长久使用后会变稀。此时,可把下球侧口的玻璃塞(有的是橡皮塞)拔下,倒掉废酸。塞好塞子,再向球形漏斗中加入新的酸液。若固体需要更换时,先倒出酸液,再拔去中间球侧的塞子,将原来的固体残渣从侧口取出,更换新的固体。

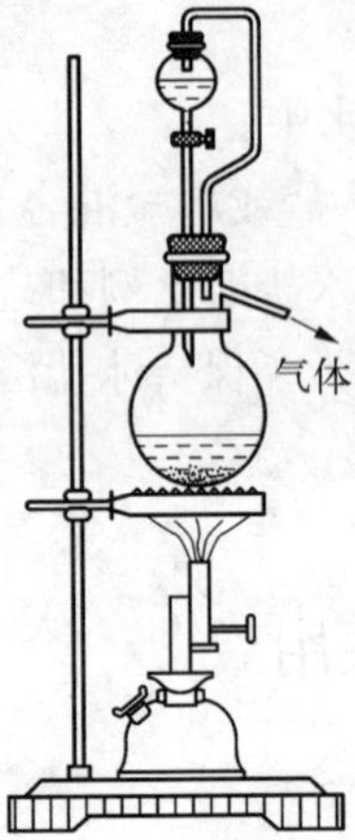

图 2-7　气体发生装置

启普发生器不能加热，装入的固体反应又必须是较大的颗粒，不适用小颗粒或粉末的固体反应物。所以制备氯化氢、氯气、二氧化硫等气体就不能使用启普发生器而改用(图 2-7)所示的气体发生装置。

$$2KMnO_4 + 16HCl(浓) = 5Cl_2\uparrow + 2KCl + 8H_2O$$

$$NaCl + H_2SO_4(浓) = HCl\uparrow + NaHSO_4$$

$$Na_2SO_3 + 2H_2SO_4(浓) = SO_2\uparrow + 2NaHSO_4 + H_2O$$

把固体放在蒸馏瓶内，把酸液装在分液漏斗中。使用时打开分液漏斗下面的活塞使酸液均匀地滴加在固体上，就产生气体。当反应缓慢或不发生气体时，可以微微加热。如果加热后，仍不起反应，则需要更换固体药品。

2-5-2　气体的收集

(1) 在水中溶解度很小的气体(如氢气、氧气)，可用排水集气法收集(图 2-8)。

(2) 易溶于水而比空气轻的气体(如氨)，可用瓶口向下的排气集气法收集(图 2-9)。

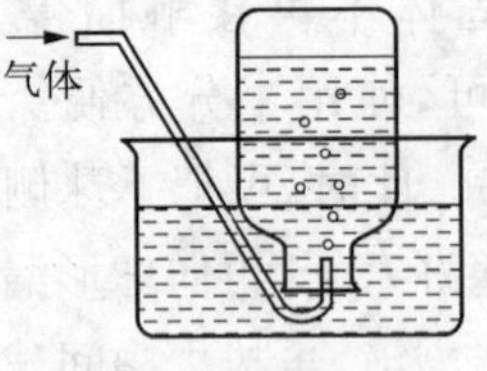

图 2-8　排水集气法

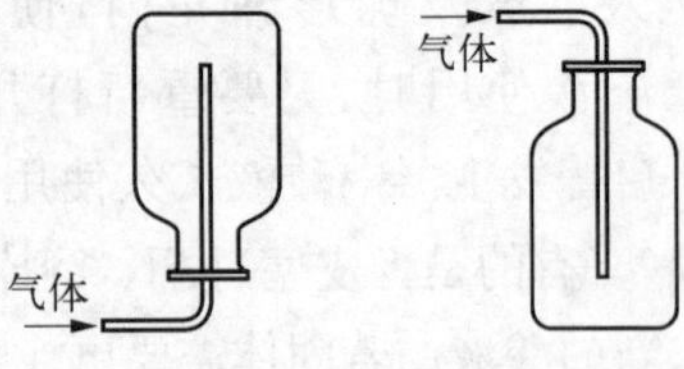

图 2-9　排气集气法

(3) 能溶于水而比空气重的气体(如氯,二氧化碳等)可用瓶口向上的排气集气法收集。

2-5-3　气体的净化与干燥

实验室中发生的气体常常带有酸雾和水汽,所以在要求高的实验中就需要净化和干燥,通常用洗气瓶(图 1-1)和干燥塔(图 1-1)来进行。一般是让发生出来的气体先通过水洗以洗去酸雾,然后再通过浓硫酸吸去水汽。如二氧化碳的净化和干燥就是这样进行的。氢气的净化要复杂一些,因为发生氢气的原料(锌粒)常含有硫、砷等杂质,所以在氢气发生过程中常夹杂有硫化氢、砷化氢等气体,要采用通过高锰酸钾溶液、醋酸铅溶液的办法除去硫和砷,酸气也同时除去。最后再通过浓硫酸干燥。有些气体是还原性的或碱性的,就不能用浓硫酸来干燥,如硫化氢、氨气等。它们可分别用无水氯化钙(干燥硫化氢)或氢氧化钠固体(干燥氨)来干燥。

2-5-4　气体钢瓶、减压阀及使用

在实验室中,我们也可以使用气体钢瓶,这种气体钢瓶中的气体是在一些工厂中充入的。如氧气钢瓶、氮气钢瓶、氢气钢瓶、氯气钢瓶、氩气钢瓶、氨气钢瓶、二氧化碳钢瓶等等。氧、氮、氩来源于液态空气的分离;氢来源于水的电解等;氯来源于烧碱工厂;氨来源于合成氨工厂等。各种钢瓶均涂以不同颜色的油漆以示区别,如氧气钢瓶是蓝色,氯气钢瓶是草绿色(白色横条),氢气钢瓶是深绿色(红色横条),氨气钢瓶是黄色,氮气钢瓶是黑色(棕色横条),氩气钢瓶是灰色等等。使用时,可以通过减压阀来控制气体的流量。

气体钢瓶在运输、贮存和使用时,注意勿使气体钢瓶与其他坚硬物体撞击,或暴晒在烈日下以及靠近高温,以免引起钢瓶爆炸。钢瓶应定期进行安全检查,如进行水压试验、气密性试验和壁厚测定等。

严禁油脂等有机物沾污氧气钢瓶,因为油脂遇到逸出的氧气就可能燃烧,若已有油脂沾污,则应立即用四氯化碳洗净。氢气、氧气

或可燃气体钢瓶严禁靠近明火，与明火的距离一般不小于 10 m，否则必须采取有效的保护。氢气瓶最好放在远离实验室的小屋内，或放在钢瓶柜中。存放氢气钢瓶或其他可燃性气体钢瓶的房间应注意通风，以免漏出的氢气或可燃性气体与空气混合后遇到火种发生爆炸。室内的照明灯及电气通风装置均应防爆。

原则上有毒气体(如液氯等)钢瓶应单独存放，严防有毒气体逸出，注意室内通风。最好在存放有毒气体钢瓶的室内设置毒气检测装置。

若两种钢瓶中的气体接触后可能引起燃烧或爆炸，则这两种钢瓶不能存放在一起。气体钢瓶存放或使用时要固定好，防止滚动或跌倒。为确保安全，最好在钢瓶外面装橡胶防震圈。液化气体钢瓶使用时一定要直立放置，禁止倒置使用。

使用钢瓶时，应缓缓打开钢瓶上端之阀门，不能猛开阀门，也不能将钢瓶内的气体全部用完，一定要保持 0.05 MPa 以上的残余压力，一般可燃性气体应保留 0.2～0.3 Mpa 的压力，氢气应保留更高的压力。

2-6 量器及其使用

2-6-1 滴定管

滴定管分酸式滴定管和碱式滴定管两种(图 1-1)。酸式滴定管可装放除了碱性以及对玻璃有腐蚀作用的溶液以外的溶液。酸式滴定管下端有一玻璃活栓，用以控制在滴定过程中溶液的流出速度。碱式滴定管的下端用橡皮管连接一个带有尖嘴的小玻璃管。橡皮管内装一个玻璃珠，用以堵住溶液。使用时只要用拇指和食指捏紧橡皮管半边，轻轻将玻璃珠往另一边挤压，管内便形成一条狭缝，溶液由狭缝流出。根据手指用力的轻重，控制狭缝的大小，从而控制溶液的流出速度。

滴定管在洗涤前应检查是否漏水，玻璃活栓是否转动灵活。若酸式滴定管漏水或活栓转动不灵，就应拆下活栓，擦干活栓和内壁，重新涂凡士林油。若碱式滴定管漏水则需要更换玻璃珠或橡皮管。

1. 活栓涂油方法

在擦干活栓和活栓槽内壁(图 2－10)之后,用手指蘸少量凡士林擦在活栓粗的一端,沿圆周涂一薄层,尤其在孔的近旁,不能涂多。涂活栓另一端的凡士林最好是涂在活栓槽内壁上。涂完以后将活栓插入槽内,插时活栓孔应与滴定管平行(图 2－11)。然后向同一方向转动活栓,直到从活栓外面观察,全部呈现透明为止。若发现仍转动不灵活,或活栓内的油层出现纹路,表示涂油不够。如果有油从活栓隙缝溢出或挤入活栓孔,表示涂油太多。遇到这些情况。都必须重新涂油。

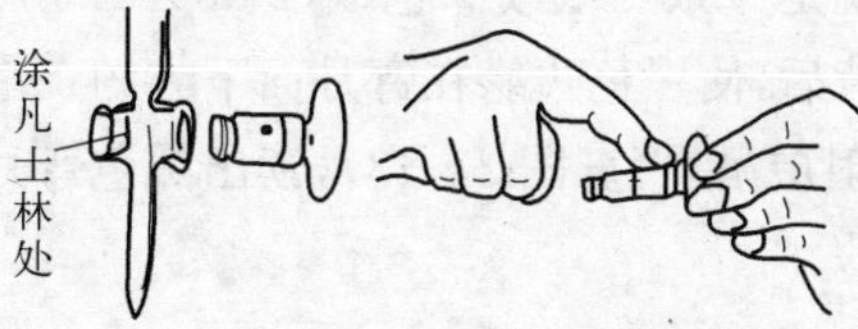

图 2－10　涂凡士林的方法

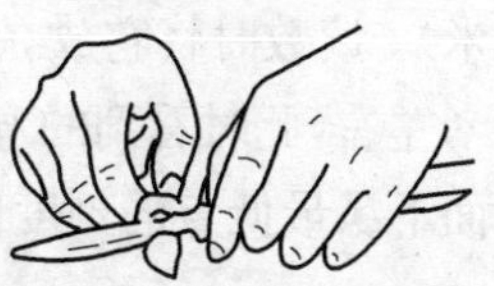

图 2－11　安装活栓

2. 滴定管的洗涤

滴定管使用前必须洗涤干净,要求滴定管洗涤到装满水后再放出时管的内壁全部为薄层水膜湿润而不挂有水珠。当发现滴定管没有明显污染时,可以直接用自来水冲洗,或用滴定管刷蘸肥皂水刷洗,但要注意刷子不能露出头上的铁丝,也不能向旁侧弯曲,以免划伤内壁。用自来水、去离子水等洗净之后,一定要用滴定溶液润洗三次(每次 5～10 mL)。

3. 出口管中气泡的清除

当滴定溶液装入滴定管时,出口管还没有充满溶液。此时将酸式滴定管倾斜约 30°,左手迅速打开活栓使溶液冲出,就能充满全部出口管。假如使用碱式滴定管,则把橡皮管向上弯曲,玻璃尖嘴斜向上方。用两指挤压玻璃珠,使溶液从出口管喷出,气泡随之逸出(图 2－12)。继续一边挤橡

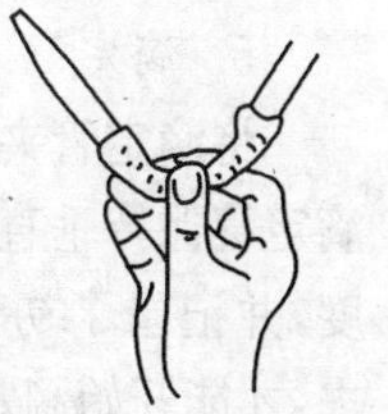

图 2－12　赶走气泡

皮管一边放下橡皮管，气泡便可完全除去。

4. 滴定管读数方法

读数时滴定管必须保持垂直状态。注入或放出 1～2 min，待附着于内壁的溶液流下后再开始读数。常量滴定管读数到小数点后第二位毫升数值，如 25.93 mL，22.10 mL 等等。

读数时视线必须与液面保持在同一水平。对于无色或浅色溶液，读它们的弯月面下缘最低点刻度；对于深色溶液如高锰酸钾、碘水等，可读两侧最高点的刻度。

为了帮助准确读出弯月面下缘的刻度可在滴定管后面衬一张"读数卡"。所谓的"读数卡"就是一张黑纸或深色纸（约 3×1.5 厘米）。读数时将它放在滴定管背后，使黑色边缘在弯月面下方约 1 毫米左右，此时看到的弯月面反射层呈黑色（图 2－13），读出黑色弯月面下缘最低点的刻度即可。

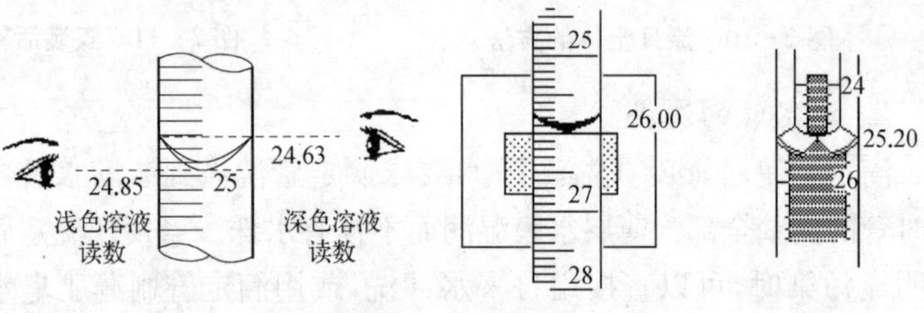

图 2－13　滴定管读数

若滴定管的背后有一条蓝线（或蓝带），无色溶液这时就形成了两个弯月面，并且相交于蓝线的中线上，读数时即读出交点的刻度，若为深色溶液，则仍读液面两侧最高点的刻度。

5. 滴定

将滴定管夹在滴定管夹上（左边），酸式滴定管的活栓柄向右。滴定管保持垂直。在驱赶出下端玻璃尖管中的气泡，调整好液面高度，并记录了初读数之后，还要将挂在下端尖管出口处的残余液除去，才能开始滴定。将滴定管伸入烧杯或锥形瓶内，左手三指从滴定管后方向右伸出，拇指在前方与食指操纵活塞（图 2－14），使液滴逐滴加入。如果在烧杯内滴定，则右手持玻璃棒不断轻轻搅动溶液，如果在锥形瓶内滴定，则右手持瓶不断转动。

每次滴定最好将溶液装至滴定管的“0.00”毫升刻度上或稍下一点开始。这样可以消除因上下刻度不均匀所引起的误差。

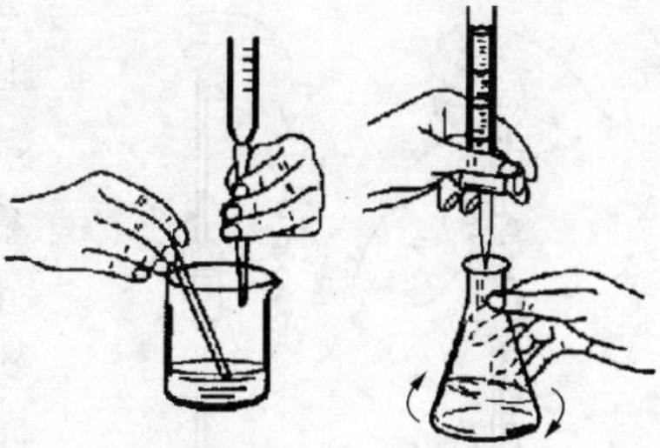

图 2-14　滴定

实验结束后，倒出溶液，用自来水、去离子水顺序洗涤滴定管，装满去离子水。罩上滴定管盖，以备下次使用（或洗后收起）。

2-6-2　移液管

要求准确地移取一定体积的液体时，可以使用移液管或吸量管。移液管的形状见图 1-1。玻璃球上部的玻璃管上有一标线，吸入的液体的弯月面下沿与此标线相切后，让液体自然放出，所放出的液体的总体积，就是移液管的容量。一般常用的有 25 mL，10 mL（20℃或 25℃）等规格。在使液体自然放出时，最后因毛细作用总有一小部分液体留在管口不能流出。这时不必用外力使之放出，因为校正移液管的容量时，就没有考虑这一滴液体。放出液体时把移液管的尖嘴靠在容器壁上，稍停片刻就可拿开。

刻度移液管是一刻有分度的内径均匀的玻璃管（下部管口尖细）最大容量有 10 mL、5 mL 和 2 mL、1 mL 等多种。可以量取非整数的小体积液体。最小分度有 0.1 mL、0.02 mL 以及 0.01 mL 等。量取液体时每次都是从上端 0.00 刻度开始，放至所需要的体积刻度为止。

移液管在使用前，依次用洗液、自来水、去离子水洗至内壁不挂水珠为止。最后用少量被量取的液体润洗三遍。

吸取液体时，左手拿洗耳球，右手拇指及中指拿住移液管的上端标线以上部位，使管下端伸入液面下约 1 cm，不应伸入太深，以免外

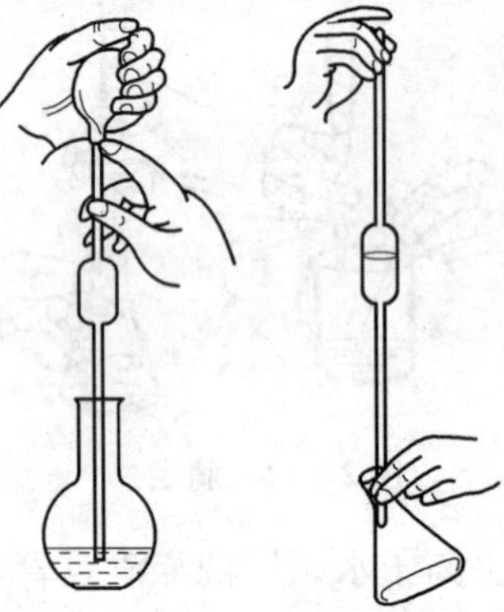
图 2-15 移取液体

壁沾有过多液体。也不应伸入太浅，以免液面下降时吸入空气。这时，左手用洗耳球轻轻吸上液体，眼睛注意管中液面上升情况，移液管则随容器中液体的液面下降而往下伸（图 2-15）。当液体上升到刻度标线以上时，迅速用食指堵住上部管口。将移液管从液体内取出，靠在容器壁上，然后稍微放松食指，同时轻轻地转动移液管，使标线以上的液体流回去。当液面的弯月形最低点与标线相切时，就按紧管口，使液体不再流出。取出移液管移入准备接受液体的容器中，仍使其出口尖端接触器壁，让接受容器倾斜而移液管保持直立。抬起食指使液体自由地顺壁流下。待液体全部流尽后，约等 15 秒，取出移液管。

2-6-3 容量瓶

容量瓶是一个细颈梨形的平底玻璃瓶，带有磨口塞子。颈上有标线，表示在所指温度（一般为 20℃）下，当液体充满到标线时，液体体积恰好与瓶上所注明的体积相等。容量瓶是用来配制具有准确浓度的溶液时用的，配好的溶液如果需要保存，应该转移到细口瓶中去。

容量瓶在洗涤前应先检查一下瓶塞是否漏水。瓶中放入自来水，放到标线附近，盖好盖后，左手按住塞子，右手把持住瓶底边缘（图 2-16），把瓶子倒立片刻，观察瓶塞有无漏水现象。不漏水的容量瓶才能使用。按常规操作把容量瓶洗净。为避免打破塞子，通常用一根线绳把塞子系在瓶颈上。

在配制溶液前，应先把称好的固体试样在烧杯中溶解，然后再把溶液从烧杯中转移到容量瓶中。用去离子水多次洗涤烧杯，把洗涤液也转移到容量瓶中，以保证溶质全部转移。缓缓地加入去离子水，

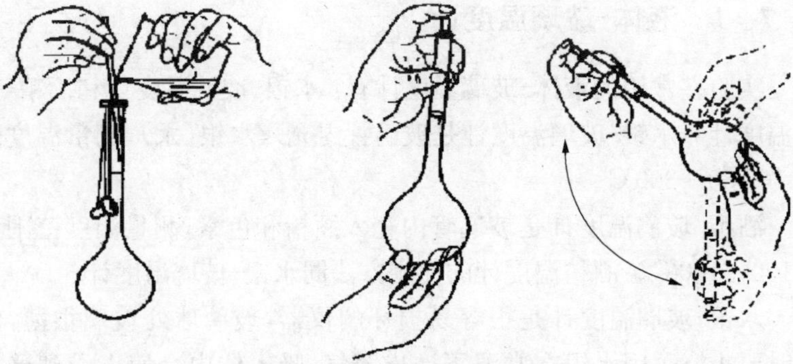

图 2-16　容量瓶的使用

加到接近标线 1 cm 处，等 1～2 min，使附在瓶颈上的水流下。然后用洗瓶或滴管滴加水至标线(小心操作，勿过标线)。加水时视线平视标线。水充满到标线后，盖好瓶塞。将容量瓶倒转，等气泡上升后轻轻振荡。再倒转过来。重复操作多次，就能使瓶中溶液混合均匀。

假如固体是经过加热的，那么溶液必须冷却后才能转移到容量瓶中。

假如要将一种已知其准确浓度的浓溶液稀释到另一个准确浓度的稀溶液，则用吸量管吸取一定体积的浓溶液，放入适当的容量瓶中，然后按上述方法冲稀至标线。

2-6-4　量筒和量杯

根据不同的需要，量筒的容量有 10 mL、25 mL、100 mL、1 000 mL等等，实验中可根据所取溶液容量的不同来选用。量取液体时，使视线与量筒内液面的弯月形最低处保持水平(参见滴定管的读数)，偏高或偏低都会造成误差。

2-7　温度计及其使用

化学实验用的温度计种类很多，主要的有液体-玻璃温度计、热电偶温度计、电阻温度计等等。

2-7-1 液体-玻璃温度计

实验室常用的液体-玻璃温度计有：水银-玻璃温度计和酒精-玻璃温度计。水银-玻璃温度计是玻璃管内充入水银(汞)，测量温度范围为−30～300℃。

酒精-玻璃温度计是玻璃管内充入酒精和色素，测量温度范围为−100～100℃。酒精温度计的使用方法同水银-玻璃温度计。

水银-玻璃温度计是很容易损坏的仪器，玻璃球处玻璃很薄，使用时要小心。因水银在常温下逸出蒸气，吸入体内会使人受到严重毒害。所以，在使用中万一损坏了温度计，内部水银洒出，应尽可能地用吸管将汞珠收集起来，再用金属片(如 Zn、Cu)在汞溅落处多次扫过，最后用硫磺粉覆盖在有汞溅落的地方，并摩擦之，使汞变为 HgS；也可用 $KMnO_4$ 溶液使汞氧化。

2-7-2 热电偶温度计

当两种金属导体构成一个闭合线路，如果两连接段的温度不同，将产生一个与温差有关的电势，称为温差电势。温差电势的大小只与两个接点间的温差有关，而与导线的长短、粗细和导线本身的温度分布无关。这样的一对导体称为热电偶。在一定的温度范围内，温差电势与两个接点的温度 T_1、T_2 间存在着函数关系：$E=f(T_1,T_2)$，若其中一个接点(通常称为冷端)的温度保持不变，则温差电势就只与另一个接点(通常称为热端)的温度有关，即 $E=f(T)$。因此，测得温差电势后，即可求出热端的温度。

2-8 称量仪器的使用

2-8-1 电子天平

电子天平是利用电子装置完成电磁力补偿的调节，使物体在重力场中实现力的平衡。或通过电磁力矩的调节，使物体在重力场中实现力矩的平衡。常见电子天平的结构都是机电结合式的，由载荷接收与传递装置、测量与补偿装置等部件组成。可分成顶部承载式和底部承载式两类，目前常见的大多数是顶部承载式的上皿天平。从天平的校准方法来分，则有内校式和外校式两种。前者是标准砝码预装在天平内，启动校准键后，可自动加码进行校准。后者则需人工取拿标准砝码放到秤盘上进行校正。

1. JY12001 型电子天平

JY12001 型电子天平的称量精度为 0.1 g，使用比较方便，外形见图 2－17，操作程序是：

(1) 预热 30 min。

(2) 校准　放上 500 g 校准砝码，按 Call 键，显示“500”，校准以后就可称量了，但在称量过程中切不可再按 Call 键，否则就会出错。

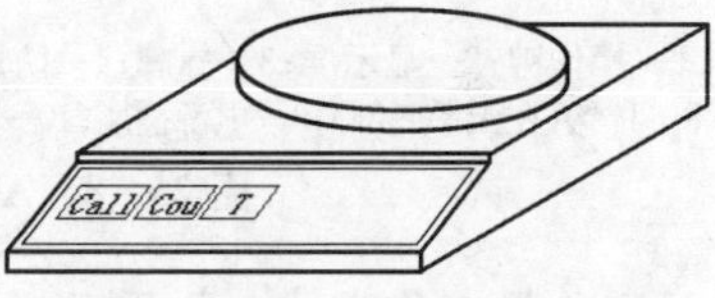

图 2－17　JY12001 型电子天平

(3) 称量　放上容器(如称量纸)，显示容器质量，按 T 则可去皮归零，显示“0”，加入样品，即可显示样品质量。

Cou 键是计数用的，这里不作介绍。

2. AB-N 型电子天平

AB-N 型电子天平(图 2－18)称量精度达 0.000 1 g(0.1 mg)，操作方法如下：

(1) 调节水平　根据水平泡调节水平脚，直至水平泡在中央位置。水平泡已经在中央位置则免做这一步。

(2) 开机　按 On 键开机，预热 20～30 min。

(3) 校准　按 Cal/Menu 键不放，直至显示“------ Cal”字样后松开该键，放上专用校准砝码，当天平闪现“0.000 0 g”时，移取砝码，当天平闪现“CAL done”，接着又出现了“0.000 0 g”，校准结束。天平

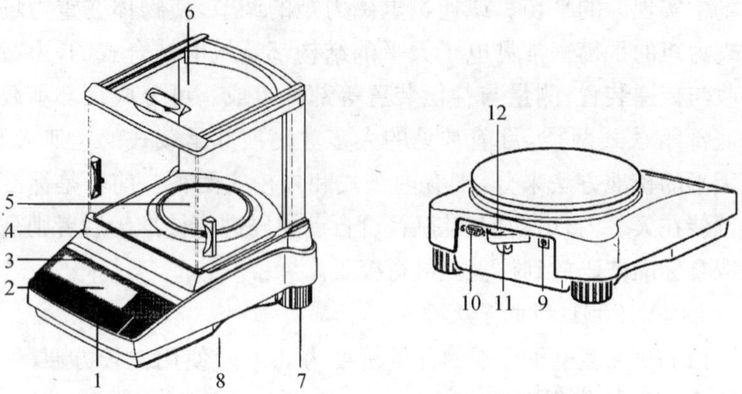

1—操作键；2—显示屏；3—标牌；4—防风圈；5—秤盘；6—防风罩；7—水平调节脚；8—秤钩(在天平底部)；9—电源插座；10—RS232C 接口；11—防盗锁链扣环；12—水平泡

图 2-18　AB-N 型电子天平

又回到称量工作方式。如果已进行过校准，可免此步操作。

(4) 称量　放上容器，显示容器质量。按 →O/T← 键，去皮，显示“0.000 0 g”。放上样品，显示样品质量。

2-8-2　试样的称取方法

1. 直接称量法

对一些在空气中无吸湿性的试样，如金属或合金等可用直接法称量。称量时将试样放在干净、干燥的小表面皿上或称量纸上，一次称取一定量的试样。

称量时，将自备的称量容器(如表面皿)置于秤盘，按→O/T←键，去皮，显示“0.000 0 g”.然后持骨匙盛试样后小心地伸向表面皿的近上方，以手指轻击匙柄(图2-19)，将试样弹入，同时观察显示屏，直到所加试样量满足要求即可。若不慎多加了试样，可用骨匙小心取出多余的试样(不要放回原试样瓶中)。称好后，将试样全部转移到接受的容

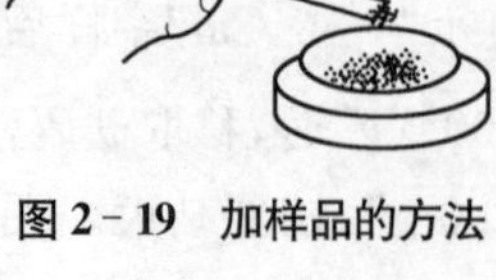

图 2-19　加样品的方法

器内。试样若为可溶性盐类,可用少量去离子水将沾在表面皿上的粉末吹洗进容器。

在进行以上操作时,应特别注意:试样决不能失落在秤盘上;称好的试样必须定量地由称量器皿中转移到接受容器内;称量完毕后要仔细检查是否有试样失落在天平内外,必要时加以清除。

2. 减量称量法

或叫差减称量法 如果试样是粉末或易吸湿的物质,则需把试样装入称量瓶内称量。倒出一份试样,前后两次质量之差,即为该份试样的质量。

称量时,用纸条叠成宽度适中的两三层纸带,毛边朝下套在称量瓶上。左手拇指与食指拿住纸条,放在秤盘的正中,取下纸带,称出瓶和试样的质量。然后左手仍用纸带把称量瓶从秤盘上取下,移到容器上方。右手用另一小纸片衬垫打开瓶盖,但勿使瓶盖离开容器上方。慢慢倾斜瓶身至接近水平,过程中注意防止试样冲出。此时瓶中的试样慢慢接近瓶口。在称量瓶口离容器上方约 1 cm 处,用盖轻轻敲瓶口上部使试样落入接受的容器内(图 2-20)。倒出试样后,把称量瓶轻轻竖起,同时用盖敲打瓶口上部,使粘在瓶口的试样落下(或落入称量瓶或落入容器,所以倒出试样的过程必须在容器口正上方进行)。盖好瓶盖,放回天平盘上,称出其质量。两次质量之差,即为倒出的试样质量。若不慎倒出的试样超过了所需的量,则应弃之重称。如果接受的容器口较小(如锥形瓶等),也可以在瓶口上放一只洗净的小漏斗,将试样倒入漏斗内,待称好试样后,用少量去离子水将试样洗入容器内。

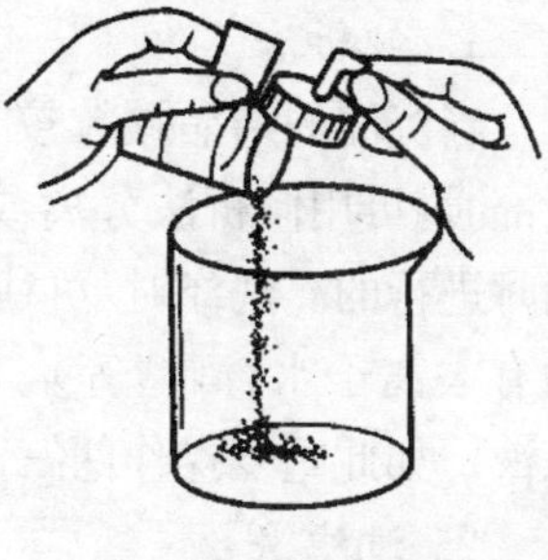

图 2-20　倒出试样

2-9 固、液分离与结晶

2-9-1 滤纸、滤器及其使用

1. 滤纸

化学实验中常用的滤纸有定量滤纸和定性滤纸之分。两者的差别在于灼烧后的灰分质量不同。定量滤纸的灰分很低，如一张 ϕ125 mm的定量滤纸，质量约为 1 g，灼烧后的灰分量低于 0.1 mg，已小于分析天平的感量，在重量分析中，可忽略不计，故又称无灰滤纸；而定性滤纸灼烧后有相当多的灰分，不适于重量分析。按过滤速度和分离性能的不同又可分为快速、中速和慢速三类。

2. 滤器

除滤纸外，还可使用一定孔径的金属网或高分子材料制成的网膜进行过滤。这些材料和滤纸一样，用于过滤时，都要和适当的滤器（布氏漏斗或玻璃漏斗等）配合使用。

2-9-2 固、液分离

1. 倾析法

当沉淀的结晶颗粒较大或比重较大，静置后容易沉降至容器的底部时，可用倾析法分离或洗涤。倾析的操作与转移溶液的操作是同时进行的。洗涤时，可往盛有沉淀的容器内加入少量洗涤剂（常用的有去离子水、酒精等），充分搅拌后静置沉降，再小心地倾析出洗涤液。如此重复操作两三遍，即可洗净沉淀。

2. 过滤法

过滤法是最常用的分离方法之一。当溶液和沉淀的混合物通过过滤器（如滤纸）时，沉淀就留在过滤器上，溶液则通过过滤器而漏入接受的容器中。过滤所得的溶液叫做滤液。

溶液的温度、黏度，过滤时的压力，过滤器的孔隙大小和沉淀物的状态，都会影响过滤的速度。热的溶液比冷的溶液容易过滤。溶液的黏度愈大，过滤愈慢。减压过滤比常压过滤快。过滤器的孔隙要选择适当，太大会透过沉淀，太小则易被沉淀堵塞，使过滤难于进行。沉淀若呈现胶状时，必须先加热一段时间来破坏它，否则它要透过滤纸。总之，要考虑各方面的因素来选用不同的过滤方法。

常用的三种过滤方法是常压过滤、减压过滤和热压过滤，现分述如下：

(1) 常压过滤

这种方法最为简便和常用。先把滤纸叠成四层并剪成扇形(图 2－21a)(圆形滤纸不必再剪)。如果漏斗的规格(图 2－21b)不标准(非 60°角)，滤纸和漏斗将不密合，这时需要重新折叠滤纸，把它折成一个适当的角度，展开后可成大于 60°角的锥形，或成小于 60°角的锥形，根据漏斗的角度来选用，使滤纸与漏斗密合。然后撕去一小角。用食指把滤纸按在漏斗内壁上，用去离子水湿润滤纸，使它紧紧贴在壁上，赶去纸和壁之间的气泡。这种情况下过滤时，漏斗颈内可充满滤液，滤液以本身的重量拽引漏斗内液体下漏，使过滤速度加快，否则，气泡的存在将延缓液体在漏斗颈内流动而减缓过滤的速度。漏斗中滤纸的边缘应略低于漏斗的边缘(图 2－21c)。

过滤时应注意，漏斗要放在漏斗架上，漏斗颈要靠在接受容器的壁上；先转移溶液，后转移沉淀；转移溶液时，应把它滴在三层滤纸处并使用搅棒引流，每次转移量不能超过滤纸高度的 2/3。

如果需要洗涤沉淀，则等溶液转移完毕后，往盛有沉淀的容器中加入少量洗涤剂，充分搅拌并放置，待沉淀下沉后，把洗涤液转移入漏斗，如此重复操作两三遍，再把沉淀转移到滤纸上。洗涤时贯彻少量多次的原则，洗涤效率才高。检查滤液中的杂质含量，可以判断沉淀是否已经洗净。

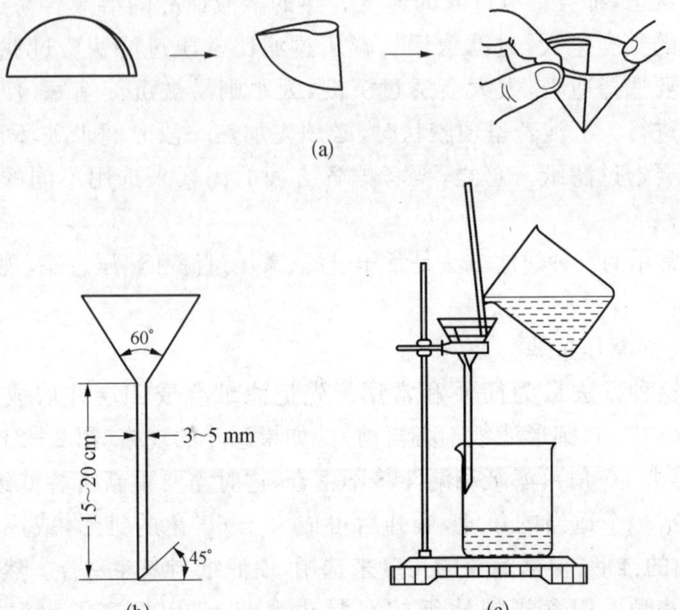

图 2－21　常压过滤

(2) 减压过滤(简称“抽滤”)

在减压过滤装置(图 2－22)中,水泵中急速的水流不断将空气带走,从而使吸滤瓶内压力减小,在布氏漏斗内的液面与吸滤瓶内造成一个压

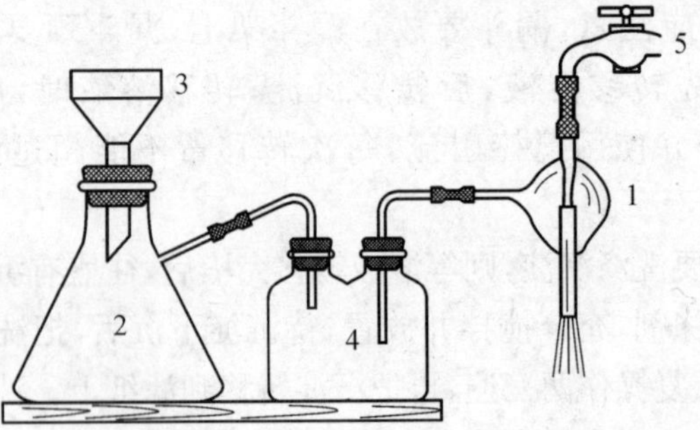

1—水泵;2—吸滤瓶;3—布氏漏斗;4—安全瓶;5—水龙头

图 2－22　抽滤

力差，提高了过滤的速度。在连接水泵的橡皮管和吸滤瓶之间安装一个安全瓶，用以防止因关闭水阀或水泵内流速的改变引起自来水倒吸，进入吸滤瓶将滤液沾污并冲稀。也正因为如此，在停止过滤时，应首先从吸滤瓶上拔掉橡皮管，然后才关闭自来水龙头，以防止自来水吸入瓶内。

抽滤用的滤纸应比布氏漏斗内径略小，但要把瓷孔全部盖没。将滤纸放入并湿润后，慢慢打开自来水龙头，先抽气使滤纸紧贴，然后再往漏斗内转移溶液。其他操作与常压过滤相似。

有些浓的强酸、强碱或强氧化性的溶液，过滤时不能使用滤纸，因为它们要和滤纸作用而破坏滤纸。这时可用尼龙布来代替滤纸。另外也可使用烧结玻璃漏斗（也叫玻璃砂漏斗），这种漏斗在化学实验室中常见的规格有四种，即 1 号、2 号、3 号、4 号。1 号的孔径最大。可以根据沉淀颗粒不同来选用。但它不适用于强碱溶液的过滤，因为强碱会腐蚀玻璃。

(3) 热过滤

如果溶液中的溶质在温度下降时很易大量结晶析出，而我们又不希望它在过滤过程中留在滤纸上，这时就要趁热进行过滤。过滤时可把玻璃漏斗放在铜质的热漏斗内（图 2-23）。热漏斗内装有热水，以维持溶液的温度。也可以在过滤前把普通漏斗放在水浴上用蒸汽加热，然后使用。此法较简单易行，另外，热过滤时选用的漏斗的颈部愈短愈好，以免过滤时溶液在漏斗颈内停留过久，因散热降温，析出晶体而发生堵塞。

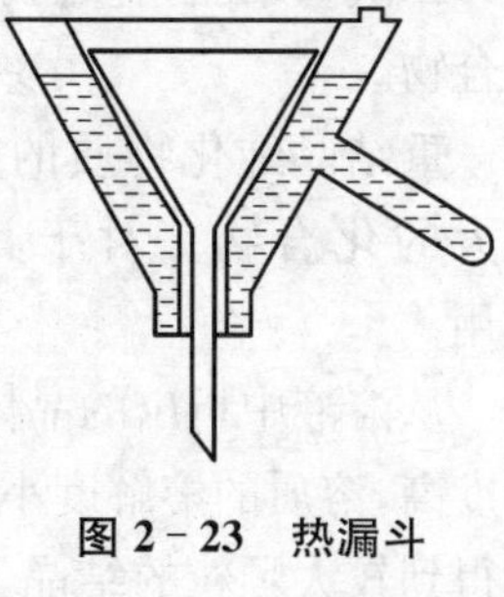

图 2-23　热漏斗

3. 离心分离法

当被分离的沉淀的量很少时，可以应用离心分离。实验室内常用的是电动离心机（图 2-24）。把分离的混合物放在离心试管中，

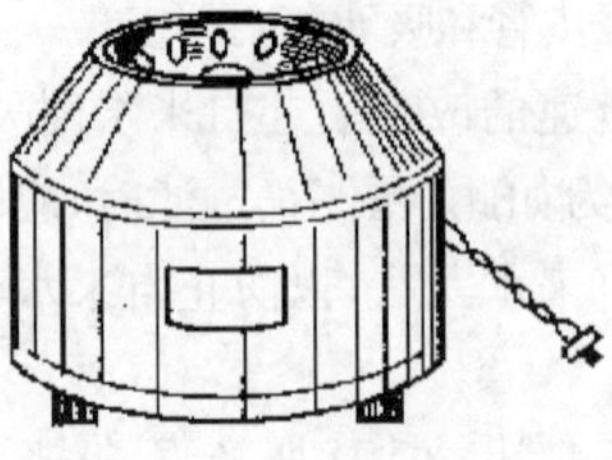

图 2-24　电动离心机

再把离心试管装入离心机的套管内。在对面的套管内则放一盛有与其等体积水的离心试管。开动离心机，逐步加速，旋转一定时间后，让其自然停止旋转。通过离心作用，沉淀就紧密地聚集在离心试管底部而溶液在上部。用滴管将溶液吸出。如需洗涤，可往沉淀中加入少量洗涤剂，充分搅拌后再离心分离。重复操作两三遍即可。

2-9-3　重结晶

利用不同物质在同一溶剂中溶解度的差异，可以对含有杂质的化合物进行纯化。所谓杂质是指含量较少的一些物质，它们包括不溶性的杂质和可溶性的杂质两类。在实际操作中是先在加热情况下使被纯化的物质溶于一定量的水中，形成饱和溶液，趁热过滤，除去不溶性杂质，然后使滤液冷却，此时被纯化的物质已经是过饱和，从溶液中结晶析出；而对于可溶性杂质来说，远未达到饱和状态，仍留在母液中。过滤使晶体与母液分离，便得到纯净的晶体物质。这种操作过程就叫做重结晶。如果一次结晶达不到纯化的目的，可以进行第二次重结晶，有时甚至需要进行多次结晶操作才能得到纯净的化合物。

重结晶纯化物质的方法，只适用于那些溶解度随温度上升而增大的化合物。对于其溶解度受温度影响很小的化合物则不适用。

从溶液中析出的晶体的颗粒大小与结晶条件有关。假如溶液的浓度高，溶质的溶解度小，冷却得快，那么析出的晶体就细小。否则，就得到较大颗粒的结晶。搅动溶液和静置溶液，可以得到不同的效果。前者有利于细小晶体的生长，后者有利于大晶体的生成。从纯度的要求来说，小晶体的生成有利于生成物纯度的提高，因为它不易裹入母液或别的杂质，而粗大晶体，特别是结成大块晶体的形成，则不利于纯度的提高。

若溶液容易发生过饱和现象，这时可以搅动溶液、摩擦器壁或投入几粒小晶体（晶种）等办法，使形成结晶中心，过量的溶质便会全部结晶析出。

2－10　常用仪器的使用

2－10－1　320－S pH 计的使用

1. 温度的输入

在每次测定溶液的 pH 值之前应先看一下温度。如果温度设定值与样品温度不同的话，需输入新的溶液的温度值。其方法如下：

按一次**模式**进入温度方式，显示屏即有“℃”图样显示，同时显示屏将显示最近一次输入的温度值，小数点闪烁。如果要输入新的温度值，则按一下**校准**，此时首先是温度值的十位数从 0 开始闪烁，每隔一段时间加“1”。当十位数到达所要的数值时，按一下**读数**这时十位数固定不变，个位数开始闪烁，并且累加。当个位数到达所要的数值时，按一下**读数**十位数和个位数均保持不变，小数点后十分位开始在“0”和“5”之间变化。当到达需要数字时按**读数**温度值将固定，且小数点停止闪烁，此时温度值已被读入 pH 计。完成温度输入后，按**模式**回到 pH 或 mV 方式。

2. 测定 pH 值

在样品测定前进行常规校准（见图 2－25），并检查当前温度值，确定是否要输入新的温度值。

要测定某一样品的 pH 值：

将电极放入样品中并按**读数**，启动测定过程，小数点会闪烁。显示屏同时显示数字式及模拟式 pH 值。模拟式尺度从 0～7 或 7～14。超出或不足显示范围的数值由箭头表示。

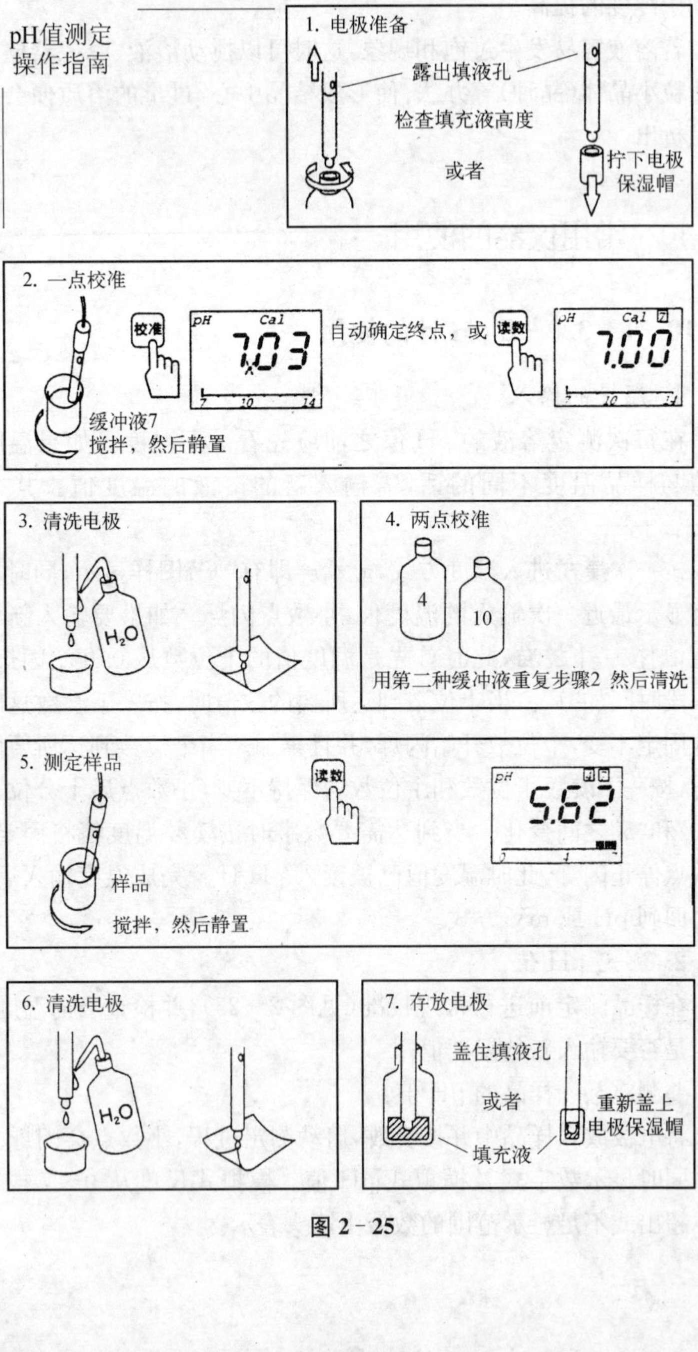
pH值测定
操作指南
1. 电极准备
露出填液孔
检查填充液高度
或者
拧下电极
保湿帽
2. 一点校准
校准
pH Cal
7.03
7 10 14
自动确定终点，或
读数
pH Cal 7
7.00
7 10 14
缓冲液7
搅拌，然后静置
3. 清洗电极
H2O
4. 两点校准
4
10
用第二种缓冲液重复步骤2 然后清洗
5. 测定样品
读数
pH
5.62
样品
搅拌，然后静置
6. 清洗电极
H2O
7. 存放电极
盖住填液孔
或者
重新盖上
电极保湿帽
填充液

图 2-25

将显示静止在终点数值上,按**读数**,小数点停闪。

启动一个新的测定过程,再按**读数**。

(1) 设置校准溶液组

要获得最精确的 pH 值,必须周期性地校准电极。有 3 组校准缓冲液可选择(每组有 3 种不同 pH 值的校准液)。

组 1($b=1$): pH 4.00　7.00　10.00

组 2($b=2$): pH 4.01　7.00　9.21

组 3($b=3$): pH 4.01　6.86　9.18

按下列步骤选择缓冲液:

按**开关**关闭显示屏。

按**模式**并保持,再按**开关**。

松开**模式**显示屏显示 $b=3$ (或当前的设置值)。

按**校准**显示 $b=1$,或 $b=2$。

按**读数**选择合适的组别,即使遇上断电也仍保留此设置。

(2) 校准 pH 值

首先测出缓冲液的温度,并进入温度方式输入当前缓冲液的温度。

一点校准:

将电极放入第一个缓冲液并按**校准**,pH 计在校准时自动判定终点,当到达终点时相应的缓冲液指示器显示。要人工定义终点,按**读数**,要回到样品测试方式,按**校准**,要回到样品测试方式,按**读数**。

两点校准:

继续第二点校准操作。按**校准**,将电极放入第二种缓冲液并按上述步骤操作,当显示静止后电极斜率值简要显示。要回到样品测定方式,按**读数**。

3. 电极保养和样品测定

在使用电极之前,将保湿帽从电极头处拧去并将橡皮帽从填液孔上移走。

新电极必须在 pH = 4 或 7 缓冲液中调节并过夜，但不要使用纯水或去离子水。

使用与被测样品接近的缓冲液校准电极。

在将电极从一种溶液移入另一溶液之前，请用去离子水或下一个被测溶液清洗电极。用纸巾将水吸干。请勿擦拭电极因为这样会产生极化和响应迟缓现象。

小心使用电极，请勿将之用作搅拌器。在拿放电极时请勿接触电极膜。电极膜的损伤会导致精度降低和响应迟缓现象。

测定小体积样品时，请确保液体连接部能浸没。

请勿使电极填充液干涸，因为这可能导致永久的损伤。

响应时间同电极和溶液有关。有些溶液很快就能达到平衡，而有些溶液，尤其是离解力很低的那些，可能会要几分钟才能达到平衡。

在进行 pH 测定时温度是一个值得考虑的重要因素。它会影响电极斜率、被测溶液的温度系数、电极的响应时间以及电极等温线交叉点的位置。

其他因素，包括溶液的离解力（指溶液中分子离解成离子的能力）同样也会影响 pH 值测量。

2-10-2　3107 型电导率仪的使用

1. 电源

3107 型电导率仪是一种交直流两用的仪器，6 节 5# 电池也能正常工作，所以插上电源之前请查看清楚稳压器上的标签，核对工作电压是否正确，切不可将本机直接通上交流电。

2. 关机

本仪器停止使用时，一定要按 POWER 开关键关闭仪器。因拔下稳压器电源不等于关闭仪器，而是仪器自动地切换到内部电池供电状态，仪器还在继续工作，所以关机必须按 POWER 开关键来关机。

3. 按键功能（见图 2-26，图 2-27）

(1) MODE 键：是选择键，在正常模式下，按此键可选择无自动温度补偿测电导值或自动温度补偿测电导值和盐度等三种选择功能。在校正模式下，按此键会跳离目前的校正参数（不储存），到下一个校正参数。

（2）CAL 键：在正常模式下，按下此键会进入校正模式。

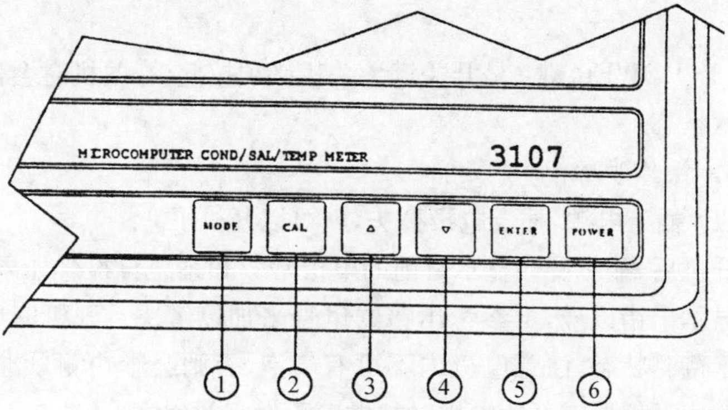

图 2－26

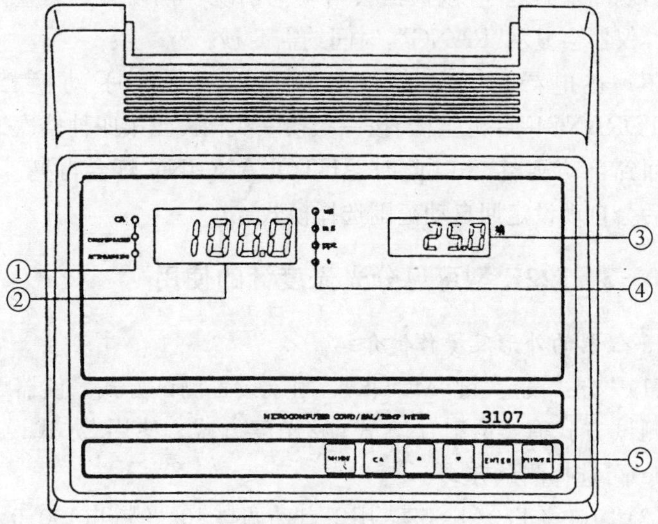

图 2－27

(3) ▲键：在校正模式下，按下此键可增加参数的值。

(4) ▼键：在校正模式下，按下此键可减少参数的值。

(5) ENTER 键：在无自动温补或自动温补状态下按下此键会从自动切换量程变到手动切换量程。此时，AUTORANGING 的指示灯会灭，而在自动切换量程状态下 AUTORANGING 的指示灯会亮。

(6) POWER 键：是开关键。关机必须按此键，关机时会储存最后显示状态。

4. 操作步骤

(1) 插上电源，插上电极插头，就可以开机了。

开机后，显示屏会显示目前的电极常数和系统自检。如果有误，它会显示出错讯号，可参考出错的讯号来加以解决。开机完成后就会处于待测状态，注意电极内不可有气泡，否则会影响测量准确度。当你使用新仪器或新的电极时须做较正设定的程序。

(2) 本仪器对被测溶液进行检测时，仪器会自动换档，就是当测量超出现测量的范围，该仪器会自动向前跳一档以满足测量范围的需要。仪器会显示"RANG"，时间约需 5 秒。

(3) 在电导显示下按"MODE"键切换到手动换档模式(AUTORANGING 灯会淡)按一次换一次档。当第四种档次选择完又会回到自动换档模式(此时 AUTORANGING 灯会再亮)。每次关机后会自动设定回自动范围选择模式。

2-10-3　722E 型可见分光光度计的使用

1. 仪器的外形及操作键介绍

(1) "方式设定"键(MODE)：用于设置测试方式。仪器可供选择的测试方式有：透射比方式；吸光度方式。使用"方式设定"键(Mode)可选择测试方式。

(2) "100%T/0Abs"键：用于自动调整 100.0%T(100.0%透射比)或 0Abs(零吸光度)。注意：当波长被改变时，请不要忘记重新调整100.0%T或0Abs。

(3) “0%T”键：用于自动调整零透射比。仪器在开机预热后，将挡光体插入样品架，将其推或拉入光路，按“0%T”键调零透射比（在T方式下），仪器自动将透射比零参数保存在微处理器中。仪器在不改变波长的情况下，一般无需再次调透射比零。

(4) “波长设置”旋钮：用于设置分析波长。

(5) 电源开关：用于控制仪器电源开或关。

2. 仪器的基本操作

样品测试前的准备：

(1) 预热：打开电源开关，使仪器预热20 min。注意：开机前，先确认仪器样品室内是否有东西挡在光路上。光路上有东西将影响仪器自检甚至造成仪器故障。

(2) 调整波长：用“波长设置”旋钮将波长设置在您将要使用的分析波长位置上。注意：每当波长被重新设置后，请不要忘记调整100.0%T。

(3) 调零：打开样品室盖，将挡光体插入比色皿架，并将其推或拉入光路。盖好样品室盖，按“0%T”键调透射比零（在T方式下）。注意：仪器在不改变波长的情况下，一般无需再次调透射比零。若仪器长时间使用，有时0%T可能会产生漂移。调整0%T可提高测试数据的准确度。

(4)调整100%T：取出挡光体，盖好样品室盖，按“100%T”键调100%透射比。通常情况下，只要开机预热后调一次透射比零，此后，只要仪器不关机，一般可无需重复调透射比零。

样品的透射比参数测定（透射比方式）

(1) 按“方式键”(MODE)，将测试方式设置为透射比方式。显示器显示“＊＊＊，＊”。

(2) 用“波长设置”旋钮设置您想要的分析波长，如340 nm。当波长被重新设置后，调整100.0%T。

(3) 将参比溶液和被测溶液分别倒入比色皿中。

(4) 打开样品室盖，将盛有溶液的比色皿分别插入比色皿槽中，盖上样品室盖。一般情况下，参比样品放在样品架的第一个槽位中。

(5) 将参比溶液推入光路中，按“100%T”键调整100%T。仪器在自动调整100%T的过程中，显示器显示“BLA”，当100.0%T调整完成后，显示器显示“100.0%T”。

(6) 将被测溶液推或拉入光路中，此时，显示器上所显示是被测样品的透射比参数。

样品的吸光度参数测定(吸光度方式)。

(1) 按“方式键”(MODE)，将测试方式设置为吸光度方式。显示器显示“*，* * *”。

(2) 用“波长设置”旋钮设置您想要的分析波长，如340 nm。当波长被重新设置后，调整0Abs。

(3) 将参比溶液和被测溶液分别倒入比色皿中。

(4) 打开样品室盖，将盛有溶液的比色皿分别插入比色皿槽中，盖上样品室盖。一般情况下，参比样品放在样品架的第一个槽位中。

(5) 将参比溶液推入光路中，按“100%T”键调整0Abs。仪器在自动调整0Abs的过程中，显示器显示“BLA”，当0Abs调整完成后，显示器显示“0.000”。

(6) 将被测溶液推或拉入光路中，显示器上所显示是被测样品的吸光度参数。

第三章
基本操作训练

基本要求

基本操作与技能是构成实验的重要内容，是进行无机化学实验的基础。要求熟练掌握的基本操作与技能有：煤气灯、电子天平、量筒、移液管、容量瓶、滴定管、温度计、比重计等的使用；常用仪器的洗涤；常用加热操作；固液体试剂的取用；试管反应操作（包括空白试验和对照试验）；试纸的选择和使用；结晶、固液分离与沉淀的洗涤操作等。本章实验中主要训练质量、温度、体积等物理量的测定手段与方法，包括电子天平的使用、滴定操作以及简单的玻璃加工操作（切割、圆口、拉制）等技术。大部分操作与技能安排在后面几章实验中进行。训练中，要求学生不仅会操作，也要弄清基本原理。在实践中着重训练，反复巩固，达到准确、熟练掌握的目的。

理论概述

本章除了要求学生练习、掌握实验的基本操作和技能外，还要求学生了解、熟悉相关的化学理论与知识。下面简要介绍与本章实验内容有关的化学基础理论。

一、气体方程式

气体状态方程式 $PV = nRT$ 或 $PV = \frac{W}{M}RT$

式中：P——气体压力；V——气体体积；n——气体摩尔数；W——气体质量；M——气体的摩尔质量；T——气体所在绝对温度；R——气体常数，SI 制中数值为 8.314 $J \cdot K^{-1} \cdot mol^{-1}$。

此方程式说明了气体性质的各种内在联系。气体性质与气体定律完全相符合的气体称理想气体。故上述方程俗称理想气体方程式或理想气体定律。所谓理想气体，主要作了两点假设：其一，气体分子的体积可以忽略不计；其二，气体分子间的吸引力可忽略不计。在高压情况下，实际气体行为与理想气体定律的描述有很大偏差。此时必须引入范德瓦尔(Van der Waals)修正式

$$(P + \frac{a}{V^2})(V - b) = nRT$$

其中：a——各种气体的特征常数，表示气体分子间吸引力；b——气体分子所占体积，亦称为特征常数。

理想气体状态方程式在化学实验中另一个重要作用就是可以测定各类气体的摩尔质量。

二、热力学基础

化学反应的进行大都伴随着吸热和放热。发生化学反应时，如果体系不做非体积功(或非膨胀功)，且反应的终态温度恢复至反应始态温度时，体系所吸收或放出的热量称该化学反应的反应热。用符号 q 来表示，并规定吸热时 $q > 0$；放热时 $q < 0$。凡是标出热效应的化学方程式称为热化学方程式。例如：1 mol 碳(石墨)在 25℃及 100 kPa 压下完全燃烧，能放出 394 kJ 的热量，即可写成：

$$C(石墨)+O_2(g) \longrightarrow CO_2(g)+394\ kJ\cdot mol^{-1}$$

书写热化学方程式时，要注明反应时的温度、压力。习惯上如不注明，则表示温度为 25℃、压力为 100 kPa；各物质的聚集状态要写在分子式后面的括号里，气、液、固三者分别用 g、l、s 表示。

由热力学第一定律可得出：

$$\Delta U = q + W$$

一般情况下，大多数化学反应是在恒压条件下（如在与大气相通的敞口容器中，体系的压力就恒定为当时大气压）进行的，如果体系不做非体积功，此过程的反应热称恒压反应热，用符号 q_p 表示。这时

$$\Delta U = q_p + W = q_p - P\Delta V$$

或

$$q_p = \Delta U + P\Delta V$$

式中：ΔU 为体系始终态的热力学能改变量；ΔV 为体系始终态的体积改变量；$W(=-P\Delta V)$ 即体积功，也就是体系体积变化反抗外力作用而与环境交换的功。现在规定，环境对体系做功，$W>0$；体系对环境做功，$W<0$。

若把始态表示“1”，终态表示“2”，则上述表达式变换为：

$q_p=(U_2-U_1)+P(V_2-V_1)=(U_2-U_1)+(PV_2-PV_1)$ 由于 q_p 表示恒压反应热，所以 $P=P_1=P_2=P_{(环境)}$，故：

$q_p=(U_2-U_1)+P_2V_2-P_1V_1=(U_2+P_2V_2)-(U_1+P_1V_1)$，热力学上令：$H=U+PV$

H 称为焓（或热函），单位：$kJ\cdot mol^{-1}$

因此，$q_p=H_2-H_1=\Delta H$

其表示恒压条件下的反应热等于体系的焓变。

$\Delta H<0$（焓值减少），反应为放热反应；$\Delta H>0$（焓值增加），反应为吸热反应。

这里要强调的是：第一，严格来讲，反应温度对化学反应的焓变

值是有影响的。如在 100 kPa 下,

$$CaCO_3(s) = CaO(s) + CO_2(g)$$

$$298.15\ K \quad \Delta H_{298.15} = 178.27\ kJ \cdot mol^{-1}$$

$$1\,000\ K \quad \Delta H_{1\,000} = 175\ kJ \cdot mol^{-1}$$

一般情况下,影响不大,通常按 298.15 K 时处理。

第二,H 与 V、P、U 一样,都是状态函数,即 ΔH(焓变)只取决于体系变化的始态、终态,而与变化途径无关。故一个反应分几步进行,则反应总过程的焓变等于各步焓变之和。

$$\Delta H = \Delta H_1 + \Delta H_2 + \cdots + \Delta H_n$$

第三,恒温恒压下化学反应的热效应(ΔH),等于产物焓的总和减去反应物焓的总和,即

$$\Delta H = H_{终} - H_{始} = \sum H_{产} - \sum H_{反}$$

显然如果能够知道参加化学反应的各个物质焓的绝对值,对于任一个反应只要直接查表找到相关焓的值就能计算其反应热。但是实际上焓的绝对值是无法测定的。为解决这一困难,人们采取使用一个相对标准,也可以很方便地计算反应的 ΔH。为此规定:在给定温度和标准状态下由最稳定单质生成一摩尔物质时的反应热称为该物质的标准生成热(或称标准生成焓)。符号:$\Delta H^{\ominus}_{f,T}$;单位:$kJ \cdot mol^{-1}$。右下角“f”表示 formation,右上角“$\ominus$”表示标准态(气体的压力为 100 kPa,溶液中溶质浓度为 $1\ mol \cdot L^{-1}$,液体、固体为最稳定的纯净物)。在手册上查到的标准生成热通常指 100 kPa 和 298.15 K时的数据。右下角“T”表示绝对温度,若是 298.15 K,通常可省略温度数据,简写成 $\Delta H^{\ominus}_{f}$。

反应热有多种表达形式,除了上述生成热(生成焓),还有溶解热(溶解焓)、燃烧热(燃烧焓)、离子水合热(离子水合焓)、键焓、中和热(中和焓)等。

焓是化学热力学中的一个重要状态函数。它可以计算反应热，也可在判断同类型化合物相对稳定性、化学反应自发性倾向等情况中得到广泛运用。

三、酸碱平衡

酸、碱、盐是主要的化学物质，实践中，人们对其概念、性质研究已近200余年，并随着新的酸碱理论的提出，研究在不断深化和完善。1887年阿仑尼乌斯(Arrheniue)提出的酸碱电离理论，通俗实用，能解释众多实验现象，至今仍被普遍应用。其定义：酸是在水溶液中电离生成的阳离子全部是 H^+ 离子(实际上应该是水合氢离子 H_3O^+，为简便起见，写成 H^+ 离子)的化合物；碱是在水溶液中电离生成的阴离子全部是 OH^- 离子的化合物。酸的通性决定于它们都能在水溶液中电离出 H^+ 的性质。同样碱的通性决定于它们都能在水溶液中电离出 OH^- 的性质。酸碱中和反应的实质就是 H^+ 离子和 OH^- 离子结合成 H_2O 的反应。例如：盐酸和氢氧化钠的反应：

酸 $HCl = H^+ + Cl^-$

碱 $NaOH = OH^- + Na^+$

中和作用：$H^+ + OH^- = H_2O$

盐被认为是中和反应的另一个产物，实际上是在水溶液中生成金属离子(包括 NH_4^+)和酸根离子的化合物(如 NaCl)。

其他条件相同的情况下，等浓度的不同酸(碱)溶液越容易电离，即电离出 $H^+(OH^-)$ 越多，表示其酸(碱)越强；反之就是越弱，例如：HCl，HNO_3 为强酸，HAc、H_3BO_3 为弱酸；NaOH、KOH 为强碱，$NH_3 \cdot H_2O$ 为弱碱。弱酸(碱)因其在水溶液中，仅部分分子被电离，实质上属于弱电解质，故在弱电解质分子和离解生成的离子间有化学平衡存在。如：

$$HAc \rightleftharpoons H^+ + Ac^-$$

酸碱电离理论的局限性是对于非水体系的酸碱反应和不含 H^+ 离子或 OH^- 离子的物质表现酸和碱的性质时，均不能提出合理的解释。所以 20 世纪以来陆续提出酸碱溶剂理论、质子理论、电子理论等学说，它们都有一定的实用性和局限性。

酸碱滴定法又叫中和滴定法，它是以酸碱反应为基础的滴定分析法。它完全符合滴定分析法对化学反应的一些基本要求：定量（有固定计算关系）、迅速、有可以确定等摩尔点（反应终点）的可靠方法。

酸碱滴定中，常采用强酸（如 HCl）、强碱（如 NaOH）作为滴定剂。被滴定物（或称被测定物）具有碱性或酸性就有可能被滴定，但应根据 CK_a（或 CK_b）$\geqslant 10^{-8}$ 的界限判断能否被准确滴定（即滴定误差—理论反应终点与实际滴定终点不一致而引起的误差≤0.2%）。如：用 NaOH 做滴定剂（又称标准溶液）可测定 HAc、HCl、H_3PO_4 等酸性物质的准确含量；反之用 HCl 作滴定剂可测定 NaOH、Na_2CO_3、吡啶盐等碱性物质的准确含量。滴定分析中，溶液浓度一般采用 0.1 $mol \cdot L^{-1}$左右。如果某些酸（或碱）的离解常数≤10^{-7}的弱酸（或弱碱）以及在水中溶解度较小的有机物质，必须采用化学处理转换成可直接滴定酸（或碱），或者在非水溶液中滴定，因而酸碱滴定法的应用范围还是相当大的。

CK_a（或 CK_b）$\geqslant 10^{-8}$，实质是保证滴定曲线（溶液 pH 值变化为纵坐标与加入滴定剂百分数为横坐标的关系曲线）中的滴定突跃（指曲线在等摩尔反应点、溶液性质从量变到质变时，pH 值迅速变化的部分）有足够大。一般突跃≥0.3pH 值，才能确保找到合适的酸碱指示剂（指能通过颜色变化来指明中和反应终点的物质）。实验人员能借助指示剂的变色准确判断出滴定终点，使滴定误差≤0.2%。

稀 HCl 是最常用的酸性滴定剂，它具有一定的稳定性。实验表明0.1 mol·L^{-1} HCl溶液煮沸 1 小时，未发现明显损失。HCl 溶液不能直接配制。一般先配成近似浓度，然后用基准物质（能用于直接配制或标定标准溶液浓度的物质）标定。最常用的基准物质是无水碳酸钠（Na_2CO_3）和硼砂（$Na_2B_4O_7 \cdot 10H_2O$）。

稀 NaOH、KOH、$Ba(OH)_2$ 均可做碱性滴定剂。最常用的是 NaOH。由于固体 NaOH 具有很强的吸湿性，能吸收 CO_2 和水分，生成少量 Na_2CO_3，且含少量硅酸盐、硫酸盐和氯化物等，故不能直接称量配制准确浓度。只能先配制成近似浓度溶液，然后用基准物质标定。最常用的基准物质是邻苯二甲酸氢钾（$KHC_8H_4O_4$）和草酸（$H_2C_2O_4 \cdot 2H_2O$）。

酸碱标准溶液一般配成 0.1 mol·L^{-1}，偶尔也可配 0.01 或 1 mol·L^{-1}，因为浓度过高时，加入每滴溶液毫摩尔数增大，引起误差较大；浓度太稀，滴定突跃范围减小，指示剂变色不甚明显，也将引起较大误差。

3-1 实验一 煤气灯的使用、玻璃工操作和仪器洗涤

一、实验目的

1. 练习掌握煤气灯的使用。
2. 学习简单的玻璃管加工。
3. 练习玻璃器皿的洗涤。

二、实验提要

煤气灯是化学实验室最常用的加热器具。它由灯座和灯管组成（图 3-1）。在观察煤气灯的构造时，可以旋下灯管，这时可以看到灯座的煤气口和空气入口，转动灯管，能够完全关闭或不同程度地开放空气入口，以调节空气的输入量。

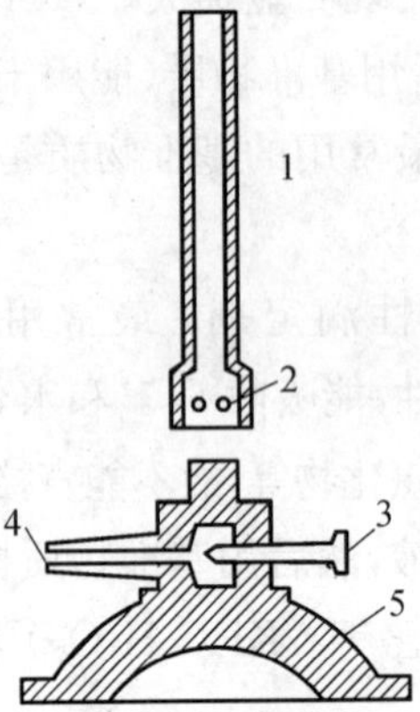

图 3-1　煤气灯的构造

1—灯管；2—空气开关；
3—煤气调节阀；4—煤气入口；
5—灯座

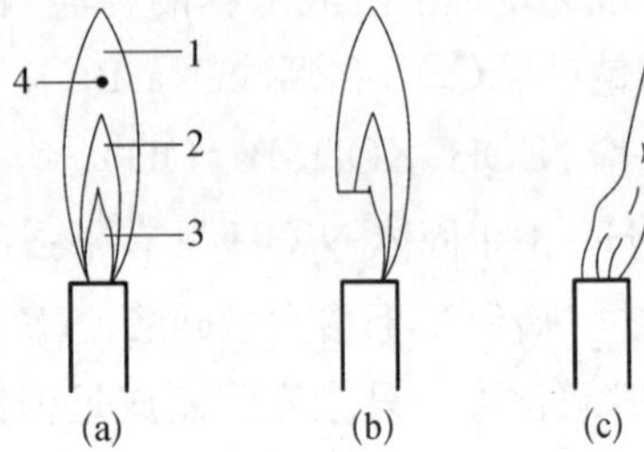

图 3-2　各种火焰

(a) 正常火焰　(b) 临空火焰　(c) 侵入火焰
1—氧化焰；2—还原焰；3—焰芯；4—最高温度点

当空气入口完全关闭时，点燃进入煤气灯的煤气，此时火焰呈黄色(系碳粒发光所产生的颜色)，煤气的燃烧不完全，火焰温度并不高。逐渐加大空气的输入量，煤气的燃烧就逐渐完全，此时火焰分三层(图 3-2)：内层为焰心，煤气和空气混合物在此并未燃烧，温度低，约为 300℃左右。中层为还原焰，煤气在此不完全燃烧，并分解为含碳的产物，所以这部分火焰具有还原性，温度较高，火焰呈淡蓝色。外层为氧化焰，煤气在此完全燃烧，过剩的空气使这部分火焰具有氧化性。氧化焰的温度在三层中最高。最高温度处于还原焰顶端上部的氧化焰中，约在 1 000℃以上(煤气的组成不同，火焰的温度也有差异)。火焰呈淡紫色。实验时，一般都采用氧化焰来加热。

当空气或煤气的输入量调节得不合适时，会产生不正常的火焰。当煤气和空气的输入量都很大时，火焰就临空燃烧，称为“临空火焰”(见图 3-2)。待引燃用的火柴熄灭时，它也容易自行熄灭。当煤气输入量很小而空气输入量很大时，煤气会在灯管内燃烧，并发出“嘶嘶”的响声，火焰的颜色发绿，灯管被烧得很烫，这种火焰称为“侵入火焰”(见图 3-2)。有时在煤气灯使用过程中,煤气量突然因某种原因而减少,这时也会产生“侵入火焰”,这种现象称为“回火”。发生以上现象时,应立即关闭煤气。待灯管冷却后,再关小空气入口,重新点燃。

在一般情况下,加热试管中液体时,温度不需很高,这时可将煤气灯上的空气入口和煤气进口关小些(使用无声响的无色火焰),在石棉网上加热烧杯中液体或玻璃工操作时,火焰温度可调高些(用带有声响的无色火焰)。

在实验室中,煤气灯还用于玻璃加工。下面所举的是几种最简单的玻璃加工操作:

1. 玻璃管(棒)的截断和圆口

将玻璃管平放在桌面上,用锉刀的棱或小砂轮片,在左手拇指按住玻璃管的地方锉出一道凹痕(图 3-3)。应该往一个方向锉,不要来回锉,锉出来的凹痕应与玻璃管垂直,这样才能保证折断后的玻璃管截面是平整的。然后双手持玻璃管(凹痕向外),用拇指在凹痕的正后方轻轻外推,同时用食指和拇指把玻璃管向外拉,以折断玻璃管(图 3-4)。截断玻璃棒的操作与截断玻璃管相同。

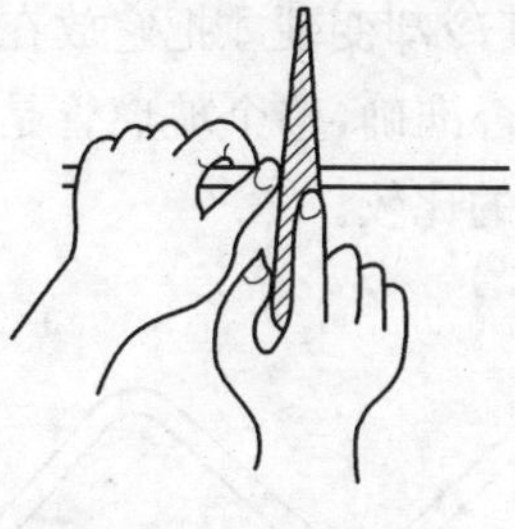

图 3-3　玻璃管的切割

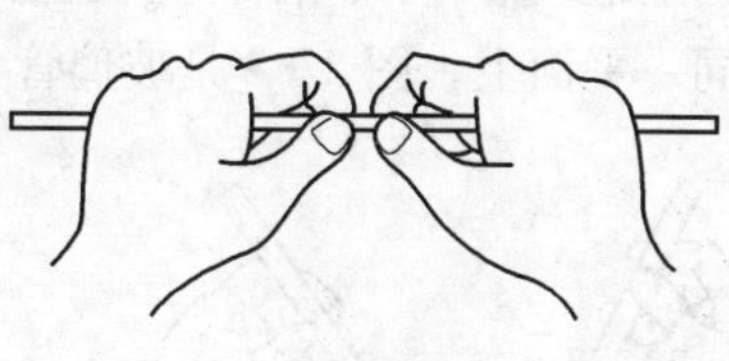

图 3-4　玻璃管的截断

玻璃管的截面很锋利,容易把手划破,且难以插入塞子的圆孔内,所以必须在煤气灯的氧化焰中熔烧,把截面斜插入氧化焰中熔烧时,要慢慢地转动玻璃管使熔烧均匀,直到熔烧得光滑为止,此步手续通常称为“圆口”(图 3-5)。灼热的玻璃管应放在石棉网上冷却,不要用手去摸,以免烫伤,玻璃棒也同样需要圆口。

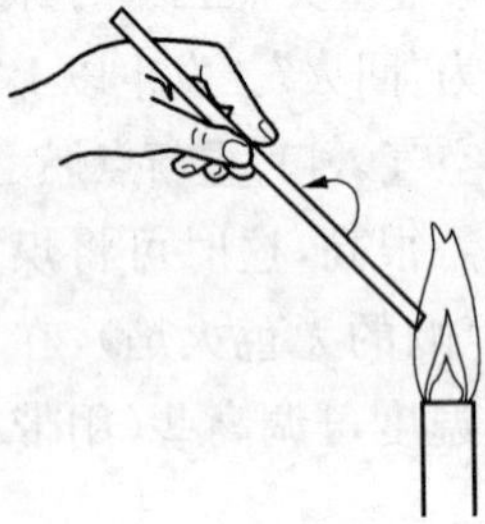

图 3-5 玻璃管圆口

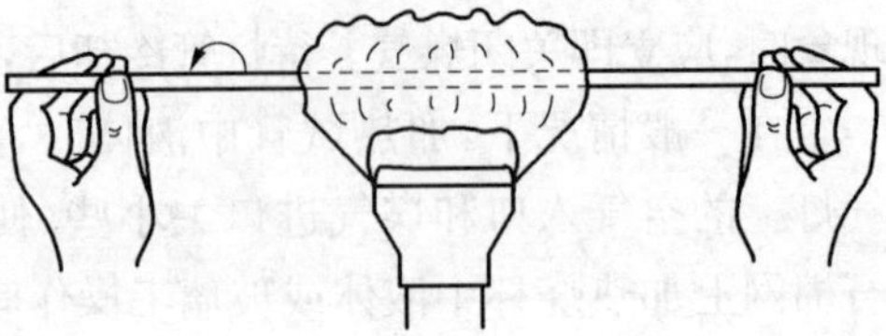

图 3-6 加热玻璃管的方法

2. 弯曲玻璃管的操作

先将玻璃管用小火预热一下，然后双手持玻璃管，把要弯曲的地方斜放入氧化焰中以增大玻璃管的受热面积，也可以在煤气灯上罩以鱼尾灯头以扩展火焰，增大玻璃管的受热面积(图 3-6)，同时缓慢而均匀地转动玻璃管，双手用力均匀，转速要一致，以免玻璃管在火焰中扭曲。加热到它发黄变软。自火焰中取出玻璃管，稍等一两秒钟，使各部温度均匀，准确地把它弯成所需的角度(注意：不要慌乱)。弯管的正确手法是"V"字形，两手在上方，玻璃管的弯曲部分在两手中间的下方(图 3-7)。弯好后，待其冷却变硬才把它放在石棉网上继续冷却，冷却后，应检查其角度是否准确，整个玻璃管是否在同一平面上。图 3-8 是玻璃管弯得好坏的比较。

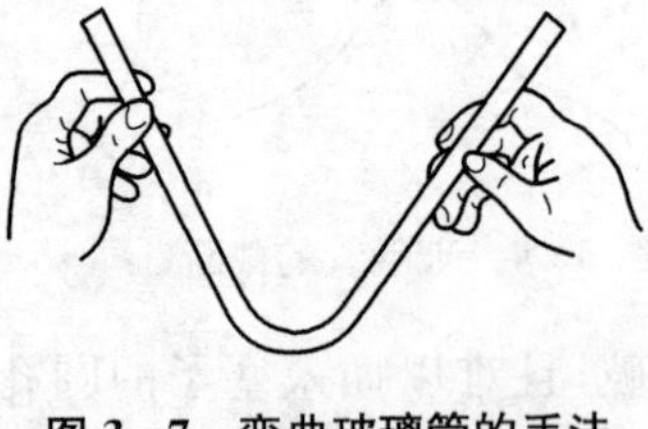

图 3-7 弯曲玻璃管的手法

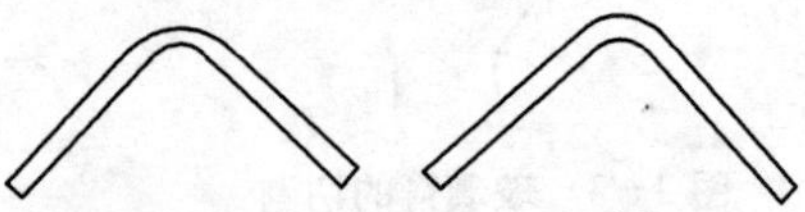

错误　　正确

图 3-8 弯管好坏的比较

120°以上的角度，可以一次弯成。较小的锐角可分几次弯成：先弯成一个较大的角度，然后在第一次受热部位稍偏左、稍偏右处进行第二次加热和弯曲，第三次加热和弯曲，直到弯曲成所需的角度为止。

3. 拉玻璃管的操作

图 3-9　拉管的手法

拉玻璃管时加热玻璃管的方法和弯玻璃管时基本上一样，不过要烧得更软一些。玻璃管应烧到红黄时才从火焰中取出，顺着水平方向边拉边来回转动玻璃管(图 3-9)，拉到所需要的细度时，一手持玻璃管，使玻璃管垂直下垂。冷却后，可按需要截断。

三、实验流程图

四、实验用品

仪器、用品：煤气灯，坩埚钳，薄片小砂轮(或锉刀)，石棉网。

试剂、材料：小块硬纸片，铁丝网，铜片，玻璃管，玻璃棒。

五、实验内容

1. 煤气灯的使用

(1) 煤气灯的构造和使用方法

(a) 将煤气灯灯座下的螺丝旋下，观察各部分的构造。

(b) 将空气入口关闭，擦燃火柴，打开煤气开关，点燃煤气，观察火焰的情况。然后慢慢将空气入口打开，调节空气进入量，直至火焰分为三层。

(c) 将煤气灯空气入口逐渐开大，直至发生"侵入火焰"。观察煤气在灯管内燃烧，侵入火焰的颜色和灯管很快发热的现象。关闭煤气开关，待灯管冷却后将空气入口关小，重新点燃煤气和调节空气进入量。

(2) 火焰的温度

(a) 铁丝网平放在无色火焰中,从火焰上部慢慢向下移动(图3-10)注意铁丝网烧成红热部分的面积和光亮程度的变化。

(b) 将硬纸片用水浸湿后,使某一边向下,垂直穿过火焰,把火焰平分为两部分(图 3-11),观察纸片被火焰灼焦状况。根据实验(a)、(b)的结果,作出火焰各层温度高低的结论。

(3) 火焰的性质

(a) 将一根长约 12 cm 的细玻璃管的一头斜插到内层火焰中,试点燃从玻璃管另一头出来的煤气(图 3-12)。

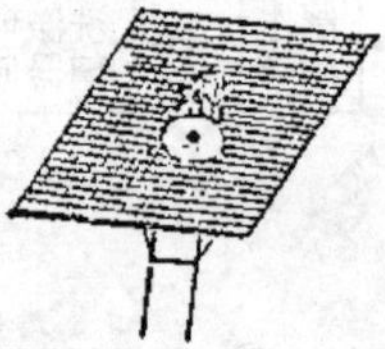

图 3-10 考察火焰温度(用铁丝网)

图 3-11 考察火焰温度(用硬纸片)

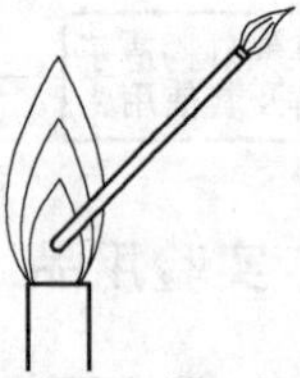

图 3-12 考察火焰各层性质

(b) 用坩埚钳夹住一块铜片,使其一边向下竖直穿过火焰。观察铜片表面在各层火焰中的颜色。

根据上面的两个实验,总结火焰各层的性质。

2. 玻璃管(棒)的简单加工

(1) 玻璃管(棒)的截割和圆口

(a) 利用废玻璃管(棒)反复练习截断玻璃管(棒)的基本操作。

(b) 制作玻璃棒截取 15 cm 和 18 cm 的长玻璃棒各一根,并将断面圆口。

(2) 拉细玻璃管(棒)

(a) 练习拉细玻璃管(棒)的基本操作。

(b) 制作滴管　截取 18～20 cm 长玻璃管一根。拉制成 2 支滴管，如图 3－13 所示。管口用火圆口时应注意，受热时间不宜过长，以免管嘴收缩甚至封死。滴管粗的一端应在火焰中充分烧软，并随即垂直地向石棉网上轻轻揿压一下，使管口变厚略向外翻，以便套上橡皮头。制作的滴管规格的要求是自滴管中滴出 18～22 滴水的总体积约等于 1 mL。

(c) 制作小头搅拌棒　截取 16～18 cm 长玻璃棒一根，拉制成小头搅拌棒 2 支，如图 3－14 所示。

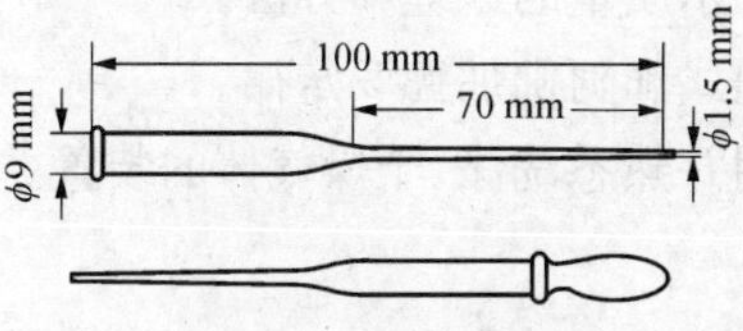

图 3－13　滴管

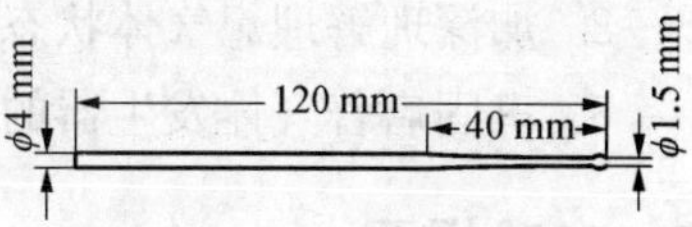

图 3－14　小头搅拌棒

(3) 弯玻璃管　练习玻璃管的弯曲，完成 120°、90°、60°等角度的玻璃弯管各一根。

3. 玻璃器皿的洗涤

领取烧杯、锥形瓶、容量瓶各 1 只。根据玻璃仪器的洗涤要求(见 2－1 节)，洗涤干净。

思考题

1. 煤气灯的火焰可分为几层？怎样调节？指出各层火焰的温度和性质。

2. “侵入火焰”是怎样产生的？如何避免和处理？

3. 怎样切割玻璃管(棒)？为什么截面要圆口？

4. 在做下列操作时，如何选择煤气灯火焰，并应注意哪些问题？

(1) 制作玻璃管(棒)；

(2) 玻璃管(棒)截断面的圆口；

(3) 滴管嘴的圆口。

5. 刚刚烧过的灼热的玻璃和冷的玻璃往往外表很难分辨，怎样防止烫伤?

6.橡皮塞钻孔时,应怎样选择钻孔器的口径和正确钻孔方法?

3-2 实验二 二氧化碳摩尔质量的测定

一、实验目的

1. 学习气体相对密度法测定摩尔质量的原理和方法。
2. 加深理解理想气体状态方程式和阿佛加德罗定律。
3. 巩固启普气体发生器的使用并熟悉洗涤、干燥气体的装置。

二、实验提要

根据阿佛加德罗定律,在同温同压下,同体积的任何气体含有相同数目的分子。

对于 P、V、T 相同的 A、B 两种气体。若以 m_A、m_B 分别代表 A、B 两种气体的质量,M_A、M_B 分别代表 A、B 两种气体的摩尔质量。其理想气体状态方程式分别为

气体 A:
$$PV=\frac{m_A}{M_A}RT \tag{1}$$

气体 B:
$$PV=\frac{m_B}{M_B}RT \tag{2}$$

由(1)、(2)并整理得

$$\frac{m_A}{m_B}=\frac{M_A}{M_B} \tag{3}$$

于是得出结论:在同温同压下,同体积的两种气体的质量之比等于其摩尔质量之比。

因此我们应用上述结论,在同温同压下,同体积二氧化碳与空气

相比较。因为已知空气的平均摩尔质量为29.0，所以只要测得二氧化碳与空气在相同条件下的质量，便可根据上式求出二氧化碳的摩尔质量。

即
$$M_{CO_2}=\frac{m_{CO_2}}{m_{空气}}\times 29.0$$

式中：29.0——空气的平均摩尔质量。

式中体积为V的二氧化碳质量m_{CO_2}可直接从分析天平上称出。同体积空气的质量可根据实验室测得的大气压(p)和温度(T)，利用理想气体状态方程式计算得到。

三、实验流程图

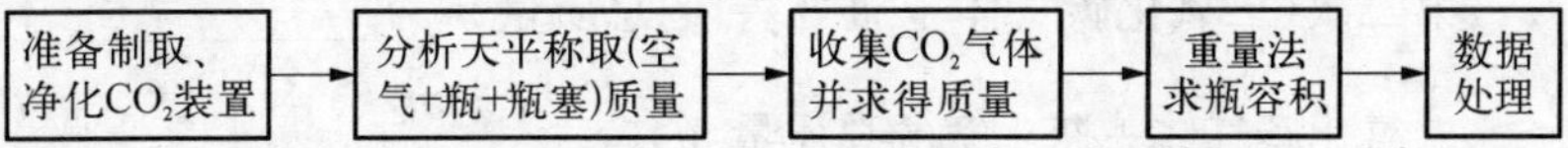

四、实验用品

仪器、用品：分析天平，启普气体发生器，台秤，洗气瓶，干燥管，磨口锥形瓶。

试剂、材料：石灰石，HCl(工业级)，$NaHCO_3$(饱和溶液)，浓H_2SO_4(工业级)，玻璃棉，玻璃管，橡皮管。

五、实验内容

按图3-15装配好制取二氧化碳的实验装置图。因石灰石中含有硫，所以在气体发生过程中有硫化氢、酸雾、水汽产生。此时可通过加入饱和碳酸氢钠溶液和浓H_2SO_4溶液除去硫化氢、酸雾和水汽。

取一洁净而干燥的磨口锥形瓶，在分析天平上称出(空气+瓶+瓶塞)质量。

在启普气体发生器中产生二氧化碳气体，经过净化、干燥后导入锥形瓶中。由于二氧化碳气体略重于空气，所以必须把导管插入瓶底。等 4～5 min 后，轻轻取出导气管，用塞子塞住瓶口在分析天平上称量二氧化碳、瓶、塞的总质量。重复通二氧化碳气体和称量的操作，直到前后两次称量的质量相符为止（两次质量差值小于 2 mg）。最后在瓶内装满水、塞好塞子，在台秤上准确称量。

六、数据处理

室温 t/℃ ____________；

气压 p/Pa ____________；

（空气＋瓶＋塞子）的质量 m_A ____________；

第一次（二氧化碳气体＋瓶＋塞）的总质量 m_1 ____________；

第二次（二氧化碳气体＋瓶＋塞）的总质量 m_2 ____________；

二氧化碳气体＋瓶＋塞的总质量 $m_B = \frac{m_1 + m_2}{2}$ ____________；

（水＋瓶＋塞）的质量 m_C ____________；

瓶的容积 $V = \frac{m_C - m_A}{1.00}$ ____________；

瓶内空气的质量 $m_{空气} = M_{空气} \cdot \frac{PV}{RT}$ ____________；

瓶和塞子的质量 $m_D = m_A - m_{空气}$ ____________；

二氧化碳气体质量 $m_E = m_B - m_D$ ____________；

二氧化碳气体摩尔质量 ____________。

思考题

1. 为什么（二氧化碳气体、瓶、塞）的总质量要在分析天平上称量，而（水＋瓶＋塞）的质量可以在台秤上称量？两者的要求有何不同？

2. 哪些物质可用此法测定相对分子质量？哪些不可以？为什么？

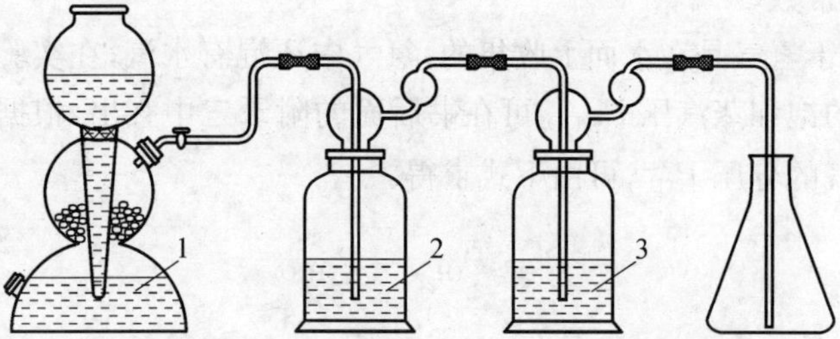

图 3-15　CO_2 气体的生成、净化和收集装置

1—启普发生器；2—饱和 $NaHCO_3$ 溶液；3—浓硫酸

3-3　实验三　气体常数的测定

一、实验目的

1. 掌握理想气体状态方程式和分压定律的应用。
2. 学会测量气体体积的一种方法。

二、实验提要

$$Mg + 2H^+\ (过量) \longrightarrow Mg^{2+} + H_2(g)$$

上述反应在通常条件下，为一不可逆反应，此时参加反应的金属镁的量(摩尔数)等于产生氢气的量(摩尔数)。即：

$$\frac{m_{(Mg)}}{M_{(Mg)}} = \frac{m_{(H_2)}}{M_{(H_2)}} \tag{3-1}$$

式中：$m_{(Mg)}$ 为称取镁的质量；$m_{(H_2)}$ 为产生氢气的质量；$M_{(Mg)}$ 和 $M_{(H_2)}$ 分别为镁和氢气的摩尔质量。

已知质量的金属镁 $m_{(Mg)}$ 与过量的稀硫酸反应，在一定的温度和压力下测出产生气体的体积(V)，就可运用理想气体状态方程式计算出气体常数(R)。

由于氢气是在水面上收集的，氢气中还混有水汽，在实验室温度下，水的饱和蒸汽压 $P_{(H_2O)}$ 可在书后面的附录三中查出，根据分压定律，氢气的分压 $P_{(H_2)}$ 可由下式求得：

$$P = P_{(H_2)} + P_{(H_2O)}$$

$$P_{(H_2)} = P - P_{(H_2O)} \qquad (3-2)$$

理想气体的状态方程式为：

$$P_{(H_2)} \cdot V = \frac{m_{(H_2)} \cdot R \cdot T}{M_{(H_2)}} \qquad (3-3)$$

将(3-1)式代入(3-3)式并移项，得：

$$R = \frac{P_{(H_2)} \cdot V \cdot M_{(Mg)}}{T \cdot m_{(Mg)}}$$

三、实验流程图

四、实验用品

仪器、用品：分析天平，100 mL 量气管，三角漏斗，滴管，10 mL 量筒，滴定管夹，铁架台，铁圈。

试剂、材料：镁条，H_2SO_4($3\ mol \cdot L^{-1}$)，丙三醇(甘油)，橡皮管，砂皮纸。

五、实验内容

1. 用分析天平准确称取两份已擦去表面氧化膜的镁条，每份重 0.03 g 至 0.035 g 之间。

2. 按图 3-16 所示，装配好仪器装置，打开试管的塞子，由漏斗往量气管内装水至略低于刻度“0”的位置（此时漏斗中水位应低于 1/4 位置）。上下移动漏斗以赶尽附着在胶管内壁和量气管中的气泡，确认无气泡后，把试管的塞子塞紧。

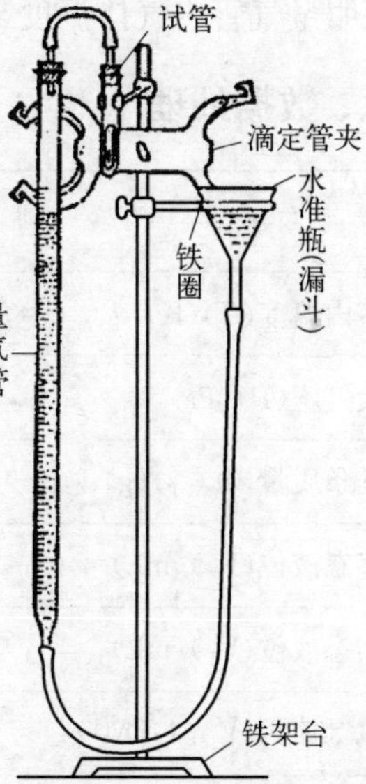

图 3-16 测定气体常数的装置

3. 检查装置是否漏气，把漏斗下移一段距离并固定在一定的位置上，如果量气管中的液面只在开始稍有下降，以后就保持在一个恒定的位置上（量气管与漏斗中的水有个恒定的液位差）。这说明装置密封良好，如果液面不断下降（没有恒定的液位差），则说明装置漏气。这时必须检查各个接口处，是否严密，将漏气处的塞子或胶管装紧后，重复上述试验，直至不漏气为止。

4. 把漏斗移至原来的位置，取下试管，用滴管向试管中注入 3～5 mL 3 mol·L^{-1} H_2SO_4（勿使 H_2SO_4 沾到试管壁上）。再把镁条用丙三醇做粘贴剂贴在试管壁上，将塞子塞紧，此过程中镁条不得与硫酸接触。再次检查整个装置的密封性能。

5. 在确信装置不漏气的情况下，把漏斗移至量气管的右侧，使两者的液面保持在同一水平，记下量气管中液面的位置，读数准至 0.02 mL。把试管的底部略为提高，以使硫酸与镁条接触，这时反应产生的氢气进入量气管，把量气管中的水压入漏斗内，为了避免管内压力过大，在管内液面下降的同时，漏斗可相应地往下移动，使管内液面和漏斗中液面始终保持在同一水平面。

6. 镁条反应完毕后，待试管冷却至室温（亦可用一个小烧杯盛冷水将试管进行冷却），然后使漏斗与量气管的液面处于同一水平，记下液面的位置，稍等 1～2 min，再记录一次，如果两次读数一致，则表明量气管内气体温度与室温相同了，同时记下室温和大气压。

六、数据处理

	第一次	第二次
室内温度(T)(K)		
大气压(P)(Pa)		
镁条质量($m_{(Mg)}$)(g)		
终态液位(V_2)(mL)		
初态液位(V_1)(mL)		
氢气体积($V_{(H_2)}$)(M^3)		
水的饱和蒸气压($P_{(H_2O)}$)(Pa)		
氢气的分压($P_{(H_2)}$)(Pa)		
气体常数(R)($J \cdot mol^{-1} \cdot K^{-1}$)		
相对误差		

思考题

下列各种情况对实验结果有何影响？

1. 镁条表面的氧化物没除尽。
2. 镁条称得太多或太少。
3. 称后的镁条碰到水或酸。
4. 量气管中气泡没赶尽。
5. 在产生氢气过程中装置漏气。
6. 读数时，漏斗及量气管中液面没处在同一水平面。
7. 试管没冷却到室温就读数。

3-4　实验四　氯化铵生成焓的测定

一、实验目的

1. 掌握测定氯化铵生成焓的原理和操作方法。
2. 加深对热力学中盖斯定律的理解。

二、实验提要

在恒温恒压下，由稳定的纯态单质于 100 kPa 的标准状态下，生成 1 mol 某物质时的等压反应热（焓变）称为标准生成焓。以符号 $\Delta H_{f,T}^{\ominus}$ 表示。通常使用的是 298 K 时的标准生成焓 $\Delta H_{f,298}^{\ominus}$。有些物质往往不能由单质直接生成，这些物质的生成焓则无法直接测定，只能用间接的方法，即利用测定有关的热化学数据，然后通过盖斯定律，求得所要测定的生成焓。本实验就是通过测定 $NH_3 \cdot H_2O(aq)$ 和 $HCl(aq)$ 的反应焓以及 $NH_4Cl(s)$ 的溶解焓来计算出 $NH_4Cl(s)$ 的生成焓。$NH_4Cl(s)$ 的生成可以设想通过以下途径来实现：

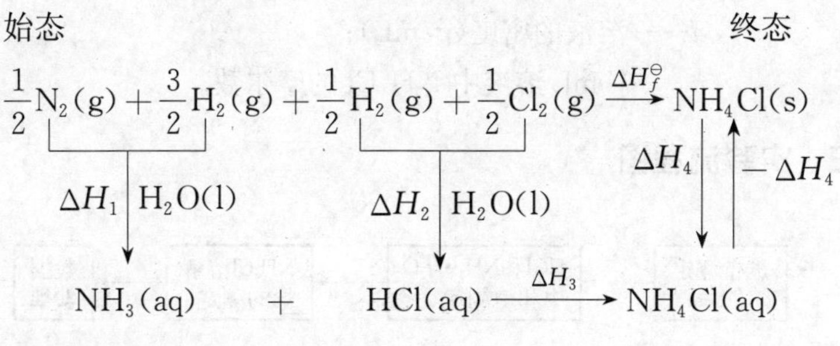

根据盖斯定律：

$$\Delta H_1 + \Delta H_2 + \Delta H_3 - \Delta H_4 = \Delta H_f$$

已知：

$\Delta H_1 = -80.3\ \text{kJ}\cdot\text{mol}^{-1}$（氨水在 298 K 时的生成焓）

$\Delta H_2 = -167.2\ \text{kJ}\cdot\text{mol}^{-1}$（HCl(aq)在 298 K 时的生成焓）

因此，只要测定 ΔH_3（$NH_3\cdot H_2O$ 和 HCl 的中和焓）及 ΔH_4（NH_4Cl(s)溶解焓），利用盖斯定律即可求得 NH_4Cl(s)的生成焓 ΔH_f。

为了提高实验的准确度，减少实验误差，本实验要求：$NH_3\cdot H_2O$ 和 HCl 的中和反应在低浓度的 $NH_3\cdot H_2O$ 和 HCl 溶液中进行。本实验要求在绝热、保温良好的量热器中进行，以确保热量损失最小。

中和焓或 NH_4Cl(s)的溶解焓可以通过溶液的比热和反应过程中温度的改变来计算，计算公式为：

$$\Delta H = -\Delta t \cdot C \cdot V \cdot d \cdot \frac{1}{n \times 1\,000}$$

式中：ΔH——反应的焓变（$\text{kJ}\cdot\text{mol}^{-1}$），即中和焓或溶解焓；

Δt——反应前后的温度差（℃）；

C——溶液的比热（J/g℃）；

V——溶液的体积（mL）；

d——溶液的密度（g/mL）；

n——V mL 溶液中 NH_4Cl 的摩尔数。

三、实验流程图

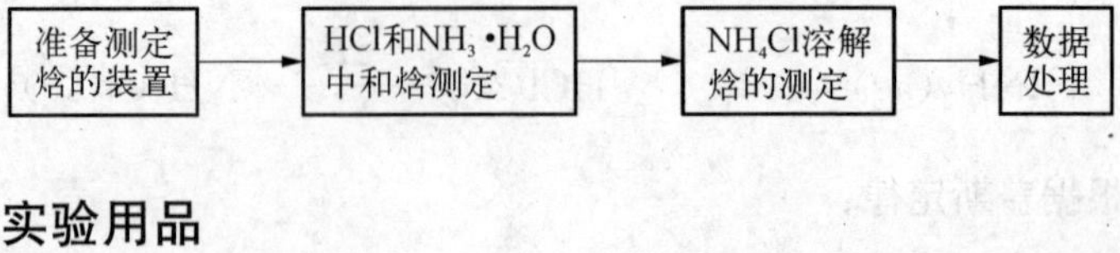

四、实验用品

仪器、用品：移液管（50 mL），带有软木塞的保温杯，温度计（1/10℃ 刻度），碱式滴定管，搅拌器。

试剂、材料：HCl（1.50 mol·L^{-1}），$NH_3 \cdot H_2O$（1.60 mol·L^{-1}），NH_4Cl（固体）。

五、实验内容

1. HCl 和 $NH_3 \cdot H_2O$ 中和焓测定

用 50 mL 的移液管取 50.00 mL 1.5 mol·L^{-1} HCl 放入预先洗净且干燥的保温杯中，在泡沫塑料盖上插入 1/10 刻度温度计，盖上此盖图 3－17），不断摇动，直至溶液与量热器温度保持恒定为止（大约需要 3～5 min），记下中和反应前的温度。

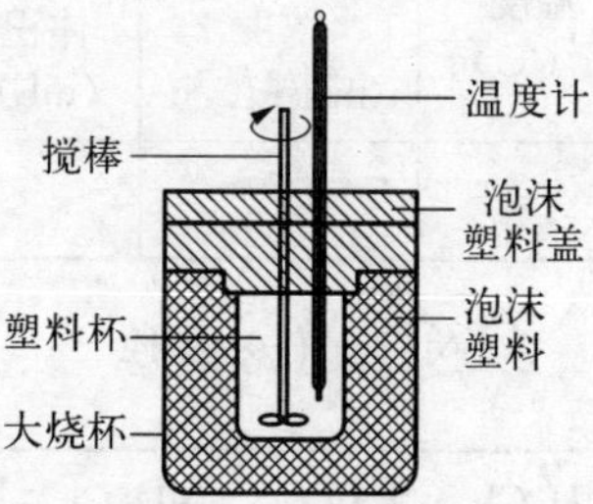

图 3－17 氯化铵生成焓测定的装置

用移液管从保温杯盖子上的小孔中准确地放入 50.00 mL 1.60 mol·L^{-1} 的 $NH_3 \cdot H_2O$，立即盖上小软木塞，不断摇动，并记下中和反应后上升的最高温度。

测定完毕后，把保温杯中的 NH_4Cl 溶液倒入回收瓶中，并把保温杯的温度计等洗净擦干，以备下次使用。

2. NH_4Cl 溶解焓的测定

在分析天平上准确称取 10～12 g $NH_4Cl(s)$。

用移液管准确量取 100.00 mL 去离子水放入保温杯中，把盖子上的小软木塞去掉（保存好，试验完毕后再盖在大软木塞上），插入搅拌器，盖上此盖子上下移动搅拌器，不断搅拌溶液，直至保温杯中的水温不再改变为止（大约需要 3～5 min），记下水温。

迅速将称取的 $NH_4Cl(s)$ 倒入保温杯中，立即盖紧盖子并不断搅拌，也可以轻轻地摇动保温杯，直到温度下降达到稳定的最低温度后，记下此时完全溶解后的溶液温度。

测量完毕，把保温杯中的溶液倒入回收瓶中，并将保温杯、温度计和搅拌器洗净擦干，放回原处。

六、数据处理

1. HCl 和 $NH_3 \cdot H_2O$ 的中和焓

<table>
<tr><td colspan="5">中 和 反 应 前</td><td rowspan="3">中和反应后溶液的最高温度 t_2(℃)</td><td rowspan="3">中和反应前后温度变化 $\Delta t = t_2 - t_1$ (℃)</td></tr>
<tr><td rowspan="2">反应前温度 t_1(℃)</td><td colspan="2">HCl</td><td colspan="2">$NH_3 \cdot H_2O$</td></tr>
<tr><td>浓度 ($mol \cdot L^{-1}$)</td><td>体积 (mL)</td><td>浓度 ($mol \cdot L^{-1}$)</td><td>体积 (mL)</td></tr>
<tr><td></td><td></td><td></td><td></td><td></td><td></td><td></td></tr>
</table>

2. NH_4Cl 溶解焓

NH_4Cl(无水)的摩尔质量 ($g \cdot mol^{-1}$)	NH_4Cl (无水)的质量(g)	溶解 NH_4Cl 前的去离子水温度 t_1(℃)	溶解 NH_4Cl 后溶液最低温度 t_2(℃)	$\Delta t = t_2 - t_1$

3. 根据实验提要中的公式，计算反应焓($\Delta H_{中和}$ 和 $\Delta H_{溶解}$)

设：溶液的比热为 $4.18\ J \cdot g^{-1} \cdot ℃^{-1}$；

NH_4Cl 溶液的密度 $d = 1.00\ g \cdot mL^{-1}$；

反应器的热容可以忽略不计。

4. 计算测得的 $NH_4Cl(s)$ 的标准生成焓

$\Delta H_f(NH_4Cl\ 实测) = \Delta H_1 + \Delta H_2 + \Delta H_3 - \Delta H_4$

$\Delta H_1 = -80.3\ kJ \cdot mol^{-1}$

$\Delta H_2 = -167.2\ kJ \cdot mol^{-1}$

$\Delta H_3 =$ ________ $kJ \cdot mol^{-1}$

$\Delta H_4 =$ ________ $kJ \cdot mol^{-1}$

由此可算得：

$\Delta H_f =$ ________ $kJ \cdot mol^{-1}$

$$相对误差(\%) = \frac{\Delta H^{\ominus}_{f,(NH_4Cl,实测)} - \Delta H^{\ominus}_{f,(NH_4Cl,理论)}}{\Delta H^{\ominus}_{f,(NH_4Cl,理论)}} \times 100\%$$

思考题

1. 在中和焓测定过程中，为什么以 HCl 为基准进行中和焓的计算，$NH_3 \cdot H_2O$ 则必须过量？

2. 所用的量热器（包括保温杯、搅拌器及温度计等）有什么要求？是否容许有残留的洗涤水滴？为什么？

3. 本实验中产生误差的主要原因是什么？

4. 试设计一个合理的测定方案，测定下列置换反应的焓变：

$$Zn + CuSO_4 \rightleftharpoons ZnSO_4 + Cu \qquad \Delta H^{\ominus}_{298}$$

3-5　实验五　化学反应热效应的测定

一、实验目的

1. 了解化学热力学中焓变 ΔH 的概念和化学反应的热效应并掌握两者关系。

2. 了解量热装置的构造、原理及操作方法。

3. 巩固分析关系称量操作，学会数据作图处理的方法。

二、实验提要

化学反应通常是在恒压条件下进行的，恒压下进行化学反应的热效应称为等压热效应。在化学热力学中则用焓变 ΔH 来表示。放热反应 ΔH 为负值，吸热反应 ΔH 为正值。

例如：在恒压下，金属锌从铜盐溶液中置换出 1 mol 铜时放出 216.8 kJ 热量，即反应的焓变 $\Delta H = -216.8\ kJ \cdot mol^{-1}$。

放热反应的反应热测定方法是很多的，本实验是使反应物在量热计中作绝热变化，量热计中溶液温度升高的同时也使量热计的温度相应地提高，因此反应放出的热量可按下式计算：

$$\Delta H = -\frac{(V \cdot d \cdot c + C_p)\Delta T}{n \times 1\,000}$$

其中：ΔH——反应的焓变($kJ \cdot mol^{-1}$)；

V——溶液的体积(mL)；

d——溶液的密度($g \cdot mL^{-1}$)；

c——溶液的比热($J \cdot g^{-1} \cdot K^{-1}$)；

ΔT——真实温升(K)；

n——V mL 溶液中溶质的物质的量(mol)；

C_p——量热计的热容($J \cdot K^{-1}$)。

所谓"量热计的热容"，是指量热计的温度升高 1℃所需要的热量。在测定反应热之前，必须先测定量热计的热容，其方法大致如下：

在量热计中加入一定量的冷水 G(例 50 g)，测其温度为 T_1，加入相同量的热水(温度为 T_2)混合后水温为 T_3。已知水的比热为 $4.18\ J \cdot g^{-1} \cdot K^{-1}$ 则：

$$热水失热 = (T_2 - T_3) \times G \times c$$

$$冷水得热 = (T_3 - T_1) \times G \times c$$

$$量热计得热 = (T_3 - T_1) \times C_p$$

因为热水失热与冷水得热之差即为量热计得热，故量热计的热容：

$$C_p = \frac{(T_2 - T_3) \times G \times c - (T_3 - T_1) \times G \times c}{T_3 - T_1}$$

三、实验流程图

量热计装置的准备 → 测定量热计的热容 → 测定锌与硫酸的置换热 → 数据作图处理及相关计算

四、实验用品

仪器、用品：分析天平，台秤，温度计，保温杯（也可将 250 mL 塑料烧杯放在 1 000 mL 大烧杯中，两烧杯间填以泡沫塑料），聚苯乙烯泡沫塑料盖、容量瓶（250 mL），移液管（50 mL）。

试剂、材料：$CuSO_4 \cdot 5H_2O$ 晶体（A. R.），锌粉（C. P.）。

五、实验内容

1. 测定量热计的热容（C_p）

量热计装置如图 3－18 所示。用量筒量取 50.0 mL 自来水，倒入量热计中，盖上盖适当加以搅拌，等待 5～10 min 使体系达到热平衡，记录温度 T_1，精确到 0.1℃。同样取 50.0 mL 自来水放在烧杯中，用小火加热到比 T_1 高 15～20℃（用同一支温度计测量）。让热水静置 1～2 min 后，测量其温度 T_2，精确到 0.1℃。并迅速将其倒入量热计中，盖上盖并进行搅拌，立即观察温度计读数，每 20 s 记录一次温度，直至温度上升到最高点后再继续测量 3 min。如图 3－19 所示，作出温度对时间的曲线图，求出 ΔT（即 $T_3 - T_1$）。

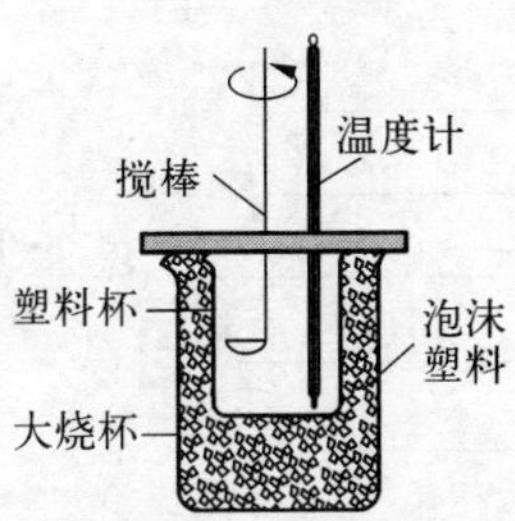

图 3－18　量热计装置

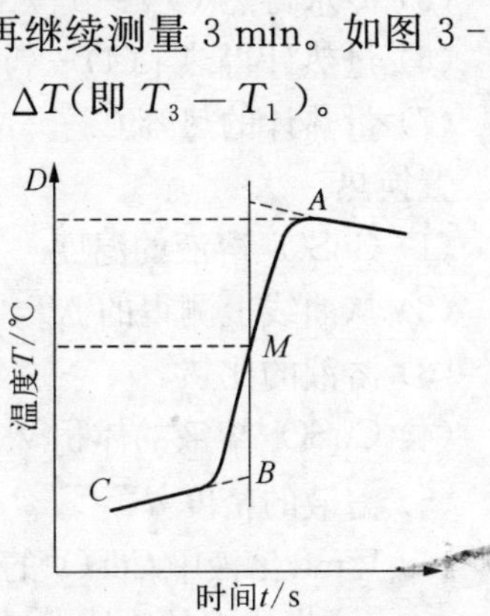

图 3－19　温度-时间曲线

2. 测定锌与硫酸的置换热

用台秤称取 3 g 锌粉。

在分析天平上称出配制 250 mL 0.200 0 mol · L^{-1} $CuSO_4$ 溶液所需要的 $CuSO_4 \cdot 5H_2O$ 晶体的质量，用 250 mL 容量瓶配制成溶液，正确计算出 $CuSO_4$ 溶液的浓度。

用 50 mL 移液管准确量取 0.200 0 mol · L^{-1} $CuSO_4$ 溶液 100 mL，注入干净的量热计中。不断搅拌溶液，每隔 20 s 记录一次温度。

在测定开始 2～3 min 后迅速添加 3 g 锌粉（注意仍需不断搅拌溶液），并继续每隔 20 s 记录一次温度，记录温度至上升到最高点后再继续测定 2～3 min。如图 3－19 所示，作出温度、时间的曲线图，求出 ΔT。

六、数据处理

列表记录测定量热计热容量每隔 20 s 的温度读数。记录测定锌与硫酸铜置换热每 20 秒钟的温度读数。

量热计的热容

(1) 冷水的温度 T_1 ________℃；

(2) 热水的温度 T_2 ________℃；

(3) 从曲线上测得的混合温度 T_3 ________℃；

(4) 热水失热 $(T_2 - T_3) \cdot G \cdot c$ ________J；

(5) 冷水得热 $(T_3 - T_1) \cdot G \cdot c$ ________J；

(6) 量热计得热［(4)－(5)］ ________J；

(7) 量热计的热容 C_p ________J · K^{-1}。

置换热

(1) $CuSO_4$ 溶液的温度 ________℃；

(2) 从曲线上测得的 ΔT ________℃；

(3) 溶液的比热 c ____4.18____J · g^{-1} · K^{-1}；

(4) $CuSO_4$ 溶液的体积 V ____100____mL；

(5) 溶液的密度 d ____1.00____g · mL^{-1}；

(6) V mL 溶液中 $CuSO_4$ 的物质的量
(或生成铜的物质的量)n ________mol；

(7) 量热计的热容 C_p ________ $J\cdot K^{-1}$;

(8) 生成 1 mol 铜所放出的热量 ΔH ________ $kJ\cdot mol^{-1}$;

(9) 百分误差 ________ %。

注:(1) 上述计算中假设:溶液的比热与水相同,为 $4.18\ J\cdot g^{-1}\cdot K^{-1}$;溶液的密度与水相同,为 $1.00\ g\cdot mL^{-1}$。

(2) 图 3-18 所示的简易量热计,它并非严格绝热,在实验时间内,量热计不可避免地会与环境发生少量热交换,搅拌也会产生热量。为了消除此影响,求绝热条件下的真实温升,可采用图 3-19 所示的外推法作图,即先根据实验数值,作出温度(T)-时间(t)曲线,从曲线上相当于反应前(C)和反应后(D)之间平均温度的 M 点引垂线与温度读数的延长线交于 A、B 两点,即为所求的真实温度 ΔT。

思考题

1. 用作图纸作图,横坐标表示的时间,每隔 20 s 用 1 cm;纵坐标表示的温度,每度用 1 cm,如图 3-19。(为什么要用外推法作图)求出真实温度 ΔT?

2. 为什么实验中锌粉用台秤称量,而对于所用 $CuSO_4$ 溶液的浓度与体积则要求非常精确?

3. 如何配制 250 mL 0.200 0 $mol\cdot L^{-1}$ $CuSO_4$ 溶液?

4. 所用的量热计是否允许有残留的水滴?为什么?

5. 分析实验中造成误差的原因。

6. 如何测定中和热?NaOH 与 HCl、NaOH 与 HAc 的中和热是否相同,为什么?

3-6 实验六 氢氧化钠浓度的标定

一、实验目的

1. 巩固分析天平的称量操作,练习减量法称取固体样品。

2. 学习滴定操作，掌握利用中和滴定原理测定酸或碱溶液中物质的量浓度。

二、实验提要

酸碱滴定是利用酸与碱的中和反应，测定酸或碱溶液中物质的量浓度的一种定量分析方法。

在酸与碱的中和反应中，酸与碱之间是按照化学计量关系相互作用的，当酸与碱刚好完全中和（滴定达到终点）时，酸的物质的量（$n_{酸}$）等于碱的物质的量（$n_{碱}$），即：$n_{酸} = n_{碱}$

所以 $$C_{酸} \cdot V_{酸} = C_{碱} \cdot V_{碱}$$

其中：$C_{酸}$、$C_{碱}$分别是酸、碱的物质的量浓度；$V_{酸}$、$V_{碱}$分别是酸、碱的体积。

中和滴定的终点常借助于指示剂的颜色变化来确定。指示剂本身是一种弱酸或弱碱，它们在不同的 pH 值范围显示出不同的颜色。常用指示剂的变色范围见附录十一。

强碱滴定强酸时，常用酚酞溶液作指示剂。强酸滴定强碱时，常用甲基橙溶液作指示剂。

本实验用邻苯二甲酸氢钾作基准物质。邻苯二甲酸氢钾是白色固体，易溶于水，所以可以把它配制成水溶液，用 NaOH 标准溶液滴定，达到终点后可从所用的 NaOH 标准溶液的体积计算出该 NaOH 标准溶液的浓度。

反应方程式：

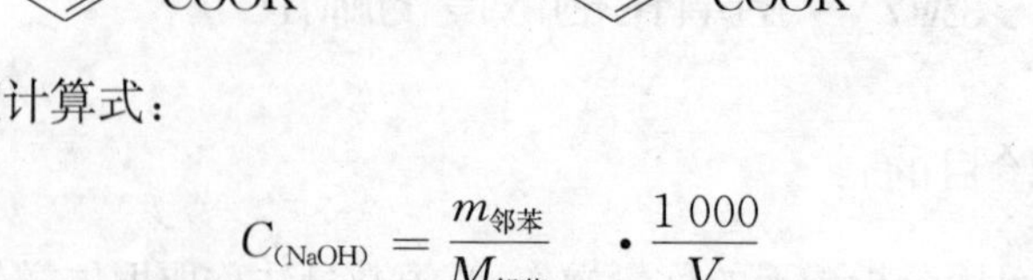

浓度计算式：

$$C_{(NaOH)} = \frac{m_{邻苯}}{M_{邻苯}} \cdot \frac{1\,000}{V}$$

$m_{邻苯}$—— 邻苯二甲酸氢钾的质量；

$M_{邻苯}$—— 邻苯二甲酸氢钾的摩尔质量(204.22 g·mol^{-1})；

V—— 到达滴定终点时所用 NaOH 标准溶液的体积(mL)。

本实验选用的指示剂是酚酞溶液，滴定达到终点时，溶液由无色变成淡红色。

三、实验流程图

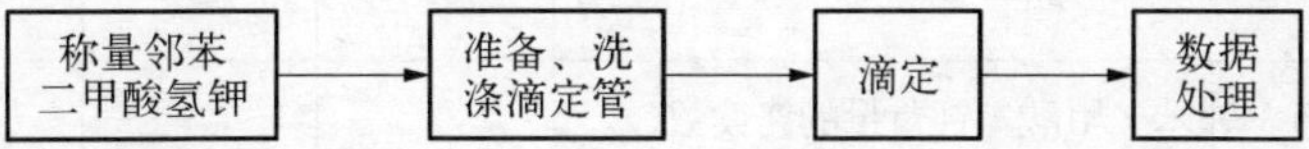

四、实验用品

仪器、用品：分析天平，碱式滴定管(50 mL)，三角烧瓶(250 mL)，称量瓶，滴定管夹，滴定台，洗耳球，洗瓶，干燥器。

试剂、材料：邻苯二甲酸氢钾(AR)，待标定的 0.1 mol·L^{-1} NaOH 溶液，酚酞指示剂(1%乙醇溶液)。

五、实验内容

1. *样品称量及溶液的配制*

在分析天平上用减量法准确称取三份邻苯二甲酸氢钾，每份重 0.450 0～0.550 0 g，分别置于洗干净的锥形瓶中，各加 20～25 mL 去离子水，小火加热至完全溶解，冷却后滴加酚酞指示剂 1～2 滴，待用。

2. *NaOH 标准溶液浓度的标定*

先用待标定的 NaOH 溶液润洗碱式滴定管，然后将 NaOH 溶液注入其中，设法赶尽橡皮管和玻璃尖管内的气泡，调节滴定管内的液面位置至刻度“0”或“0”以下。记录液面位置的读数(初读数)。用右手持锥形瓶，左手操作滴定管，使碱液慢慢地滴入锥形瓶中。为使反应物混合均匀，在滴定时右手应不停地轻轻旋转摇动锥形瓶，直至溶液由无色转变为淡红色。如果淡红色在半分钟内不消失，即为终点。

记录滴定管液面位置的读数(终读数)。它与滴定前液面位置的读数(初读数)之差,便是滴定过程所用去 NaOH 溶液的体积(mL)。

用同样的方法滴定另外两份样品溶液,将滴定过程中用去 NaOH 标准溶液的体积分别记录于表内。

六、数据处理

样品编号	1	2	3
称量瓶+邻苯二甲酸氢钾重量的终读数(g)			
称量瓶+邻苯二甲酸氢钾重量的初读数(g)			
邻苯二甲酸氢钾净重(g)			
NaOH 体积的终读数 V_2(mL)			
NaOH 体积的初读数 V_1(mL)			
消耗的 NaOH 体积 V_2-V_1 (mL)			
NaOH 溶液的浓度(mol·L^{-1})			
NaOH 溶液浓度的平均值(mol·L^{-1})			
绝对平均偏差			
相对平均偏差			

思考题

1. 基准物质邻苯二甲酸氢钾的质量为什么要控制在 0.45~0.55 g之间,过多过少对实验结果有什么影响?

2. 为什么洗涤移液管和滴定管时,最后要用被量取的溶液润洗?锥形瓶也要用同样的方法洗涤吗?

3. 滴定管装入溶液后没有将下端尖管的气泡赶尽就读数,溅在锥形瓶内壁上的液滴没有用去离子水冲下仍继续滴定，对实验的结果各有什么影响？

4. 如选用草酸（$H_2C_2O_4 \cdot 2H_2O$）为试样，失去一部分水，问所测的结果会产生何种误差？

5. 若邻苯二甲酸氢钾烘干温度＞125℃，致使基准物质中有少部分变成了酸酐，问仍使用此基准物质标定 NaOH 溶液时，C_{NaOH} 会如何变化？

6. 如 NaOH 标准溶液在保存过程中吸收了空气中的 CO_2，用该标准溶液滴定盐酸，以甲基橙为指示剂，NaOH 溶液的摩尔浓度会不会改变？若用酚酞为指示剂进行滴定时，该标准溶液浓度会不会改变？

扩展实验

维生素 C 药片中抗坏血酸含量的测定

实验提要

维生素 C(Vc)因为能治疗坏血病，故又称抗坏血酸，是一种含有六个碳原子的酸性多羟基化合物，其结构式为

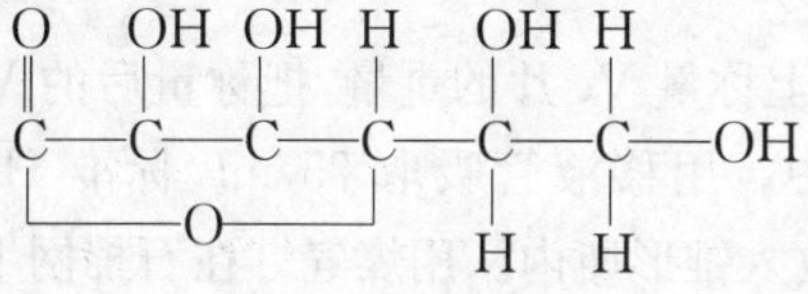

Vc 广泛存在于新鲜水果和蔬菜中，人体自身不能合成，必须从食物中摄取。

在日常生活中，我们知道生食物过熟会破坏食物中的 Vc，过熟的水果不是 Vc 的最好的来源。这是因为 Vc 是一种还原剂，在反应的过程中，极容易被氧化，这样也间接地防止了其他物质被氧化，所以 Vc 也是一种抗氧化剂。虽然人们仍不能准确地掌握 Vc 在人体中的功能，但人们能够利用 Vc 的化学性质，去抑制一定的活性生化氧

化物的形成。例如，Vc 可以抑制由吸烟而形成的活性生化氧化剂，可以防止由酶氧化反应而引起的水果腐烂等。

由于 Vc 是一种还原剂，它可以把碘(中强氧化剂)还原成 I^-

$$I_2 + 2e \rightleftharpoons 2I^-$$

因此，可以用碘量法来测定 Vc 的含量。

Vc 也是一种弱酸，我们可以写出 Vc 和 OH^- 的反应式

$$C_6H_8O_6 + OH^- \rightleftharpoons H_2O + C_6H_7O_6^-$$

在 Vc 片中没有其他酸的情况下，Vc 的含量可用 NaOH 溶液及酚酞指示剂滴定而得到。这是我们这次实验的基本原理。

维生素 C 药片是由维生素和填加剂组成的，其中最重要的填加剂是胶质。Vc 片的配方和制作过程是经过严密设计的，使得成品不易溶解、不易磨损、不易破碎等，Vc 片不溶于一般溶剂。本实验采取稀释酸催化的方法，使胶质变性，这样 Vc 片才能成为水溶性较高的物质，以便进行纯度的测定。

实验内容

1. 溶解 Vc 片

在分析天平上称量 Vc 片的重量，把称量后的 Vc 片放入干净的 250 mL 锥形瓶中。用移液管吸取 25 mL 标准 HCl 溶液(浓度约 0.2 $mol \cdot L^{-1}$)放入锥形瓶内。用煤气灯在石棉网上加热锥形瓶，温度不得超过 35℃，边加热边稳定摇荡达 10 min，使 Vc 片完全溶解。

2. 测定 Vc 的含量

将标准 NaOH 溶液(浓度约 0.2 $mol \cdot L^{-1}$)装入 50 mL 碱式滴定管内，准确读取 NaOH 体积的初读数。向锥形瓶中滴 3～5 滴酚酞指示剂。用正常速度滴定，当锥形瓶中有粉色现象时，放慢滴定速度，边滴定边摇荡。当一滴滴下使溶液完全变粉色时，摇匀，放置半分钟。若粉色没有褪尽，此时为滴定终点。准确记录 NaOH 体积的终读数。

用第二片重复做以上滴定实验。

思考题

1. 实验中所用的 HCl 溶液为什么也是标准溶液？
2. 如何计算 Vc 的百分含量？

3-7　实验七　盐酸溶液浓度的测定

一、实验目的

1. 巩固酸碱滴定法的基本原理和基本方法。
2. 熟悉分析天平的称量方法和滴定分析仪器的使用。

二、实验提要

NaOH 和 HCl 的中和反应实质是

$$H^+ + OH^- \rightleftharpoons H_2O$$

故反应终点酸的物质的量（$n_{酸}$）等于碱的物质的量（$n_{碱}$）。即：$n_{酸} = n_{碱}$

所以
$$C_{酸} \times V_{酸} = C_{碱} \times V_{碱}$$

$$C_{酸} = C_{碱} \times \frac{V碱}{V酸}$$

$\frac{V_{碱}}{V_{酸}}$——俗称酸碱溶液的体积比，$C_{酸}$、$C_{碱}$ 分别表示待测 HCl 溶液与已知浓度的 NaOH 溶液的浓度（$mol \cdot L^{-1}$）；$V_{酸}$、$V_{碱}$ 分别表示 HCl 与 NaOH 溶液的体积（mL）。

用 NaOH 滴定 HCl 时，常用酚酞指示剂，从无色变至淡红色表示终点；用 HCl 滴定 NaOH 时，常用甲基橙指示剂，从黄色变至橙色表示终点。(指示剂变色范围见附录十一)。

若利用固体基准物质(如无水 Na_2CO_3)来测定 HCl 溶液浓度。则反应:

$$2HCl + Na_2CO_3 = 2NaCl + CO_2 + H_2O$$

$$C_{酸} \cdot V_{酸} = 2 \times \frac{m_{Na_2CO_3}}{M_{Na_2CO_3}} \times 1\,000$$

$C_{酸}$ 表示待测 HCl 溶液的浓度($mol \cdot L^{-1}$),V 表示 HCl 溶液消耗的体积,$m_{Na_2CO_3}$ 表示所取无水 Na_2CO_3 质量(g),M 表示 Na_2CO_3 的摩尔质量,其值为 106.0 $g \cdot mol^{-1}$。

三、实验流程图

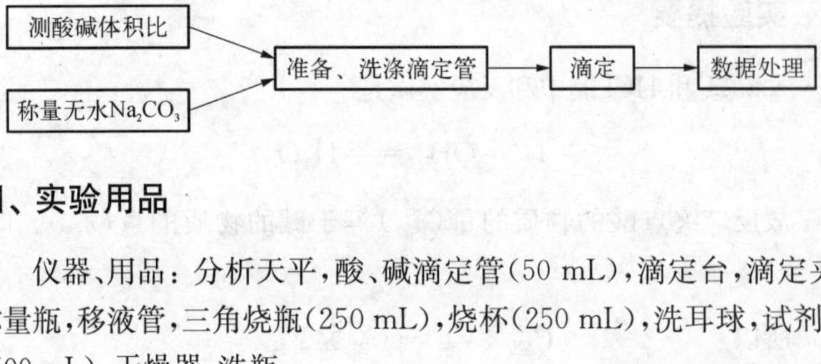

四、实验用品

仪器、用品:分析天平,酸、碱滴定管(50 mL),滴定台,滴定夹,称量瓶,移液管,三角烧瓶(250 mL),烧杯(250 mL),洗耳球,试剂瓶(500 mL),干燥器,洗瓶。

试剂、材料:NaOH 固体(A. R.),浓 HCl(A. R.),无水 Na_2CO_3(A. R.),酚酞指示剂(1%乙醇溶液),甲基橙指示剂(1%乙醇溶液)。

五、实验内容

1. 配制 0.1 $mol \cdot L^{-1}$ HCl 和 0.1 $mol \cdot L^{-1}$ NaOH 溶液各 500 mL

(1) 配制 0.1 $mol \cdot L^{-1}$ HCl 溶液 500 mL

浓盐酸的比重为 1.19,其质量分数为 37%,计算配制

0.1 mol·L^{-1} HCl溶液 500 mL 所需浓盐酸的体积(约 4.1 mL)。用量筒量取所需体积的分析纯浓盐酸,缓缓加入盛有 200 mL 去离子水的烧杯中,搅匀,倒入 500 mL 试剂瓶中,加去离子水稀释至 500 mL,盖上玻塞充分摇匀,贴上标签,溶液妥为保存,留作以后酸碱滴定实验时使用。

(2) 配制 0.1 mol·L^{-1} NaOH 溶液 500 mL

计算配制 0.1 mol·L^{-1} NaOH 溶液 500 mL 所需 NaOH 的质量(约 2 g)。在台秤上放一洁净表面皿,在其中称取固体 NaOH(分析纯)所需量,放入 250 mL 烧杯中,加去离子水 200 mL,搅拌,使氢氧化钠溶解、将溶液倒入具有软木塞或橡皮塞的 500 mL 试剂瓶中,再加水 300 mL,塞紧瓶塞,充分摇匀,贴上标签。溶液妥为保存,留作以后酸碱滴定法实验中应用。

2. 用酸碱溶液体积比来测定 HCl 溶液的浓度

分别将酸、碱滴定管洗净,并检查是否漏水。若不漏水,则用上述新配的 0.1 mol·L^{-1} HCl 溶液淋洗酸式滴定管 2～3 次(每次约用 10 mL)淋洗液分别从滴定管两端流出弃去,然后将酸装满滴定管,赶去尖端气泡。取碱式滴定管用类似方法处理后,装入 0.1 mol·L^{-1} NaOH 溶液。

调节滴定管内溶液的弯月面使之在“0～1.00”刻度或零刻度处,静止 1 min,准确地读取两管溶液的最初读数(读至 0.01 mL),将数据记录在实验报告上。

由滴定管中放出酸液约 25 mL,置于 250 mL 锥形瓶内,加酚酞指示剂 2～3 滴,此时溶液呈无色,静止 1 min 准确读出酸管的最终读数,并记录。

由碱式滴定管将碱液逐渐滴入酸中,同时不断摇动锥形瓶,使溶液混匀,临近终点时,用洗瓶中去离子水淋洗锥形瓶内壁,使溅起的溶液冲下,继续滴至溶液呈淡红色,且半分钟内不退色为止,准确读出碱管最终读数,并记录。

将酸碱溶液分别再注满滴定管,按上述方法重复滴定二次。

计算 NaOH 与 HCl 溶液的体积比。三次滴定结果的相对平均偏差应<2‰～3‰。

3. 用无水 Na_2CO_3 测定 HCl 溶液的浓度

在分析天平上精确称取纯净的 Na_2CO_3 固体 1.2～1.4 g(称准至 1 mg),置于洁净的烧杯内,加入去离子水 100 mL,用玻棒轻轻搅拌,使之溶解。然后小心将溶液移入 250 mL 容量瓶中,烧杯再用去离子水淋洗 2～3 次,每次淋洗均要移入容量瓶中,用滴管小心加去离子水至刻度标线,盖紧瓶塞,摇匀。

将洁净的酸式滴定管用待测的 HCl 溶液 5～10 mL 润洗 2～3 次,溶液应由滴定管尖端放出。然后装满 HCl 溶液,使溶液液面恰好在零刻度处或低于零刻度处。静置 1 min,在实验报告中准确记录滴定管的开始读数。

将洁净的 25 mL 移液管用上述 Na_2CO_3 溶液 3～5 mL 润洗 2 次,然后吸取 Na_2CO_3 溶液 25.00 mL,放入锥形瓶。待溶液全部流出后,保持移液管垂直 20～30 秒钟(以后再次操作要保持相同的垂直时间),最后将移液管尖端接触锥形瓶内壁,使管中残液自然流出。加甲基橙指示剂 2 滴,均匀混和,溶液呈黄色。

从滴定管中将 HCl 溶液慢慢滴入锥形瓶中,边滴边摇,使溶液均匀。滴定近终点时,用少量去离子水冲洗容器内壁,将溅起的溶液冲下,加热煮沸或剧烈振摇以除去 CO_2,然后再逐滴加入盐酸溶液至黄色恰变为橙色。1 min 后,记录滴定管的最后读数。

用同样方法重复两次,分别计算盐酸的浓度,三次结果的相对平均偏差应< 2‰～3‰。

六、数据处理

1. 用酸碱溶液体积比来测定 HCl 溶液的浓度,将实验数据填入下表。

2. 用无水 Na_2CO_3 测定 HCl 溶液的浓度:

参阅实验六数据记录表与本实验数据记录表，学生自己列表。

样　品　编　号	1	2	3
HCl 溶液体积的终读数(mL)			
HCl 溶液体积的初读数(mL)			
所取的 HCl 溶液体积(mL)			
NaOH 溶液体积的终读数(mL)			
NaOH 溶液体积的初读数(mL)			
消耗的 NaOH 溶液的体积(mL)			
$\frac{V_{NaOH}}{V_{HCl}}$(体积比)值			
$\frac{V_{NaOH}}{V_{HCl}}$(体积比)平均值			
NaOH 标准溶液的浓度($mol \cdot L^{-1}$)			
待测的 HCl 溶液平均浓度($mol \cdot L^{-1}$)			
绝对平均偏差			
相对平均偏差			

思考题

1. 为什么 HCl 和 NaOH 标准溶液一般都用间接法配制，而不用直接法配制？

2. 在滴定分析实验中，滴定管、移液管为什么需要用操作溶液润洗？滴定中使用的锥形瓶或烧杯，是否也要用操作溶液润洗？

3. 用 Na_2CO_3 标定 0.1 mol·L^{-1} HCl 时，为什么要称取 1.2～1.4 g Na_2CO_3？

4. 简述正确配制一种酸、碱标准溶液应注意哪些问题？

扩展实验

APC 药片中阿司匹林含量测定

一、实验目的

1. 了解测定阿司匹林片含量的微型滴定方法。
2. 进一步掌握微型滴定操作。

二、实验提要

阿司匹林即乙酰水杨酸是解热镇痛药，它的分子结构中含有羧基，可作为一元酸（$pK_a = 3.5$）在溶液中离解出一个 H^+，故可以用 NaOH 标准溶液直接测定其含量。反应方程式为

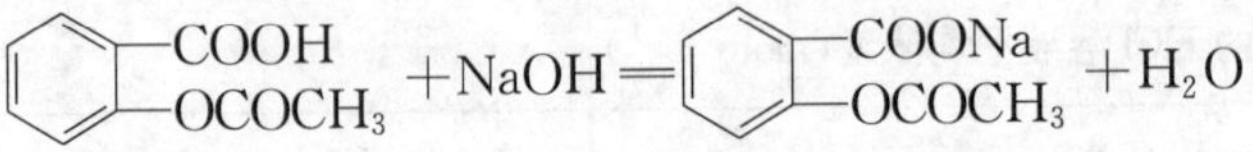

阿司匹林的乙酰基很容易水解生成醋酸和水杨酸

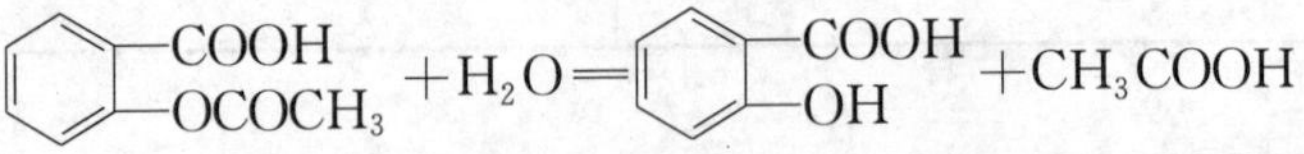

因此在水溶液中，用 NaOH 滴定阿司匹林，分析结果将偏高。阿司匹林易溶于乙醇，为了防止乙酰基的水解，在 10℃以下，在中性的乙醇溶液中溶解阿司匹林；用 NaOH 标准溶液滴定，可以得到满意的结果。本实验使用已标定液滴体积的多用滴管作简易微量滴定管进行滴定操作。

三、实验用品

仪器、用品：多用滴管，5 mL 井穴板，小瓷盘(作冰水浴容器)，5 mL移液管，10 mL量筒，锥形瓶，小研钵，小搅棒，微量滴头，称量瓶。

试剂、材料：0.100 mol·L^{-1} NaOH 标准溶液，0.1%酚酞乙醇溶液，95%乙醇，碎冰块。

四、实验内容

1. 样品的准备

将阿司匹林药片在研钵中研细后置称量瓶中，以减量法准确称量 0.200 g试样三份，分别置于洁净干燥的 5 mL 井穴板 1～3 号孔穴中。

2. 中性乙醇溶液的配制

量取 8 mL 95%乙醇溶液于 10 mL 锥形瓶，加 1 滴(～0.02 mL)酚酞指示剂，用已校准多用滴管吸取 0.100 mol·L^{-1} NaOH 标准溶液(需注意什么事项?)滴定至微红色，加盖，将此中性乙醇溶液冷却至 10℃以下，备用。

3. 阿司匹林药片含量测定

用移液管取2.00mL 冷的中性乙醇溶液到上述称好试样的井穴中，充分搅动使样品中的阿司匹林溶解[注]，在不超过 10℃的温度下，用 0.100 mol·L^{-1} NaOH 标准溶液滴定到微红色，半分钟不褪色即为终点。平行测定三份，计算药片中含有阿司匹林 $C_9H_8O_4$ 的百分含量。

五、数据处理

设乙酰水杨酸的摩尔质量为 M(g·mol^{-1})，样品质量为 W(g)

则
$$C_9H_8O_4\% = \frac{(c \cdot V)_{NaOH} \times M}{W \times 1\,000} \times 100$$

NaOH 标准溶液浓度(c)：________ mol·L^{-1}

多用滴管液滴：________mL/滴。

项目＼实验次数	1	2	3
称量瓶＋*APC* 的质量(g)			
取样后的质量(g)			
样品质量(*W*)(g)			
滴定用去 NaOH 溶液滴数			
滴定消耗 NaOH 溶液的体积(*V*)(mL)			
$C_9H_8O_4\%$			
平均含量			
相对偏差			

思考题

1. 实验步骤中每份样品称取量 0.200 g 是如何求得的？如果称取乙酰水杨酸纯试剂，则应称取多少？

2. 若阿司匹林水解后，用 NaOH 标准溶液滴定时结果如何？为什么？

3. 采用标定过的多用滴管作微型滴定管时，滴定操作的要领是什么？

3-8 实验八 氯化钠提纯

一、实验目的

1. 掌握用化学方法提纯氯化钠的过程和反应原理。熟悉盐类溶解度的知识及其在无机物提纯中的应用。

2. 练习控制沉淀完全和 pH 试纸的使用等基本操作，学习蒸发浓缩和减压过滤等基本操作。

3. 了解一些常见杂质离子（SO_4^{2-} 、Mg^{2+} 、Ca^{2+} ……）的去除和鉴定方法。

二、实验提要

纯度较高的氯化钠是由粗食盐提纯制备的。粗食盐中往往含有泥沙等不溶性杂质和 K^+ 、Ca^{2+} 、Mg^{2+} 、SO_4^{2-} 和 CO_3^{2-} 等相应盐类的可溶性杂质。不溶性的杂质可以将氯化钠溶于水后用过滤的办法除去。氯化钠的溶解度随温度的变化很小，难以用重结晶的方法纯化，所以 Ca^{2+} 、Mg^{2+} 及 SO_4^{2-} 要用化学方法处理才能除去。

其方法如下：

在粗食盐的饱和溶液中，先加入稍过量的 $BaCl_2$ 溶液，将溶液中的 SO_4^{2-} 转化为难溶的 $BaSO_4$ 沉淀，通过过滤而除去。

$$SO_4^{2-} + Ba^{2+} = BaSO_4 \downarrow$$

滤去沉淀后的溶液再加入 NaOH 和 Na_2CO_3 的混合溶液，则 Ca^{2+} 、Mg^{2+} 及过量的 Ba^{2+} 都生成沉淀。

$$Ca^{2+} + CO_3^{2-} = CaCO_3 \downarrow$$

$$Ba^{2+} + CO_3^{2-} = BaCO_3 \downarrow$$

$$2Mg^{2+} + 2OH^- + CO_3^{2-} = Mg_2(OH)_2 \cdot CO_3 \downarrow$$

将溶液过滤，此时 Ca^{2+} 、Mg^{2+} 及 Ba^{2+} 虽已除去，但却又引进了过量的 Na_2CO_3 和 NaOH，此时可用稀盐酸将溶液调至微酸性以中和 OH^- 和破坏 CO_3^{2-} 离子

$$OH^- + H^+ = H_2O$$

$$CO_3^{2-} + 2H^+ = CO_2 \uparrow + H_2O$$

至于少量 KCl 等，由于它们的含量少而溶解度又比 NaCl 大，在最后的浓缩结晶过程中绝大部分仍留在母液内而与氯化钠分离。

三、实验流程图

氯化钠提纯

除 SO_4^{2-} → 除 Ca^{2+}、Mg^{2+}、Ba^{2+} → 除 CO_3^{2-} → 蒸发、浓缩、抽滤

产品检验

→ 干燥、称量 → 检验 SO_4^{2-} → 检验 Ca^{2+} → 检验 Mg^{2+}

四、实验用品

仪器、用品：托盘天平，烧杯（250 mL），量筒（100 mL），普通漏斗，铁架台，铁圈，布氏漏斗，吸滤瓶，蒸发皿。

试剂、材料：HCl（6 mol·L^{-1}），NaOH（2 mol·L^{-1}，6 mol·L^{-1}），$BaCl_2$（1 mol·L^{-1}），Na_2CO_3（饱和），$(NH_4)_2C_2O_4$（饱和），粗氯化钠（固体），pH 试纸，镁试剂。

五、实验内容

1. 粗氯化钠提纯

(1) 除 SO_4^{2-}

称取 10 g 粗氯化钠，放入 250 mL 烧杯中。加入 40 mL 水，加热搅拌使之溶解。继续加热至接近沸腾，并一边搅拌一边逐滴加入 1 mol·L^{-1} $BaCl_2$ 溶液，直至全部 SO_4^{2-} 都生成白色 $BaSO_4$ 沉淀为止（大约需要 3～4 mL）。为了检查沉淀是否完全，可停止加热和搅拌，待沉淀下降后，沿烧杯壁滴加 1～2 滴 $BaCl_2$，看上层清液内是否仍有混浊现象。如无混浊，说明已沉淀完全。如有混浊，则要继续滴加 $BaCl_2$ 溶液，直至沉淀完全为止。沉淀完全后继续加热煮沸数分钟，使

沉淀易于过滤。用抽滤方法，将 $BaSO_4$ 及原来的不溶性杂质一起除去。

(2) 除 Ca^{2+}、Mg^{2+} 及 Ba^{2+}

将滤液转至另一个干净的 250 mL 烧杯中。加热至沸，用小火保持微沸，边搅拌边滴加体积比为 1∶1 的 NaOH（2 mol · L^{-1}）和 Na_2CO_3（饱和）的混合溶液。将上述滤液的 pH 值调至 11 左右，便有大量的胶状沉淀生成。当检查沉淀完全后，继续煮沸 5 min 左右。减压过滤，弃去沉淀（$CaCO_3$，$BaCO_3$ 和 $Mg_2(OH)_2CO_3$ 等）。

(3) 除多余的 CO_3^{2-}

用 6 mol · L^{-1} HCl 将滤液的 pH 值调至 4～5，再转入蒸发皿中，用小火加热蒸发，使 CO_3^{2-} 转化为 CO_2 逸出。

(4) 浓缩、过滤

将蒸发皿中的溶液微火蒸发、浓缩至糊状为止（小心！不要停止搅拌，切勿蒸干）。冷却后，减压过滤。

(5) 干燥

将晶体转至洗净的蒸发皿中，在石棉网上用小火慢慢烘干，注意，用玻棒不断翻动，防止结块直至无水蒸气逸出，再用大火烘炒 1～2 min，即可得到白色粉状的 NaCl 晶体。冷却至室温，称重，计算收率。

2. 产品检验

分别取少量（约 1 g）粗食盐和提纯后的产品各溶于 5 mL 去离子水中，待粗盐澄清后，将两种清液分别盛于三支小试管中，组成三组对照检验。

(1) SO_4^{2-} 的检验

在第一组溶液中分别滴入 2 滴 6 mol · L^{-1} HCl 溶液和数滴 1 mol · L^{-1} $BaCl_2$ 溶液，观察现象。

(2) Ca^{2+} 的检验

在第二组溶液中分别滴入 2 滴 6 mol · L^{-1} HCl 溶液和数滴饱和 $(NH_4)_2C_2O_4$ 溶液，观察现象。

(3) Mg^{2+}的检验

在第三组溶液中分别滴入数滴 6 mol·L^{-1} NaOH 溶液和 1 滴镁试剂(对硝基偶氮间苯二酚溶液),若有蓝色沉淀(氢氧化镁沉淀,吸附紫色的镁试剂后呈现蓝色),则证明有 Mg^{2+} 存在。

思考题

1. 粗食盐能否用重结晶的方法进行纯化?为什么?
2. 除去 SO_4^{2-}、Mg^{2+}、Ca^{2+}、K^+ 离子的先后顺序是否可以颠倒?
3. 在最后浓缩结晶时若把氯化钠溶液蒸干结果会怎样?
4. 写出检验 SO_4^{2-}、Ca^{2+} 和 Mg^{2+} 的化学方程式。(Mg^{2+} 检验的化学方程式可查手册)。

3-9 实验九 氧化还原反应与电化学

一、实验目的

1. 掌握电极电势与氧化还原反应方向的关系。
2. 理解介质的酸碱性对氧化还原反应的影响。
3. 掌握原电池的组成和影响原电池电动势的因素。
4. 理解电解的原理和装置。

二、实验提要

氧化还原反应的实质是电子的得失和转移。物质氧化还原能力的强弱与其本性有关,一般可从电对的电极电势大小来进行判断。电极电势代数值越大,表示氧化还原电对中氧化态物质的氧化能力越强,还原态物质的还原能力越弱;反之,电极电势代数值越小,表示氧化还原电对中还原态物质的还原能力越强,氧化态物质的氧化能力越弱。

所以,可根据电对的电极电势的大小来判断氧化还原反应的方向。例如对下列反应：

$$2Fe^{3+}+2I^{-}=2Fe^{2+}+I_2 \quad (1)$$

$$2Fe^{3+}+2Br^{-}=2Fe^{2+}+Br_2 \quad (2)$$

因为：

$$E^{\ominus}(I_2/I^{-})=0.535\ V$$

$$E^{\ominus}(Fe^{3+}/Fe^{2+})=0.77\ V$$

$$E^{\ominus}(Br_2/Br^{-})=1.065\ V$$

所以，在标准状态下，反应(1)正向进行，而反应(2)逆向进行。换言之，Fe^{3+}可以氧化 I^{-} 而不能氧化 Br^{-}，同样，Br_2 可以氧化 Fe^{2+} 而 I_2 不能。

非标准状态，电对的电势可用 Nernst 方程表示：

电极反应式：　　$p\ \text{氧化态}+ne \rightleftharpoons q\ \text{还原态}$

在 298 K 有：$E_{\text{氧化态/还原态}}=E^{\ominus}{}_{\text{氧化态/还原态}}+\dfrac{0.059}{n}\lg\dfrac{[\text{氧化态}]^{p}}{[\text{还原态}]^{q}}$

从上式可见：

当氧化态物质或还原态物质的浓度(或分压)发生改变时，电对的电势也会发生改变。

在有些含氧酸根参加的氧化还原反应中，介质的酸碱性同样会对电极电势产生较大的影响。例如：

$$MnO_4^{-}+8H^{+}+5e \rightleftharpoons Mn^{2+}+4H_2O$$

随着 H^{+} 离子浓度的增大，可使 MnO_4^{-} 的氧化能力增强。

利用氧化还原反应产生电流的装置称为原电池。一般原电池由两个半电池和盐桥构成。单个半电池的电极电势是无法测定的，我们可以测量由两个半电池构成的原电池的电动势。在一定的条件下，原电池的电动势为正、负电极的电势之差：

$$E\text{(电动势)} = E\text{(正)} - E\text{(负)}$$

电流通过电解质溶液，在两极上析出产物的过程称作电解。电解时电对的标准电极电势、离子浓度、电极材料等都会对电解产物产生影响。本实验以铜为电极，电解 Na_2SO_4 溶液，其电极反应如下：

$$\text{阴极：} 2H_2O + 2e \rightleftharpoons H_2\uparrow + 2OH^-$$

$$\text{阳极：} Cu - 2e \rightleftharpoons Cu^{2+}$$

三、实验用品

仪器、用品：试管及试管架，小烧杯，盐桥，蒸发皿，伏特计。

试剂、材料：H_2SO_4（3.0 mol·L^{-1}），HCl（0.1 mol·L^{-1}），NaOH(6.0 mol·L^{-1})，KBr(0.5 mol·L^{-1})，CCl_4，$NH_3 \cdot H_2O$(浓)，Na_2SO_3（0.1 mol·L^{-1}），Na_2SO_4（0.5 mol·L^{-1}），$KMnO_4$（0.01 mol·L^{-1}），KI（0.1 mol·L^{-1}），$ZnSO_4$（1.0 mol·L^{-1}），$KClO_3$（0.1 mol·L^{-1}），$K_3[Fe(CN)_6]$（0.01 mol·L^{-1}），NH_4F（10%），KI(0.5 mol·L^{-1})，$FeSO_4$(0.1 mol·L^{-1})，$FeCl_3$(0.1 mol·L^{-1})，$CuSO_4$（1.0 mol·L^{-1}），溴水，碘水，酚酞溶液，乌洛托品（20%），铜片电极，锌片电极，铁钉，锌粒，铜丝，砂纸。

四、实验内容

1. 氧化还原反应与电极电势的关系

(1) 在 2 个小试管中，分别滴加 3 滴 0.5 mol·L^{-1} KBr 溶液、0.5 mol·L^{-1} KI 溶液，再分别滴加 3 滴 0.1 mol·L^{-1} $FeCl_3$ 溶液和 5 滴 CCl_4 溶剂，用搅棒充分搅匀，观察 CCl_4 层的颜色有何变化，并比较之，写出反应式。

(2) 在另 2 个小试管中，分别用溴水和碘水与 0.1 mol·L^{-1} $FeSO_4$ 溶液反应，加入 CCl_4，观察 CCl_4 层颜色变化，写出反应方程式。

根据上述反应结果，试比较 Br_2/Br^-、I_2/I^- 和 Fe^{3+}/Fe^{2+} 3 个电对的电极电势大小顺序。

2. 原电池电动势的测定

在 2 个 50 mL 小烧杯中，分别加入 30 mL1.0 mol·L^{-1} $ZnSO_4$ 和1.0 mol·L^{-1} $CuSO_4$ 溶液，在 $ZnSO_4$ 溶液中插入 Zn 片，在 $CuSO_4$ 溶液中插入 Cu 片，组成两个电极。用盐桥连接起来，按图 3－20 装配成原电池，接上伏特计，观察伏特计指针偏转方向，记录读数。

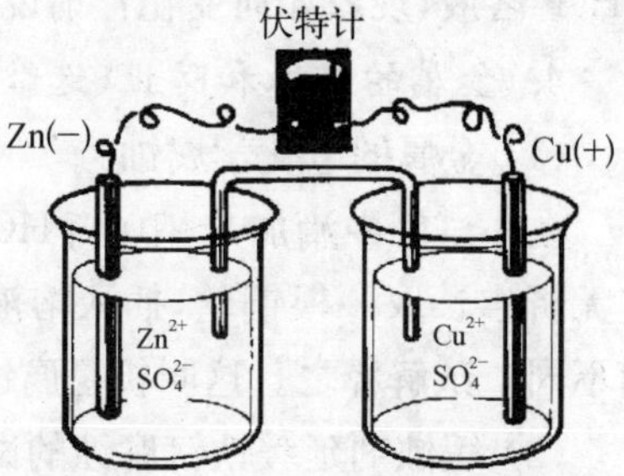

图 3－20　原电池装置示意图

(注意保留 $ZnSO_4$、$CuSO_4$ 溶液供下面实验用)。

3. 介质的酸碱性、离子浓度对电极电势和氧化还原反应的影响

(1) 浓度对电极电势的影响

在上述铜半电池中加入浓氨水并搅拌，直至生成的沉淀完全溶解，形成深蓝色溶液，观察伏特计指针偏转的变化(包括指针偏转的方向及变化程度)。按同样方法在锌半电池中加入浓氨水并搅拌，直至生成的沉淀完全溶解，形成无色溶液观察伏特计指针偏转的变化。

(2) 酸度对电极电势的影响

① 在 1 个小试管中，加 3 滴 0.1 mol·L^{-1} $KClO_3$ 溶液和 3 滴 0.1 mol·L^{-1}KI 溶液，用搅棒搅匀，观察现象。若在小试管中加入 2 滴 3 mol·L^{-1} H_2SO_4 溶液进行酸化，观察现象，并写出有关反应方程式(用离子-电子法配平之)。

② 在 3 个小试管中分别滴加 3 滴 0.01 mol·L^{-1} $KMnO_4$ 溶液，并分别依次加入 2 滴 3 mol·L^{-1} H_2SO_4 溶液，2 滴去离子水或 2 滴 6 mol·L^{-1}NaOH溶液，分别搅匀后再向 3 个小试管分别加入 5 滴

0.1 mol·L^{-1} Na_2SO_3 溶液，观察现象并比较之。写出反应方程式并配平。

（注意试剂滴加次序，还原剂用量要合适。为什么？）

③ 在小试管中滴加 4 滴 0.1 mol·L^{-1} $FeCl_3$ 溶液和 4 滴 0.1 mol·L^{-1} KI 溶液，观察现象。若在加 KI 前先加 4～5 滴 10% NH_4F 溶液，现象如何变化？请说明原因。

4. 金属的腐蚀和防止（选做）

(1) 金属的电化学腐蚀

在小试管中滴加 8～10 滴 HCl 溶液，加入纯锌粒，观察锌粒表面有无析出？取一根铜丝，插入溶液，观察铜丝与锌粒接触时，情况有何不同？试解释之。这叫析氢腐蚀。

(2) 缓蚀剂延缓铁钉腐蚀的试验

在 2 个小试管中各放入 1 个去锈铁钉，往一个小试管中加 2 滴乌洛托品，往另一个小试管加 2 滴去离子水，再往 2 个小试管中都滴加 5 滴 0.1 mol·L^{-1} HCl 和 1 滴 0.01 mol·L^{-1} $K_3[Fe(CN)_6]$ 溶液，观察、比较两个小试管中出现的颜色。写出反应方程式。

5. 电解

在一个小烧杯中，加入 30 mL 1.0 mol·L^{-1} $ZnSO_4$，在其中插入 Zn 片，在另一个小烧杯中，加入 30 mL 1.0 mol·L^{-1} $CuSO_4$，在其中插入 Cu 片，按图 3-21 把线路连接好。把两根分别连接锌片和铜片的导线的另一端，插入装有 20 mL 0.5 mol·L^{-1} Na_2SO_4（溶液中预先滴入几滴酚酞）的烧杯或蒸发皿中，观察阴极处发生的变化。

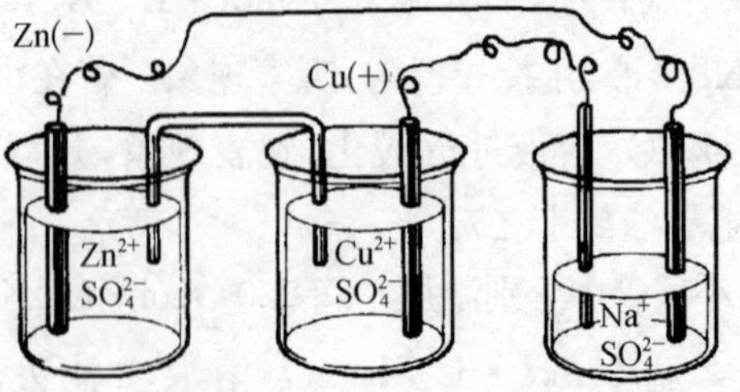

图 3-21 电解示意图

思考题

1. $KMnO_4$ 是常用氧化剂，在不同的介质中能被还原为 Mn^{2+}、MnO_2、MnO_4^{2-}。做实验时，试剂加入的先后顺序对实验结果有何影响？为什么？

2. 电解 Na_2SO_4 溶液时，与原电池（电源）正极连接的是电解池的什么极？与负极连接的是电解池的什么极？各发生什么反应？

3. 电解 Na_2SO_4 溶液时，两极用的是 Cu，若改用石墨作电极，则两极上的产物各是什么？写出两极反应式。

第四章

化学反应特征常数的测定

基本要求

化学常数的测定，如电离平衡常数的测定、化学反应速率常数的测定、溶度积的测定等，都是实验化学的重要组成部分。本章实验训练学生的主要基本操作有：移液管、容量瓶的使用和滴定操作等，要求学生学会一些简单仪器的使用方法，如酸度计、分光光度计、电导率仪等。

通过这些实验，有利于加深对化学基础知识和基本理论的理解。同时，由于大部分实验是定量实验，在训练学生对基本操作的同时，培养其严谨的科学态度。

理论概述

化学反应是化学研究的中心课题。人们对化学反应所关心的问题主要有这几个方面：(1) 化学反应是否可能发生？(2) 若反应能发生，那么反应后能形成多少新物质以及伴随着多大的能量变化？(3) 化学反应进行是快还是慢？前面两个问题属于化学热力学研究的范畴，后面一个问题则是化学动力学探讨的课题。因此，通俗地说，化学热力学研究的是反应可能性，化学动力学探讨的是反应现实性。

一、判断化学反应方向

化学反应的方向是人们最感兴趣和最关心的问题之一。只有对于可能发生的反应，才能研究如何进一步实现这个反应和加快反应速度，提高产率。如果根本不可能发生的反应，就没有进一步研究的必要。所以，从理论上和应用上研究如何判断一个反应能否发生具有很大的意义。贝赛洛曾提出一个经验规则："在没有外界能量的参与下，化学反应总是朝着放热更多的方向进行"。可见，这个规则把反应热与化学反应进行的方向联系起来，并且放热越多，化学反应进行得越彻底。例如：

$$CH_4(g) + 2O_2 = 2H_2O(l) + CO_2(g) \quad \Delta H^{\ominus} = -890.31\ kJ \cdot mol^{-1}$$

$$2H_2(g) + O_2(g) = 2H_2O(g) \quad \Delta H^{\ominus} = -483.68\ kJ \cdot mol^{-1}$$

但是，也有不少与贝赛洛规则相矛盾的例子，例如：

$$NH_4Cl(s) \xrightarrow{>621\ K} NH_3(g) + HCl(g) \quad \Delta H^{\ominus} = 176.91\ kJ \cdot mol^{-1}$$

$$CaCO_3(s) \xrightarrow{1\,173\ K, 101.3\ kPa} CaO(s) + CO_2(g) \quad \Delta H^{\ominus} = 178.5\ kJ \cdot mol^{-1}$$

仔细研究这些反例，可以发现，它们的共同特征是：化学反应导致了系统内分子热运动混乱度的增加。

系统混乱度可以用熵(S)来度量，它与热力学能及焓一样是系统的一个状态函数。系统的混乱度越低，有序性越高，熵值就越低。综上所述，化学反应的方向是由两个因素（反应热和系统的混乱度）所决定。综合这两个因素，热力学引出了一个新的状态函数，Gibbs 函数，定义为：$G = H - TS$。

在等温等压和只作体积功的条件下，

$$\Delta G = \Delta H - T\Delta S$$

我们用 ΔG 作为判断反应自发性的标准：

1. 如果 $\Delta G < 0$，这个反应可以自发进行；

2. 如果 $\Delta G > 0$，这个反应不能自发进行，但其逆过程可以自发进行；

3. 如果 $\Delta G = 0$，则反应处于平衡状态。

恒温下，由最稳定的单质生成 1 mol 物质的标准 Gibbs 函数变化，记为 $\Delta G_f^{\ominus}$。利用 $\Delta G_f^{\ominus}$ 计算反应的 $\Delta G^{\ominus}$：

$$\Delta G^{\ominus} = \sum \upsilon_i \Delta G^{\ominus}_{f(\text{产物})} - \sum \upsilon_i \Delta G^{\ominus}_{f(\text{反应物})}$$

二、化学平衡

在同一条件下，既能向正反应方向进行，也能向逆反应方向进行的反应称为可逆反应。大部分的化学反应都是可逆的。正逆反应速度相等时系统所处的状态称为化学平衡。化学平衡是一种"动态平衡"。

化学平衡可以用平衡常数来衡量，对任意反应

$$eE + fF \rightleftharpoons gG + rR$$

有

$$K^{\ominus} = \frac{([G]/C^{\ominus})^g([R]/C^{\ominus})^r}{([E]/C^{\ominus})^e([F]/C^{\ominus})^f}$$

该式可叙述为：在一定温度下，某个可逆反应达到平衡时、产物浓度系数次方的乘积与反应物浓度系数次方的乘积之比是一个常数。这个关系称为化学平衡定律。

如果某个反应可以表示为两个或多个反应的总和，则总反应的平衡常数等于各分步反应平衡常数之积。这个关系称为多重平衡规则。有了平衡常数，可根据其数值的大小判断反应进行的程度，估计反应的可能性。因为平衡状态是反应进行的最大限度。但是，有两点必须指出：

① 平衡常数数值的大小，只能大致告诉我们一个可逆反应的正向反应所进行的最大程度，并不能预示反应达到平衡所需要的时间。如：

$$2SO_2(g) + O_2 \xlongequal{\quad} 2SO_3(g)$$

298 K 时 $K^\ominus$很大，但由于速度太慢，常温时，几乎不发生反应。

② 平衡常数数值极小的反应，说明正反应在该条件下不可能进行，如：

$$N_2 + O_2 \xlongequal{\quad} 2NO$$

$K^\ominus$很小，常温下用此反应固定氮气是不可能的。因此没有必要在该条件下进行实验，以免浪费人力物力。

由热力学可导出：　$\Delta G = -RT\ln K^\ominus + RT\ln J$

其中：　$\Delta G^\ominus = -RT\ln K^\ominus$

如果条件改变，旧的平衡被破坏，引起混合物中各物质百分含量随之改变，从而达到新平衡状态的过程叫做化学平衡移动。在其他条件不变的情况下，增加反应物的浓度或减少生成物的浓度，化学平衡向着正反应方向移动；增加生成物的浓度或减少反应物的浓度，化学平衡向着逆反应的方向移动。

升高温度，平衡向吸热方向移动；降低温度，平衡向放热方向移动。

三、化学反应速率

有的化学反应进行得很快，如中和反应、爆炸反应……有的化学反应进行得较慢，如合成氨反应、酯化反应等。显然，各种化学反应的速率是极不相同的。所谓化学反应速率(υ)是指在一定条件下，某化学反应的反应物质转变为生成物的速率。

通常定义为：单位体积的反应系统中，反应进度ξ随时间的变化率，用符号υ表示。对于反应

$$eE + fF \rightleftharpoons gG + rR$$

化学反应的速率的定义为：$\upsilon = \frac{1}{V} \cdot \frac{d\xi}{dt}$，单位：$mol \cdot L^{-1}s^{-1}$

为使用方便，常选用参加反应的某物质 B 表示反应速率，恒容时，

$$\upsilon_B = \pm \frac{\mathrm{d}C_B}{\mathrm{d}t}$$

即用单位时间内反应物浓度的减少或生成物浓度的增加来表示。

那么，反应速率(υ)与反应物浓度之间有什么定量关系？

对一般基元反应　$eE + fF \xlongequal{} gG + rR$

$$\upsilon = kC^e(E) \cdot C^f(F) \tag{4-1}$$

由此可以得出结论：在一定温度下，基元反应的反应速率与反应物浓度方次的乘积成正比，这就是质量作用定律。

式(4－1)表示反应速率与反应物浓度之间的定律关系式，我们称之为速率方程式，又称质量作用定律的表示式。速率方程中的比例常数 k 称为速率常数，k 值不随反应物浓度的变化而改变，但是随温度的变化而改变，即 k 是温度的函数。速率方程式中各反应物浓度的指数之和 $(e+f)$ 称为反应级数。

实际上许多化学反应都不是一步完成的基元反应，而是由几步完成的复杂反应，即非基元反应。对于非基元反应，速率方程式只能通过实验才能确定。如实验 14 中，需要通过一系列实验，确定反应的级数和速率方程式。

4－1　实验十　醋酸电离常数和电离度的测定(pH 电位法)

一、实验目的

1. 测定醋酸的电离度和电离常数。
2. 学会使用移液管和容量瓶配制一定浓度的溶液。

3. 学习使用 pH 计。

二、实验提要

醋酸(CH_3COOH 或简写成 HAc)是弱电解质,在水溶液中存在着下列电离平衡:

$$HAc \rightleftharpoons H^+ + Ac^-$$

起始浓度　　C

平衡浓度　　$C-x$　　x　　x

电离常数($K^{\ominus}_{HAc}$)表达为:

$$K^{\ominus}_{HAc}=\frac{C(H^+)\cdot C(Ac^-)}{C(HAc)}$$

设醋酸初浓度为 C,平衡时 $C(H^+)=C(Ac^-)=x$,代入上式,可以得到:

$$K^{\ominus}_{HAc}=\frac{x^2}{C-x}$$

用酸度计测定已知浓度醋酸的 pH 值,再由 $pH=-\lg C(H^+)$ 算出 $C(H^+)$,就可由上式算出 $K^{\ominus}_{HAc}$。

同样,我们可以根据电离度计算公式

$$\alpha=\frac{C(H^+)}{C}$$

求出电离度 α。

三、实验流程图

四、实验用品

仪器、用品：酸度计，容量瓶（50 mL 3 只），移液管（25 mL、10 mL刻度），小烧杯（50 mL 4 只），标签纸，浆糊。

试剂、材料：HAc（0.1 mol·L^{-1} 标准溶液），缓冲溶液（pH = 4.00，pH = 6.88）。

五、实验内容

1. 把移液管、小烧杯洗净，沥干（有条件的话可以烘干），用少量已知准确浓度的 0.1 mol·L^{-1} 醋酸溶液把移液管内部润洗三次（已烘干的移液管可免做此步）。移取 25 mL、5 mL、2.5 mL 上述醋酸溶液分别加到三个洗净的容量瓶中，然后加水稀释至刻度，摇匀。如果小烧杯事先未烘干，则需用少量（约 5 mL）待盛溶液润洗三次。然后分别取约 30 mL 配好的溶液倒入编号的小烧杯中，供测定 pH 之用。

2. 用酸度计由稀到浓分别测定 1～4 号醋酸的 pH 值，把数据填入表中。本实验所用酸度计的使用方法见第二章 2-10-1 节。

编　号	HAc 原始体积	HAc 浓度 C(mol·L^{-1})	pH	$C(H^+)$	$K^{\ominus}_{HAc}$	α
1	2.5 mL					
2	5 mL					
3	25 mL					
4	原浓度					

测定温度________℃，电离常数平均值 $K^{\ominus}_{平均}$________。

思考题

1. $K^{\ominus}_{HAc}$、α 是否随温度变化？怎样变化？

2. 哪些玻璃器皿需要干燥或用相应溶液洗涤？为什么？

3. “电离度越大，酸度越大”这句话是否正确？根据本实验加以说明。

4. 若 HAc 溶液的浓度极稀，是否能用 $K^{\ominus}_{HAc}=C^2(H^+)/C$ 求 $K^{\ominus}_{HAc}$。

5. 在测定时，为什么要按由稀到浓的顺序进行？

4-2 实验十一 四氨合铜(Ⅱ)配离子的 $\Delta G^{\ominus}$ 和 $K^{\ominus}_{稳}$ 的测定(pH 电位法)

一、实验目的

1. 了解利用酸度计测定配离子的 $\Delta G^{\ominus}$ 和 $K^{\ominus}_{稳}$ 的基本原理和方法。
2. 进一步掌握 pH 计的使用。
3. 了解比重计的使用。

二、实验提要

本实验所设计的电池为：

$$(-)\ Cu(s)\mid Cu(NH_3)_4^{2+}(0.5\ mol\cdot L^{-1}),$$

$$NH_3(x\ mol\cdot L^{-1})\parallel Cu^{2+}(0.5\ mol\cdot L^{-1})\mid Cu(s)\ (+)$$

左边半电池的构成是将铜片浸在含有 0.5 $mol\cdot L^{-1}$ $Cu(NH_3)_4^{2+}$ 及 $NH_3\cdot H_2O$（维持一定浓度）中，其中 $Cu(NH_3)_4^{2+}$ 是由 Cu^{2+} 和过量的 $NH_3\cdot H_2O$ 反应而得，所以 $Cu(NH_3)_4^{2+}$ 的浓度可以近似认为 Cu^{2+} 的初始浓度。右边半电池的构成是将铜片浸入含有 0.5 $mol\cdot L^{-1}$ Cu^{2+} 溶液。中间用盐桥连接，其装置可参阅图 4-1。相应的半电池反应是：

负极： $Cu+4NH_3-2e \rightleftharpoons Cu(NH_3)_4^{2+}$

正极：　　$Cu^{2+} + 2e \rightleftharpoons Cu$

电池反应：　　$Cu^{2+} + 4NH_3 \rightleftharpoons Cu(NH_3)_4^{2+}$　　(4-2)

显然，该电池反应就是 $Cu(NH_3)_4^{2+}$ 配离子的生成反应。将 $Cu(NH_3)_4^{2+}$，Cu^{2+}，NH_3 的活度系数近似地看作 1，则根据 Nernst 方程式，在 25℃时，电池的电动势为：

$$E = E^{\ominus} - \frac{0.059\,2}{2}\lg\frac{C(Cu(NH_3)_4^{2+})}{C(Cu^{2+})\cdot C^4(NH_3)} \tag{4-3}$$

当 $Cu(NH_3)_4^{2+}$，Cu^{2+}，NH_3 的浓度已知时，测定该电池的电动势 E，由(4-3)式计算电池的标准电动势 $E^{\ominus}$。再运用公式

$$\Delta G^{\ominus} = -nFE^{\ominus}$$

和

$$E^{\ominus} = \frac{0.059\,2}{2}\lg K^{\ominus}_{稳}$$

可以算得 $Cu(NH_3)_4^{2+}$ 配离子的 $\Delta G^{\ominus}$ 和 $K^{\ominus}_{稳}$。

$NH_3 \cdot H_2O$ 的比重和浓度有对应关系(见附录十)。测定加入的浓 $NH_3 \cdot H_2O$ 比重，可以求出游离氨的浓度。

三、实验流程图

配制原电池溶液 → 组成原电池 → 测原电池电动势 → 数据处理

四、实验用品

仪器、用品：酸度计，分析天平，比重计，量筒(100 mL)，移液管(10 mL 3 支)，烧杯(50 mL 3 只)，容量瓶(50 mL)，铜片电极，盐桥。

试剂、材料：$CuSO_4 \cdot 5H_2O$(粉末状晶体)，氨水(浓)，砂纸。

五、实验内容

1. 配制 50 mL 浓度为 1.00 mol · L^{-1}的硫酸铜溶液。

在分析天平上准确称取 12.50 g $CuSO_4 \cdot 5H_2O$ 晶体，在洁净的小烧杯中加入 30 mL 去离子水溶解，将溶液转移至 50 mL 容量瓶中，并用少量水洗涤烧杯 2～3 次，洗涤液都注入容量瓶中，加水稀释至刻度，摇匀。

2. 用移液管分别取 10.00 mL 1.00 mol · L^{-1} $CuSO_4$ 溶液和 10.00 mL去离子水置于干燥的 50 mL 烧杯中，混合均匀。

3. 用比重计测量浓 $NH_3 \cdot H_2O$ 的比重，查表求出浓氨水的浓度。氨水的摩尔浓度为：

$$C(NH_3)=\frac{1\,000\times 比重\times 百分含量}{17}(mol\cdot L^{-1})$$

4. 用移液管分别取 10.00 mL 1.00 mol · L^{-1} $CuSO_4$ 溶液和 10.00 mL浓氨水置于另一个干燥的 50 mL 烧杯中，充分搅拌，直至沉淀完全溶解，生成深蓝色溶液。

5. 用砂纸将两个铜电极擦亮，洗净并干燥，按图 4-1 安装好电池。

6. 将左边的半电池引线与酸度计负极相连接，右边半电池的引线与正极相连接，将酸度计的 pH—mV开关置于“+mV”档，测定电池的电动势。整个实验在室温下进行。本实验所用酸度计的使用方法见第二章 2-10-1。

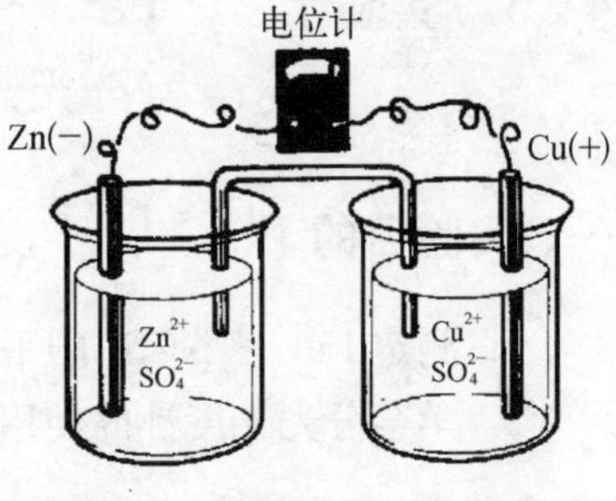

图 4-1 浓差原电池示意图

六、数据处理

pH 计编号 ____________；

Cu^{2+} 的浓度(mol · L^{-1}) ____________；

$Cu(NH_3)_4^{2+}$ 浓度($mol \cdot L^{-1}$) ________;
浓 $NH_3 \cdot H_2O$ 的浓度($mol \cdot L^{-1}$) ________;
游离氨的浓度($mol \cdot L^{-1}$) ________;
电池电动势(V) ________;
标准电动势 $E^{\ominus}$ ________;
$Cu(NH_3)_4^{2+}$ 的 $\Delta G^{\ominus}$ ________;
$Cu(NH_3)_4^{2+}$ 的 $K^{\ominus}_{稳}$ ________。

思考题

1. 怎样用酸度计测定电动势?
2. 盐桥的作用是什么?
3. 如果浓 $NH_3 \cdot H_2O$ 的比重测定不准,对实验结果有何影响?
4. 铜电极为何要擦净?否则对实验结果有何影响?
5. 烧杯为什么要干燥,若不干燥,结果会怎样?

4-3 实验十二 Fe^{3+}～NCS^-平衡常数的测定

（分光光度法）

一、实验目的

1. 测定 Fe^{3+}～NCS^- 的平衡常数,加深对平衡常数的理解。
2. 学会分光光度计的使用。

二、实验提要

如果溶液中的溶质可吸收某些波长的可见光,则溶液就显示一定的颜色。溶液的浓度越大,吸收的光越多,颜色越深。因此可以通过比较溶液颜色的深浅来测定溶液的浓度,这种测定方法叫做比色分析;也可以通过比较溶液吸收光的多少来测定溶液的浓度,这种测定方法叫做分光光度分析。

分光光度法测定的理论依据是朗伯-比耳定律：当一束平行单色光通过单一均匀的、非散射的吸收光物质溶液时，溶液的吸光度与溶液浓度和液层厚度的乘积成正比。即：

$$A = K \cdot C \cdot L$$

其中：C 为溶液浓度；L 为溶液厚度；K 为吸光系数。如果固定比色皿厚度测定有色溶液的吸光度，则溶液的吸光度与浓度之间有简单的线性关系。

不同物质吸收光的波长（或频率）是不相同的。利用分光光度计产生所需频率的单色光，使其通过被测溶液，然后测定该单色光的强度，即可得到溶液的吸光度。图 4－2 是光吸收的示意图。

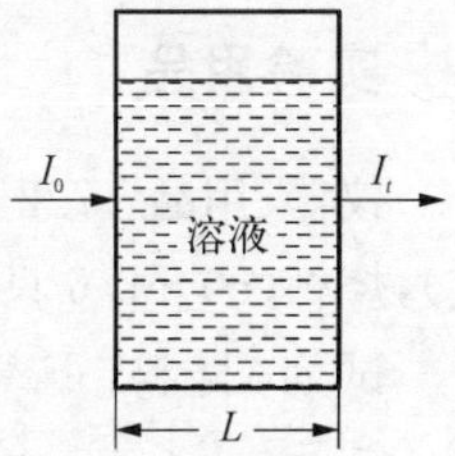

图 4－2　光吸收示意图

吸光度 A（又称消光度），即溶液吸收光的量，可用下式表示：

$$A = \lg \frac{I_0}{I}$$

其中：I_0 为入射光的强度；I 为透过光的强度。

通常先配一份已知浓度但与未知溶液具有相同物质的溶液，把它们分别放入两个厚度相同的容器中，分别测出 A_1 和 A_2，则 $\frac{A_1}{A_2} = \frac{C_1}{C_2}$，即：

$$C_2 = \frac{A_2}{A_1} \times C_1$$

其中：C_1 为已知溶液的浓度；C_2 为未知溶液的浓度。

本实验用分光光度计法测定下列化学反应的平衡常数。

$$Fe^{3+} + HNCS \rightleftharpoons FeNCS^{2+} + H^+$$

$$K_c = \frac{C(FeNCS^{2+}) \cdot C(H^+)}{C(Fe^{3+}) \cdot C(HNCS)}$$

由于反应体系中只有 $FeNCS^{2+}$ 吸收可见光，所以可用分光光度法测定其平衡浓度。当 $C(Fe^{3+}) \gg C(HNCS)$ 时，HNCS 基本上全部转化成 $FeNCS^{2+}$，所以 $FeNCS^{2+}$ 的平衡浓度等于已知的 HNCS 的初始浓度，为了防止 Fe^{3+} 的水解和 HNCS 的电离，可用硝酸来保持 $C(H^{+}) = 0.5\ mol \cdot L^{-1}$。

三、实验流程图

配制参比和标准溶液 → 配制待测溶液 → 吸光度的测定 → 数据处理

四、实验用品

仪器、用品：722 型分光光度计，移液管（10 mL 2 支、5 mL 2 支），烧杯（50 mL 6 只），洗耳球。

试剂、材料：Fe^{3+}（$0.200\ mol \cdot L^{-1}$，$0.002\ mol \cdot L^{-1}$），KCNS（$0.002\ mol \cdot L^{-1}$），HNO_3（$0.500\ mol \cdot L^{-1}$），擦镜纸，标签纸，浆糊。

五、实验内容

1. 配制参比溶液和 $FeNCS^{2+}$ 标准溶液

在 0 号和 1 号干燥洁净的烧杯中，分别按下表中加入的用量配制参比溶液和 $FeNCS^{2+}$ 标准溶液，并充分混匀。

烧杯编号	$0.200\ mol \cdot L^{-1}$ Fe^{3+}	$0.002\ mol \cdot L^{-1}$ KNCS	$0.500\ mol \cdot L^{-1}$ HNO_3
0(参比溶液)	5.00 mL	0.00 mL	5.00 mL
1(标准溶液)	10.00 mL	2.00 mL	8.00 mL

$$C(HNCS) = \frac{2}{20} \times 0.002\ mol \cdot L^{-1} = 2.00 \times 10^{-4}\ mol \cdot L^{-1}$$

因为当 $C(Fe^{3+}) \gg C(HNCS)$ 时，HNCS 基本上都转化为

$FeNCS^{2+}$,因此

$$C(FeNCS^{2+})_{标准} = 2.00 \times 10^{-4}\ mol \cdot L^{-1}$$

2. 配制待测溶液

在 2～5 号烧杯中,分别按下表中的用量配制溶液,并充分混匀。

烧杯编号	$0.002\ mol \cdot L^{-1}$ Fe^{3+}	$0.002\ mol \cdot L^{-1}$ KNCS	$0.500\ mol \cdot L^{-1}$ HNO_3
2	5.00 mL	5.00 mL	0.00 mL
3	5.00 mL	4.00 mL	1.00 mL
4	5.00 mL	3.00 mL	2.00 mL
5	5.00 mL	2.00 mL	3.00 mL

3. 吸光度的测定

把分光光度计的波长调至 447 nm,将参比溶液推入光路,选择使用状态,调满刻度为零(本实验所用分光光度计的使用方法见第二章 2-10-3 节)。测定 1～5 号溶液的吸光度,并及时记录。

六、数据处理

由于 HNO_3 浓度很高,Fe^{3+} 的浓度很低。反应生成的氢离子浓度可忽略不计,则

$$C(H^{+}) = C(HNO_3)_{标定}$$

由朗伯-比耳定律得:

$$C(FeNCS^{2+})_{平衡} = \frac{A_i}{A_1} \times C(FeNCS^{2+})_{已知}$$

由质量守恒得:

$$C(Fe^{3+})_{平衡} = C(Fe^{3+})_{始} - C(FeNCS^{2+})_{平衡}$$

$$C(HNCS)_{平衡} = C(HNCS)_{始} - C(FeNCS^{2+})_{平衡}$$

把算出的数据填入下表中。

编号	吸光度 A	初始浓度		平衡浓度				Kc
		$C(Fe^{3+})_{始}$	$C(HNCS)_{始}$	$C(H^{+})_{平}$	$C(FeNCS^{2+})_{平}$	$C(Fe^{3+})_{平}$	$C(HNCS)_{平}$	
1								
2								
3								
4								
5								

思考题

1. 为什么要使 $C(Fe^{3+}) \gg C(HNCS)$？
2. 为什么要加 HNO_3 来保持溶液的酸度？
3. 烧杯为什么要干燥？
4. 3 支移液管为什么在使用前要用相应的溶液洗过？在使用过程中为什么不能混用？
5. Kc 的文献值是 104，分析产生误差的原因。

4-4 实验十三 Fe^{3+} 与磺基水杨酸配合物的组成和标准稳定常数的测定(分光光度法)

一、实验目的

1. 学习等摩尔系列法测配离子的组成和稳定常数的方法。

2. 学习分光光度计的使用及有关实验数据的处理方法。

3. 练习溶液配制及相关的基本操作。

二、实验提要

1. 分光光度法的基本原理

分光光度法测定溶液浓度的原理参见实验十二。

2. 等摩尔系列法测配离子的组成和稳定常数

设中心离子 M 和配位体 L 在给定条件下反应，只生成一种有色配离子或配合物 ML_n：

$$M + nL \rightleftharpoons ML_n \quad \text{(略去三种物质的电荷)}$$

若 M 和 L 都是无色的，则此溶液的吸光度与有色配离子或配合物的浓度成正比。据此，可用等摩尔系列法（又称 JOB 法）测定该配离子或配合物的组成和稳定常数。方法如下：

配制一系列含有中心离子 M 与配位体 L 的溶液，M 与 L 的总物质的量相等，但各自的摩尔分数连续改变，例如配制配体 L 的摩尔分数依次为 0，0.1，0.2，0.3，…，0.9，1.0 的溶液。在一定波长的单色光中分别测定这系列溶液的吸光度。有色配离子或配合物的浓度越大，溶液颜色越深，其吸光度越大。当 M 和 L 恰好全部形成配离子或配合物时（不考虑配离子的离解），ML_n 的浓度最大，吸光度也最大。若以吸光度 A 为纵坐标，以配位体 L 的摩尔分数为横坐标作图，可以求得最大的吸光度处。例如，从图 4－3 可以看出，延长曲线两边的直线部分，相交于 D 点，D 点即为最大吸收处。配位体 L 的摩尔分数为 0.5，则中心离子的摩尔分数为

$$1.0-0.5=0.5$$

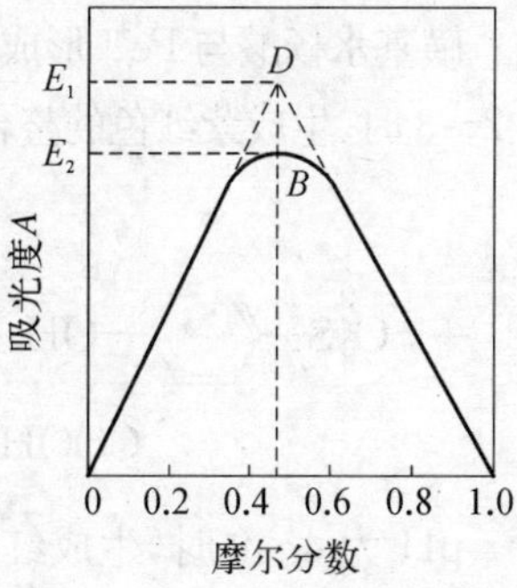

图 4－3 配位体摩尔分数吸光度图

所以，

$$\frac{\text{配位体物质的量}}{\text{中心离子物质的量}}=\frac{\text{配位体摩尔分数}}{\text{中心离子摩尔分数}}=\frac{0.5}{0.5}=1$$

由此可知，该配离子或配合物的组成为 ML 型。

配离子的稳定常数亦可根据图 4-3 而求得。从图中还可以看出，对于 ML_n 型配离子或配合物，若它全部以 ML_n 形式存在，则其最大吸光度应在 D 处，即吸光度为 E_1。但由于配离子或配合物有一部分离解，其浓度要稍小一些，实际测得的最大吸光度在 B 处，即吸光度为 E_2。此时配离子或配合物的离解度为

$$\alpha=\frac{E_1-E_2}{E_1}$$

配离子或配合物 ML 的稳定常数与离解度的关系如下：

$$ML \rightleftharpoons M + L$$

	ML	M	L
起始时浓度	c	0	0
平衡时浓度	$c-c\alpha$	$c\alpha$	$c\alpha$

$$K_{稳}=\frac{[ML]}{[M][L]}=\frac{1-\alpha}{c\alpha^2}$$

式中：c 表示 D 点的中心离子的物质的量浓度。

磺基水杨酸与 Fe^{3+} 形成的螯合物的组成因 pH 不同而不同。在 pH 为 2～3 时，生成紫红色的螯合物（有 1 个配位体），反应可表示如下：

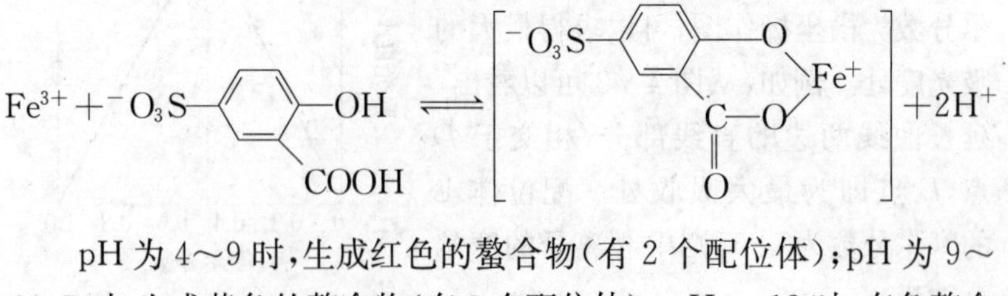

pH 为 4～9 时，生成红色的螯合物（有 2 个配位体）；pH 为 9～11.5 时，生成黄色的螯合物（有 3 个配位体）；pH ＞ 12 时，有色螯合物被破坏而生成 $Fe(OH)_3$ 沉淀。

本实验是在 pH <2.5 的条件下进行测定的。

三、实验流程图

四、实验用品

仪器、用品：烧杯(50 mL 11 只、600 mL 1 只)，722S 分光光度计，容量瓶(100 mL 2 只)，刻度移液管(10 mL 3 支)，洗耳球，玻璃搅棒。

试剂、材料：$HClO_4$(0.01 mol·L^{-1})，磺基水杨酸，硫酸高铁铵 $Fe(NH_4)(SO_4)_2$(0.010 0 mol·L^{-1})。

五、实验内容

(一) 溶液的配制

1. 配制 0.001 00 mol·L^{-1} Fe^{3+} 离子溶液

用 10 mL 移液管吸取 10.0 mL 0.010 mol·L^{-1} $Fe(NH_4)(SO_4)_2$ 溶液，注入 100 mL 容量瓶中，用 0.01 mol·L^{-1} $HClO_4$ 溶液稀释至刻度，摇匀备用。

2. 配制 0.001 00 mol·L^{-1} 磺基水杨酸溶液

用 10 mL 移液管吸取 10.0 mL 0.010 0 mol·L^{-1} 磺基水杨酸溶液，注入 100 mL 容量瓶中，用 0.01 mol·L^{-1} $HClO_4$ 溶液稀释至刻度，摇匀备用。

(二) 等摩尔系列溶液的配制

把三支 10 mL 刻度移液管分别用新配制的 0.010 mol·L^{-1} Fe^{3+} 溶液、0.010 0 mol·L^{-1} 磺基水杨酸溶液和 0.01 mol·L^{-1} $HClO_4$ 溶液润洗。

根据表 4-1 所列出的试剂的准确体积配制等摩尔系列溶液。用刻度移液管移取溶液时，应将溶液吸至移液管最高刻度，然后放出规定的体积。

（三）等摩尔系列溶液的吸光度测定

根据722型分光光度计的操作步骤(见第二章2-10-3)，调节波长调节旋钮将波长调节500 nm。以0.01 mol·L^{-1} $HClO_4$为参比液，调节参比液的吸光度为0，不透光时，吸光度为∞。

从暗盒中取出比色皿架，在比色皿架的第2、3、4位置上，装上盛有第1、2、3号溶液的1 cm厚比色皿(比色皿先用待装液洗2～3次)。把比色架放入暗盒中，并按操作步骤测出1～3号溶液的吸光度。同样，测出4～11号溶液的吸光度，并把所有实验及测定结果记在实验报告本上。

表4-1　等摩尔系列溶液的组成和吸光度记录

溶液编号	0.01 mol·L^{-1} $HClO_4$	0.001 00 mol·L^{-1} Fe^{3+}离子	0.001 00 mol·L^{-1} 磺基水杨酸	吸光度 A
	mL	mL	mL	
1	10.0	10.0	0.0	
2	10.0	9.0	1.0	
3	10.0	8.0	2.0	
4	10.0	7.0	3.0	
5	10.0	6.0	4.0	
6	10.0	5.0	5.0	
7	10.0	4.0	6.0	
8	10.0	3.0	7.0	
9	10.0	2.0	8.0	
10	10.0	1.0	9.0	
11	10.0	0.0	10.0	

（四）配离子的组成和稳定常数测定

在小方格坐标纸上以吸光度对磺基水杨酸的摩尔分数作图，延长曲线两边的直线部分，相交于一点，这一点即为最大吸光处。根据实验提要的介绍，算出 Fe^{3+} 和磺基水杨酸的配离子的组成和稳定常数。

思考题

1. 本实验测定配合物的组成及稳定常数的原理如何？如果以 $0.010\,0\ mol \cdot L^{-1}$ Fe^{3+} 溶液代替 $0.001\,00\ mol \cdot L^{-1}$ Fe^{3+} 溶液，其他试剂的浓度是否也要相应增大，为什么？

2. 等摩尔系列法的原理如何？如何用作图法来计算配离子或配合物的组成和稳定常数？

3. 在使用移液管量取一定体积的液体时，有哪些应注意的地方？

4. 在使用比色皿时，操作上有哪些应注意的地方？

4-5　实验十四　化学反应速率、速率常数和反应级数的测定（$S_2O_8^{2-}$ 与 I^- 的氧化还原反应）

一、实验目的

1. 了解浓度、温度和催化剂对反应速率的影响。

2. 测定过二硫酸铵与碘化钾反应的平均反应速率，并计算不同温度下的反应常数和该反应的反应级数。

二、实验提要

在溶液中，过二硫酸铵和碘化钾发生如下反应：

$$(NH_4)_2S_2O_8 + 3KI = (NH_4)_2SO_4 + K_2SO_4 + KI_3$$

它的离子方程式为：

$$S_2O_8^{2-} + 3I^- = 2SO_4^{2-} + I^{3-} \quad (4-4)$$

上述反应在 $t_2 \sim t_1$ 间隔内的平均反应速率为：

$$v = \frac{C_1(S_2O_8^{2-}) - C_2(S_2O_8^{2-})}{t_2 - t_1} = \frac{\Delta C(S_2O_8^{2-})}{\Delta t}$$

式中 $\Delta C(S_2O_8^{2-})$ 为 $S_2O_8^{2-}$ 在 Δt 时间内浓度的改变值。

为了测定出 $\Delta C(S_2O_8^{2-})$，在混合 $(NH_4)_2S_2O_8$ 和 KI 溶液时，以淀粉溶液作为指示剂，同时加入一定体积的、已知浓度的 $Na_2S_2O_3$ 溶液。这样，在反应(4-4)进行的同时，也进行着如下反应：

$$2S_2O_3^{2-} + I^{3-} = S_4O_6^{2-} + 3I^- \quad (4-5)$$

反应(4-5)进行得非常快，几乎瞬时完成，而反应(4-4)却慢得多。于是，由反应(4-4)生成的碘立刻与 $S_2O_3^{2-}$ 反应，生成了无色的 $S_4O_6^{2-}$ 和 I^-，因此，在开始一段时间内，看不到碘和淀粉作用而显出来的特有的蓝色。但是，一旦 $S_2O_3^{2-}$ 耗尽，则继续游离出来的碘，即使是微量的也能使淀粉指示剂变成蓝色。所以蓝色的出现就标志着反应(4-5)的完成。

从反应方程式(4-4)和(4-5)的关系可以看出，$S_2O_8^{2-}$ 浓度减少的量等于 $S_2O_3^{2-}$ 减少量的一半，即

$$\Delta C(S_2O_8^{2-}) = \frac{\Delta C(S_2O_3^{2-})}{2} = \frac{1}{2}C(S_2O_3^{2-})$$

因为 $S_2O_3^{2-}$ 在溶液显蓝时已全部消耗掉，因此 $\Delta C(S_2O_3^{2-})$ 实际上等于反应开始时 $Na_2S_2O_3$ 的浓度。由于本实验中每份混合溶液只考虑 $(NH_4)_2S_2O_8$ 和 KI 的浓度改变，而使用的 $Na_2S_2O_3$ 起始浓度都是相同的，因此到蓝色出现时已消耗去的 $S_2O_3^{2-}$，即 $\Delta C(S_2O_3^{2-})$ 也都是相同的。这样，只要记下从反应开始到溶液出现蓝色所需要的时间(Δt)，就可以求算出在各种不同浓度下的平均反应速率

$$v=\frac{\Delta C(S_2O_8^{2-})}{\Delta t}=\frac{\Delta C(S_2O_3^{2-})}{2\Delta t}$$

根据质量作用定律，过二硫酸铵与碘化钾反应速率与反应物浓度的关系如下：

$$\frac{\Delta C(S_2O_8^{2-})}{\Delta t}=k\cdot C^m(S_2O_8^{2-})\cdot C^n(I^-) \qquad (4-6)$$

从不同浓度下测得的反应速率，即能计算出该反应的 m、n 和反应级数，然后由(4-6)式求得一定温度下的反应速率常数。

三、实验流程图

配制溶液 → 反应、计时 → 数据处理

四、实验用品

仪器、用品：烧杯(100 mL 或 50 mL 8 只)，量筒(25 mL 4 只、10 mL 2 只)，试管，秒表，煤气灯，搅棒，温度计(0～100℃)，水浴锅。

试剂、材料：$(NH_4)_2S_2O_8$ (0.20 mol·L^{-1})、KI(0.20 mol·L^{-1})、$Na_2S_2O_3$(0.010 mol·L^{-1})，KNO_3(0.20 mol·L^{-1})，$(NH_4)_2SO_4$(0.20 mol·L^{-1})，淀粉溶液(0.2%)，$Cu(NO_3)_2$(0.020 mol·L^{-1})，冰。

五、实验内容

(一) 浓度对反应速率的影响

1. 在室温下，按表 4-2 的实验要求，用量筒(每种试剂所用的量筒都应在洗涤后贴上标签，以免混乱)分别准确量取 20.0 mL 0.20 mol·L^{-1} KI 溶液，8.0 mL 0.01 mol·L^{-1} $Na_2S_2O_3$ 溶液和 4.0 mL0.2%淀粉溶液于 100 mL 烧杯中，混合均匀。

2. 用量筒准确量取 20.0 mL 0.20 mol·L^{-1} $(NH_4)_2S_2O_8$ 溶液，迅速加到烧杯中，立刻开始计时并搅拌溶液。观察到溶液刚一出现蓝色，立即停止计时，将反应时间记入表4－2中。

3. 用上述方法参照表4－2重复进行实验编号2～5。为了使试液的离子强度和总体积保持不变，在2～5实验编号中，所减少的KI或$(NH_4)_2S_2O_8$的用量可以分别用0.20 mol·L^{-1} KNO_3和0.20 mol·L^{-1} $(NH_4)_2SO_4$来补充。

注意：在进行实验3时，由于加入的$(NH_4)_2S_2O_8$溶液体积较少，为了避免因有一部分残留在量筒内而影响实验结果，可将15.0 mL $(NH_4)_2SO_4$先加到5.0 mL $(NH_4)_2S_2O_8$中，然后一齐加进上述装有混合液的烧杯中。

4. 根据表4－2中各种试剂的用量，计算各实验中参加反应的试剂的起始浓度及反应速率常数，逐一填入表4－2中，并记下反应温度。

（二）温度对反应速率的影响

按表4－2中实验编号4的要求，量取试剂于100 mL烧杯中，$(NH_4)_2S_2O_8$溶液放入另一烧杯。将两只烧杯放在冰水浴中冷却，待两种溶液均冷到比室温低10℃时，将$(NH_4)_2S_2O_8$溶液迅速倒入另一烧杯内，立刻开始计时并搅拌溶液。观察到溶液刚出现蓝色，立即停止计时，将反应时间和温度记录在表4－3中。

同样地，按表4－2中实验编号4的要求，在高于室温10℃条件下重复上述实验。将盛有溶液的两只烧杯放入温水浴中升温，待溶液温度高于室温10℃时，将$(NH_4)_2S_2O_8$溶液倒入混合液中，计时并搅拌，将反应时间和温度记录在表4－3中。

在室温条件下，重复上述实验。

（三）催化剂对反应速率的影响

1. 在100 mL烧杯中加入10.0 mL 0.020 mol·L^{-1} KI溶液，4.0 mL 0.2％淀粉溶液，和8.0 mL 0.010 mol·L^{-1} $Na_2S_2O_3$和10.0 mL 0.20 mol·L^{-1} KNO_3溶液，再滴入2滴0.020 mol·L^{-1} $Cu(NO_3)_2$溶液，搅拌均匀。

2. 将 20.0 mL 0.20 mol · L^{-1} $(NH_4)_2S_2O_8$ 溶液迅速加到上述烧杯中，同时计时和搅拌，至溶液出现蓝色时为止。将反应时间和温度记录在表 4－4 中。同时将室温条件下的实验结果记在表 4－4 中，并进行比较。

六、数据处理

表 4－2　KI 与 $(NH_4)_2S_2O_8$ 的浓度对反应速率的影响

实验编号		1	2	3	4	5
试剂用量 mL	0.20 mol · L^{-1} KI	20.0	20.0	20.0	10.0	5.0
	0.2% 淀粉	4.0	4.0	4.0	4.0	4.0
	0.010 mol · L^{-1} $Na_2S_2O_3$	8.0	8.0	8.0	8.0	8.0
	0.20 mol · L^{-1} KNO_3	—	—	—	10.0	15.0
	0.20 mol · L^{-1} $(NH_4)_2SO_4$	—	10.0	15.0	—	—
	0.20 mol · L^{-1} $(NH_4)_2S_2O_8$	20.0	10.0	5.0	20.0	20.0
起始的浓度	$(NH_4)_2S_2O_8$ (mol · L^{-1})					
	KI (mol · L^{-1})					
	$Na_2S_2O_3$ (mol · L^{-1})					
反应温度 (℃)						
反应时间 Δt(秒)						
反应的平均速率 $v(\Delta C/\Delta t)$						
反应级数 $(m+n)$						
速率常数 (k)						

表 4-3 温度对反应速率的影响

实验编号	反应温度 T(℃)	反应时间 t(sec)	反应速率常数 k
6			
7			
8			

表 4-4 催化剂对反应速率的影响

实验编号	反应温度 T(℃)	反应时间 t(sec)	催化剂滴数
7			
9			

反应级数的计算方法

把表 4-2 中的实验 1 和 3 号的结果代入下式：

$$v=\frac{\Delta C(S_2O_8^{2-})}{\Delta t}=k\cdot C^m(S_2O_8^{2-})\cdot C^n(I^-)$$

可得：

$$\frac{v_1}{v_3}=\frac{k\cdot C_1^m(S_2O_8^{2-})\cdot C_1^n(I^-)}{k\cdot C_3^m(S_2O_8^{2-})\cdot C_3^n(I^-)}$$

由于

$$C_1^n(I^-)=C_3^n(I^-)\text{；}k\text{ 为常数。}$$

所以

$$\frac{v_1}{v_3}=\frac{C_1^m(S_2O_8^{2-})}{C_3^m(S_2O_8^{2-})}$$

因为 v_1、v_3、$C_1(S_2O_8^{2-})$、$C_3(S_2O_8^{2-})$都是已知数，所以可以求出 m。用同样的方法将表 4-2 中实验 1 和 5 号的结果代入，可得：

$$\frac{v_1}{v_5}=\frac{k\cdot C_1^m(S_2O_8^{2-})\cdot C_1^n(I^-)}{k\cdot C_5^m(S_2O_8^{2-})\cdot C_5^n(I^-)}$$

由于

$$C_1^m(S_2O_8^{2-})=C_5^m(S_2O_8^{2-})$$

所以

$$\frac{v_1}{v_5}=\frac{C_1^n(I^-)}{C_5^n(I^-)}$$

由上式可求出 n。再由 $m+n$ 求得反应级数。

速率常数 k 的计算方法：

将求出的 m 与 n 代入 $v=k\cdot C^m(S_2O_8^{2-})\cdot C^n(I^-)$，即可求得速率常数 k。

思考题

1. 在过二硫酸铵和碘化钾的氧化还原实验中，有哪些因素可能影响实验的准确度？你将如何避免？

2. 在本实验中，如果不用 $S_2O_8^{2-}$ 而用 I^- 或 I^{3-} 浓度变化来表示反应速率，则反应速率常数 k 是否一样？

3. 在本实验中，为什么可以由反应溶液出现蓝色的时间长短来计算反应速率？反应溶液出现蓝色后，反应是否就终止了？

4. 实验中若先加$(NH_4)_2S_2O_8$ 溶液，最后加 KI 溶液，对实验结果有何影响？

5. $Na_2S_2O_3$ 用量过多或过少，对实验结果有何影响？

6. 在上述实验的 2、3 中添加不同量的$(NH_4)SO_4$ 溶液；4、5 中添加不同量的 KNO_3 溶液的用意何在？如何选择添加试剂？

4-6 实验十五 二氯化铅溶度积的测定
（离子交换法）

一、实验目的

1. 巩固溶度积概念。了解用离子交换法测定难溶电解质溶度积的原理和方法。

2. 学习离子交换树脂的一般使用方法。

3. 进一步熟练使用移液管和酸碱滴定的基本操作。

二、实验提要

本实验用离子交换法测定二氯化铅的溶度积。使用的主要设备为离子交换树脂柱。

离子交换树脂是一种具有网状结构的不溶性高分子聚合物，具有酸和碱的反应性能，一般为白、黄、黄褐或黑色的半透明的球形固体物质。

离子交换树脂由两部分组成，一部分为网状结构的高分子聚合物，另一部分为结合在高分子基团上的活性基团。含有酸性基团而又能与其他物质交换阳离子的树脂叫做阳离子交换树脂；含有碱性基团而又能与其他物质交换阴离子的树脂叫做阴离子交换树脂。

最常用的聚苯乙烯磺酸型树脂是一种强酸型阳离子交换树脂，其结构可表示如下：

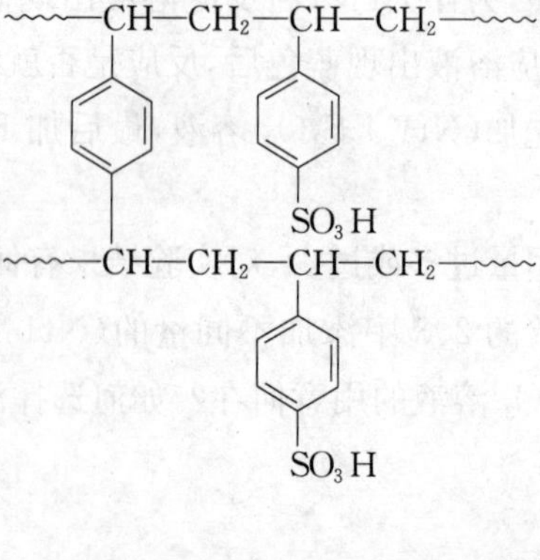

本实验用强酸型阳离子交换树脂(732 型号)交换 $PbCl_2$ 饱和溶液中的 Pb^{2+},其交换反应为：

$$2R-SO_3H+Pb^{2+} \rightleftharpoons (R-SO_3)_2Pb+2H^+$$

式中 R 表示树脂母体。

由于 $PbCl_2$ 是微溶于水的盐,在有固体存在的饱和溶液中存在着如下平衡：

$$PbCl_2(\text{固}) \rightleftharpoons PbCl_2(\text{溶液}) \rightleftharpoons Pb^{2+}+2Cl^-(\text{溶液})$$

当一定量的二氯化铅饱和溶液经阳离子交换树脂时,由于 Pb^{2+} 被交换,平衡向右移动,$PbCl_2$ 解离,结果全部 Pb^{2+} 被树脂吸附,而原树脂上的 H^+ 被交换下来,从流出液中的 H^+ 离子浓度,可计算得出 $PbCl_2$ 的溶度积 $K^{\ominus}_{sp,PbCl_2}$。流出液中的 H^+ 离子浓度,可用标准 NaOH 溶液滴定。整个计算如下：

因为

$$2C(Pb^{2+})\cdot V(Pb^{2+})=C(H^+)\cdot V(H^+)$$

而

$$C(H^+)\cdot V(H^+)=C(OH^-)\cdot V(OH^-)$$

所以

$$2C(Pb^{2+})\cdot V(Pb^{2+})=C(OH^-)\cdot V(OH^-)$$

即

$$C(Pb^{2+})=\frac{C(OH^-)\cdot V(OH^-)}{2V(Pb^{2+})}$$

如以 $C(Pb^{2+})$ 和 $C(Cl^-)$ 分别表示饱和溶液中 Pb^{2+} 和 Cl^- 的平衡浓度,则

$$C(Pb^{2+})=C(PbCl_2)$$

$C(PbCl_2)$ 为该温度下 $PbCl_2$ 的溶解度(S)。

$$C(Cl^-)=2C(PbCl_2)$$

故

$$K^{\ominus}_{sp,PbCl_2} = C(Pb^{2+}) \times C^2(Cl^-)$$
$$= C(PbCl_2) \times [2C(PbCl_2)]^2$$
$$= 4C^3(PbCl_2)$$

三、实验流程图

树脂转型、洗涤 → 移液、交换和洗涤 → 滴定 → 数据处理

四、实验用品

仪器、用品：离子交换柱，碱式滴定管，移液管(10 mL)，量筒，锥形烧瓶(250 mL)，温度计，pH 试纸，定量滤纸，洗耳球。

试剂、材料：NaOH(0.05 mol·L^{-1}已标定)，HNO_3(1 mol·L^{-1}，0.1 mol·L^{-1})，溴百里酚蓝(0.1%)，$PbCl_2$(固、分析纯)，732 型阳离子交换树脂，玻璃纤维。

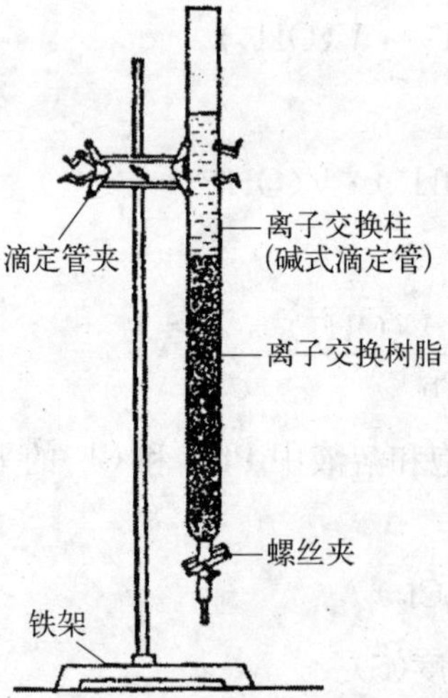

图 4-4　离子交换柱

五、实验内容

1. 树脂装柱

把交换柱固定在铁架上(如图 4-4)。管内底部放一团玻璃纤维，挡住孔口。在管中充入去离子水至三分之一高度，排除管中、玻璃纤维中以及橡皮管中的所有空气。然后将泡好的树脂和水搅拌调成糊状，从管上端倾入(树脂随水一起倾入，防止树脂分层)使树脂自然下沉，同时将多余的水从下部排出。树脂高度为20 cm。在操作过程中，树脂一直要保持在水面下，

防止水流干而有气泡进入。如果树脂床中进了空气，会产生缝隙而使交换效果降低。出现这种情况，可以用玻璃棒插进交换柱搅动赶走树脂间的气泡。（注：这一步操作由实验室预先做好。）

2. 树脂转型

市售的 732 型阳离子交换树脂系钠型树脂（$R-SO_3Na$），使用前必须将其转变为氢型（$R-SO_3H$）。方法：用 20 mL 1 $mol \cdot L^{-1}$ HNO_3加入柱中，调节交换柱底部的螺丝夹，使溶液以每分钟 40 滴的流速流经离子交换树脂，待柱中酸液液面降至接近树脂层上表面时，加入去离子水洗涤树脂，直至流出液呈中性（用 pH 试纸试验）。流出液全部弃去，此时柱中的钠型树脂全部转变为氢型。

3. 二氯化铅饱和溶液的配制

按室温时二氯化铅的溶解度，称取过量的 $PbCl_2$ 晶体，尽量使其溶于经煮沸已去除 CO_2 的去离子水中（充分搅拌），放置冷却至室温后，用定量滤纸过滤（漏斗、滤纸和承接烧杯均应干燥），滤液即为 $PbCl_2$ 饱和溶液。（注：若课时有限，可由实验室配制 $PbCl_2$ 饱和溶液。）

4. 交换和洗涤

用移液管量取 10 mL $PbCl_2$ 饱和溶液，放入离子交换柱中。调节螺丝夹使溶液流出速度控制在 20～25 滴/min，用 250 mL 锥形瓶承接流出液。待 $PbCl_2$ 饱和溶液液面接近树脂层表面时，用约40 mL 去离子水分批（每次约 10 mL）洗涤交换树脂。第一次洗涤保持流速（20～25 滴/min），以后几次洗涤，流速可适当加快，控制在 60 滴/min，直到流出液的 pH 值接近 7。注意在每次加液体前，液面都应略高于树脂 1～3 mm，这样不会产生气泡，使管内液体按层次流出，可提高交换和洗涤的效果。整个过程中注意勿使流出液损失。

5. 滴定

往全部流出液中加入 2～3 滴溴百里酚蓝指示剂，用标准 NaOH 溶液滴定至终点（液体由黄变蓝，pH = 6.2～7.6）。

记录 V(NaOH)、C(NaOH)及室温温度，计算 $PbCl_2$ 的$K^{\ominus}_{sp,PbCl_2}$。

6. 再生

对于每一份上述树脂可用 20 mL 不含有 Cl^- 离子的 $0.1\ mol \cdot L^{-1}$ HNO_3 溶液使之再生。

$$(R-SO_3)_2Pb + 2H^+ \rightleftharpoons 2R-SO_3H + Pb^{2+}$$

六、数据处理

$PbCl_2$ 饱和溶液的温度(t) ________℃；
$PbCl_2$ 饱和溶液的用量[$V(PbCl_2)$] ________mL；
NaOH 标准溶液的浓度[$C(NaOH)$] ________$mol \cdot L^{-1}$；
滴定前 NaOH 液面位置($V_前$) ________mL；
滴定前 NaOH 液面位置($V_后$) ________mL；
NaOH 标准液的用量($V_后-V_前$) ________mL。

计算该温度下 $PbCl_2$ 的溶解度(S)和溶度积 $K^\ominus_{sp,PbCl_2}$

思考题

1. 本实验中测定 $PbCl_2$ 溶度积的原理是什么？

2. 本实验操作过程中，为什么要控制液体的流速不宜太快？交换树脂层内，为什么不允许有气泡存在？应如何避免？

3. $PbCl_2$ 饱和溶液通过交换柱后，为什么要用去离子水洗涤至中性，且不允许流出液有所损失？

4. 在交换和洗涤过程中，作为承接流出液的锥形瓶是否要干燥？

扩展实验

生理盐水中氯化钠含量的测定

一、实验提要

将含 Na^+ 试液(不存在其他阳离子)通过一支装有 H^+ 型的强酸

型阳离子树脂交换柱，试液中的 Na^+ 即与树脂上的 H^+ 发生交换反应，置换出相等物质的量的 H^+ 离子。以酚酞作指示剂，用 NaOH 标准溶液滴定置换出的 H^+ 离子，根据消耗的 NaOH 标准溶液的用量，即可算出钠的含量。

二、实验内容

1. 交换柱的准备　使用实验十五的离子交换柱。

2. 树脂的再生　如果是使用过的树脂，在应用前必须进行再生，将树脂上吸着的阳离子全部洗脱掉。再生的方法参见实验十五。

3. 试液的交换　用 10 mL 移液管吸取生理盐水，加入到交换柱上端，控制流速 40～45 滴/min，再用 50 mL 去离子水以相同的流速，分 4 次通过交换柱，将上述流出液收集在 250 mL 锥形瓶中。

在上述全部操作过程中，务必使管中液面保持在树脂层上方。

4. 滴定　交换后的流出液中，含有与 Na^+ 离子相等物质的量的 H^+ 离子，加入 1～2 滴酚酞指示剂，用 0.1 $mol \cdot L^{-1}$ NaOH 标准溶液滴定至溶液呈浅粉红色，并在 30 s 内不褪色，即为终点。以 NaCl $g \cdot L^{-1}$ 表示试液中钠的含量。

三、数据处理

请学生自行拟出表示试液中钠含量的计算式，并进行讨论。

思考题

1. 用本法测定 Na^+ 离子含量时，为什么试液里不能含有其他阳离子？

2. 如试液中的组分完全是 NaCl，那么最后滴定时是否可以用甲基橙作指示剂？为什么本实验选用酚酞指示剂？

3. 在用酚酞指示剂指示终点时，如 NaOH 标准溶液吸收了空气中的 CO_2，会给测定结果造成什么影响？

4. 本实验所用 NaOH 标准溶液的浓度，是在前面的实验中通过

HCl 标准溶液来确定的，也可以用邻苯二甲酸氢钾基准物标定出 NaOH 溶液的浓度，对本实验来说，用哪一种方式确定 NaOH 溶液的浓度最好？为什么？

4-7 实验十六 电导率法测定 $BaSO_4$ 的溶度积常数

一、实验目的

1. 学习电导率仪的使用方法。
2. 学习用电导率法测定难溶盐溶解度的原理和方法。
3. 巩固多相离子平衡的概念和规律。

二、实验提要

在难溶电解质 $BaSO_4$ 的饱和溶液中，存在下列平衡

$$BaSO_4(s) = Ba^{2+}(aq) + SO_4^{2-}(aq)$$

其溶度积为

$$Ksp(BaSO_4) = C(Ba^{2+}) \cdot C(SO_4^{2-}) = C^2(BaSO_4)$$

由于难溶电解质的溶解度很小，很难直接测定，本实验利用浓度与电导率的关系，通过测定溶液的电导率，计算 $BaSO_4$ 的溶解度 $C(BaSO_4)$。从而计算其溶度积。

电导率与溶液中摩尔电导(λ)、电导率(χ)与浓度 C 之间存在如下关系

$$\lambda = \chi / C$$

对难溶电解质来说，它的饱和溶液可近似地看成是无限稀释溶液，离子间作用力的影响可以忽略不计，这时溶液的摩尔电导为极限摩尔电导，$\lambda_0(BaSO_4)$ 可由物理化学手册查到（25℃时，无限稀释的 $BaSO_4$ 饱和溶液的 $\lambda_0(BaSO_4) = 286.88 \times 10^{-4}\ S \cdot m^2 \cdot mol^{-1}$。本实

验的有关计算中可近似取用此值）。因此，只要测得 $BaSO_4$ 饱和溶液的电导率（χ），根据上式即可计算出 $BaSO_4$ 的摩尔溶解度 $C(BaSO_4)$，进而求出 $Ksp(BaSO_4)$。

需要注意的是，实验测得的 $BaSO_4$ 饱和溶液的电导率（χ'），其中包括了 H_2O 电离的 H^+ 和 OH^- 的电导率 $\chi(H_2O)$。在这种稀的溶液中，它们是不可忽略的。所以

$$\chi(BaSO_4) = \chi'(BaSO_4) - \chi(H_2O)$$

$$C(BaSO_4) = \chi(BaSO_4)/\lambda_0(BaSO_4)\,mol \cdot m^{-3}$$

$$= [\chi'(BaSO_4) - \chi(H_2O)]/1\,000\lambda_0(BaSO_4)\,mol \cdot L^{-1}$$

则　$Ksp(BaSO_4) = \{[\chi'(BaSO_4) - \chi(H_2O)]/1\,000\lambda_0(BaSO_4)\}^2$

三、实验流程图

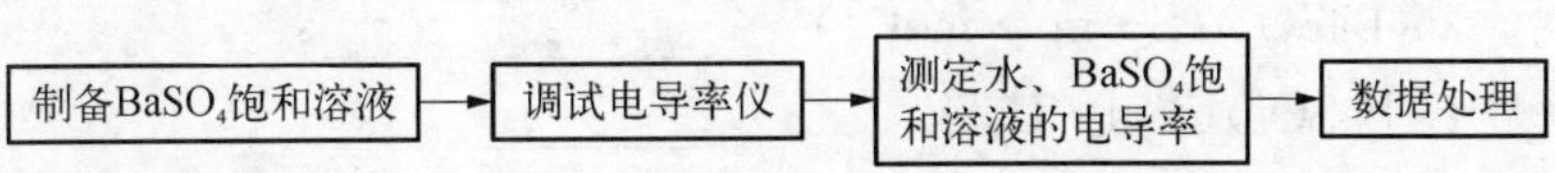

四、实验用品

仪器、用品：电导率仪，温度计，量筒（50 mL，2 个），烧杯（100 mL，2 只），擦镜纸或滤纸片。

试剂、材料：$BaCl_2$（0.05 $mol \cdot L^{-1}$）、H_2SO_4（0.05 $mol \cdot L^{-1}$）、$AgNO_3$（0.1 $mol \cdot L^{-1}$）。

五、实验内容

1. $BaSO_4$ 饱和溶液的制备。量取 20 mL 0.05 $mol \cdot L^{-1}$ H_2SO_4 溶液和 20 mL 0.05 $mol \cdot L^{-1}$ $BaCl_2$ 溶液分别置于 100 mL 烧杯中，加热至近沸（刚有气泡出现），在搅拌下趁热将 $BaCl_2$ 溶液慢慢滴加到 H_2SO_4 溶液中（约 2～3 滴/s），然后将盛有沉淀的烧杯放置于沸水浴中

加热，并搅拌 10 min。静置冷却 20 min，用倾析法去掉清液，再用近沸的去离子水洗涤 $BaSO_4$ 沉淀，重复洗涤 3～4 次，直到检验清液中无 Cl^- 为止（为了提高洗涤效果，每次应尽量不留母液）。最后在洗净的 $BaSO_4$ 沉淀中加入 40 mL 去离子水，煮沸 3～5 min，并不断搅拌，冷却至室温。

2. 调准电导率仪（见电导率仪的使用说明）。

3. 测定去离子水的电导率 $\chi(H_2O)$。

4. 测定上面制得的 $BaSO_4$ 饱和溶液的电导率 $\chi'(BaSO_4)$［为了保证 $BaSO_4$ 饱和溶液的饱和度，在测定 $\chi'(BaSO_4)$ 时一定要使盛有 $BaSO_4$ 饱和溶液的小烧杯底层有 $BaSO_4$ 晶体，上层是澄清液］。

六、数据处理

室温（℃） ________；

$\chi(H_2O)(S \cdot m^{-1})$ ________；

$\chi'(BaSO_4)(S \cdot m^{-1})$ ________；

$\lambda_0(BaSO_4)(S \cdot m^2 \cdot mol^{-1})$ ________；

$C(BaSO_4)(mol \cdot L^{-1})$ ________；

$Ksp(BaSO_4)$ ________。

思考题

1. 为什么在制得的 $BaSO_4$ 沉淀中要反复洗涤至无 Cl^- 存在？若不这样洗对实验结果有什么影响？

2. 在测定 $BaSO_4$ 的电导时，水的电导为什么不能忽略？在测定 HAc 溶液的电导时又如何？

4-8 实验十七 分光光度法测定碘化铜溶度积常数

一、实验目的

1. 了解用光电比色法测定碘酸铜溶度积常数的原理和方法。

2. 学习 722 型分光光度计的使用方法。

二、实验提要

碘酸铜是难溶强电解质，在其饱和水溶液中，存在着下列平衡

$$Cu(IO_3)_2(s) \rightleftharpoons Cu^{2+}(aq) + 2IO_3^-(aq)$$

在一定温度下，平衡溶液中 Cu^{2+} 离子浓度与 IO_3^- 离子浓度平方的乘积是一个常数，

$$K_{sp}^{\ominus} = [Cu^{2+}][IO_3^-]^2$$

（严格来讲应当以离子活度代替离子浓度，一般当离子浓度很少时可以忽略它们之间的差别。）

$K_{sp}^{\ominus}$ 称为溶度积常数，它和其他平衡常数一样，随温度的变化而改变。因此，如果能测得在一定温度下碘酸铜饱和溶液中的 $[Cu^{2+}]$ 和 $[IO_3^-]$ 就可以求算出该温度下的 $K_{sp}^{\ominus}[Cu(IO_3)_2]$。

本实验是由硫酸铜和碘酸钾作用制备碘酸铜饱和溶液，然后利用饱和溶液中 Cu^{2+} 与过量氨水作用生成深蓝色的配离子 $[Cu(NH_3)_4]^{2+}$，该配离子对波长 600 nm 的光具有强吸收，而且在一定浓度下，它对光的吸收程度（用吸光度 A 表示）与溶液浓度成正比。因此，由分光光度计测得碘酸铜饱和溶液中 Cu^{2+} 与 NH_3 作用后生成的铜氨配离子 $[Cu(NH_3)_4]^{2+}$ 溶液的吸光度，利用工作曲线并通过计算就能确定饱和溶液中 $[Cu^{2+}]$。

利用平衡时 $[Cu^{2+}]$ 和 $[IO_3^-]$ 关系，即可计算出 $K_{sp}^{\ominus}[Cu(IO_3)_2]$。

三、实验流程图

制备 $Cu(IO_3)_2$ 固体 → 制 $Cu(IO_3)_2$ 饱和溶液 → 绘制工作曲线 → 数据处理

四、实验用品

仪器、用品：移液管（25 mL，2 mL），容量瓶（50 mL），台秤，温度

计(273～373 K),722 型分光光度计。

试剂、材料:$CuSO_4$(固体,0.100 mol·L^{-1}),KIO_3(固体),$NH_3 \cdot H_2O$(1∶1),定量滤纸。

五、实验内容

1. $Cu(IO_3)_2$ 固体的制备

称取 2.0 g $CuSO_4 \cdot 5H_2O$ 置于小烧杯中,加入 20 mL 去离子水,搅拌至晶体全部溶解。另称取 3.4 g KIO_3 于另一小烧杯中,加入20 mL 去离子水,加热,搅拌至晶体全部溶解后,加入上面制得的 $CuSO_4$ 溶液(边搅拌边滴加),得到 $Cu(IO_3)_2$ 沉淀,继续加热 5 min,静置分层,倾析法除去上层清液。接着用热去离子水洗涤沉淀至无 SO_4^{2-} 为止。(洗涤沉淀时每次用少量的去离子水,充分搅拌,倾析法除去上层清液。)

2. $Cu(IO_3)_2$ 饱和溶液的制备

将上述制得的 $Cu(IO_3)_2$ 固体加入 80 mL 室温的去离子水,充分搅拌后放置 15 min 以上,然后用干的双层滤纸将该饱和溶液过滤,滤液收集于一个干燥的烧杯中。

3. 工作曲线的绘制

原理:配制一系列$[Cu(NH_3)_4]^{2+}$标准溶液,用分光光度计测定该标准系列中各溶液的吸光度,然后以吸光度 A 为纵坐标,相应的 Cu^{2+} 浓度为横坐标作图,得到的直线称为工作曲线。

操作:分别吸取 0.40、0.80、1.20、1.60 和 2.00 mL 0.100 mol·L^{-1} $CuSO_4$ 溶液于 5 个 50 mL 容量瓶中,各加入 $NH_3 \cdot H_2O$(1∶1) 4 mL,摇匀,用去离子水稀释至刻度,再摇匀。以去离子水作参比液,选用 1 cm 比色皿,选择入射光波长为 600 nm,用 722 型分光光度计分别测定各号溶液的吸光度。以吸光度 A 为纵坐标,相应的 Cu^{2+} 浓度为横坐标绘制工作曲线。

4. 饱和溶液中 Cu^{2+} 浓度的测定

吸取 25.00 mL 过滤后的 $Cu(IO_3)_2$ 饱和溶液于 50 mL 容量瓶

中,加入1∶1的$NH_3 \cdot H_2O$ 4 mL,摇匀,用去离子水稀释至刻度,再摇匀。按上述测工作曲线同样条件测定溶液的吸光度。根据工作曲线求出饱和溶液中的[Cu^{2+}]。($Cu(IO_3)_2$ 饱和溶液中[Cu^{2+}]是多少?)

六、数据记录和处理

(1) 工作曲线绘制

有关数据列于表4－5中。

表4－5　工作曲线数据表

编　　号	1	2	3	4	5
V_{CuSO_4} (mL)					
相应的[Cu^{2+}]($mol \cdot L^{-1}$)					
吸光度 A					

以表4－5数据绘制工作曲线。

(2) 根据 $Cu(IO_3)_2$ 饱和溶液吸光度,通过工作曲线求出饱和溶液中的 Cu^{2+} 浓度,计算 $K_{sp}^{\ominus}[Cu(IO_3)_2]$。

思考题

1. 怎样制 $Cu(IO_3)_2$ 饱和溶液?如果 $Cu(IO_3)_2$ 溶液未达饱和,对测定结果有何影响?

2. 假如在过滤 $Cu(IO_3)_2$ 饱和溶液时有 $Cu(IO_3)_2$ 固体穿透滤纸,将对实验结果产生什么影响?

3. 如何确定$[Cu(NH_3)_4]^{2+}$标准溶液的最大吸收波长?

第五章
无机物制备和提纯

基本要求

无机化合物的制备是人类利用自然、开发自然、弥补自然资源不足的重要手段。无机化合物的制备是无机化学的一个重要组成部分，是发展新型无机材料及高新技术产品的重要基础。

作为基础化学实验，本章主要介绍无机化合物常规的制备、提纯方法和原理。通过相应的实验操作，要求学生学习并掌握无机化合物提纯和制备过程中如何选择试剂、调节溶液 pH 值、控制反应温度、分离去除杂质等各种方法，加深对元素及其化合物的了解，熟悉并掌握相关的基本操作。

理论概述

无机化合物的种类极多，不同类型的无机物其制备方法有所不同，差别也很大。即使是同一种化合物也有多种制备方法。本章主要介绍常见无机物常用的制备和提纯方法。

一、选择合成路线的基本原则

（1）无机合成的基础是无机化学反应，在恒温恒压条件下，判断一个制备反应能否进行的依据是吉布斯自由能变化值 $\Delta_r G_m$。当体系的$(\Delta_r G_m)_{T,P}<0$时，该制备反应在热力学上是可行的。但如果反应的速率很慢的话，该反应实际上还是不能进行，所以必须同时考虑其动力学因素。

(2) 无机合成的目的是制备具有一定性质和标准的产品，但化学反应往往伴有副产物及其他杂质，因此要综合考虑产物的分离和提纯过程。

(3) 化学合成中，经常会用到各种有毒的试剂，也常常会产生"三废"，即废渣、废液、废气而污染环境，因此选择合成路线时要首选环境友好的工艺路线，同时还需要考虑合成路线的先进性、经济上的合理性和生产上的安全性。其中合成路线的先进性要求工艺简单、原料价廉易得、成本低、产率高、产品质量高、生产安全性好等等。

二、无机化合物的常规制备过程和方法

无机化合物的品种繁多，原料来源很广，主要有矿物及其他工业生产中产生的废液、废渣（如实验利用工业废料硼镁泥制备硫酸镁）等等。用这些原料来制备无机产品，通常需要经过如下过程：

(1) 原料的溶解和造液

在水溶液中进行的化学反应。通常用水、酸、碱等溶剂使原料溶解，当原料不能溶解或溶解不完全时，则采用加热使其熔融后，再用水浸取为水溶液。

在非水溶液中进行的化学反应。非水溶剂分为：无机溶剂和有机溶剂。无机溶剂有氨、硫酸、氟化氢、冰乙酸等；有机溶剂有四氯化碳、乙醚、汽油、丙酮、石油醚等等。

(2) 粗制液除杂分离

在原料的分解过程中，溶剂用量总是过量的，同时原料和加入物总会有杂质离子，必须去除。通常是在溶液中加入某些试剂，使杂质离子生成难溶化合物而沉淀。例如调节溶液 pH 值、利用水解沉淀、利用氧化还原水解去杂、金属置换去杂及利用硫化物沉淀、溶剂萃取、配合掩蔽等多种方法均可去除杂质离子。

(3) 纯化分离

初步得到的产品，其纯度一般不能满足要求，为了得到符合质量标准的产品，纯化是必不可少的步骤。通常使用蒸发浓缩、结晶、过滤等方法提纯，若纯度还达不到要求，可利用重结晶法再进行提纯。

结晶以后要进行分离，使所得的无机盐结晶与母液分开。由于湿的结晶挟带母液中含有的杂质而影响产品的纯度，所以通常要洗涤数次，再进行干燥，若产品含有结晶水，则干燥时，要控制干燥条件，以免失去结晶水。

三、一般无机物常用的制备、分离方法

1. 利用化合物物理性质不同加以分离

最常见的是利用不同物质在同一溶剂中溶解度的差异，对含有杂质的化合物进行纯化。例如粗食盐中含有钙、铁、钾的卤化物和硫酸盐等可溶性杂质，选择适当的试剂可使 Ca^{2+}、Mg^{2+}、SO_4^{2-} 等离子生成难溶化合物的沉淀而被除去。粗盐中的 K^+ 和这些沉淀剂不起作用，仍留在溶液中。由于 KCl 的溶解度大于 NaCl 的溶解度，而且在粗盐中的含量较少，所以在蒸发和浓缩食盐溶液时，NaCl 先结晶出来，而 KCl 则留在溶液中，从而达到提纯氯化钠的目的。

2. 利用氧化还原反应制备

(1) 活泼金属和酸直接反应，经蒸发、浓缩、结晶、分离即可得到产品。如由铁和硫酸制备硫酸亚铁。

(2) 不活泼金属不能直接和非氧化性酸反应，必须加入氧化剂，反应后要有分离、除杂质的步骤。如硫酸铜的制备，不能由铜和稀硫酸直接反应制备，必须加入氧化剂(如浓硝酸)，反应后有杂质硝酸铜，所以要用重结晶法来提纯制得的硫酸铜。

3. 利用复分解反应制备

利用复分解反应制备无机物，如产物是难溶物或气体，则只需通过分离或收集气体即可得产物。若产物是可溶的，就要经蒸发、浓缩、结晶、分离等步骤后才能得到产物。如由硝酸钠和氯化钾制备硝

酸钾,这两种盐溶解、混合后,在溶液中有 4 种离子——K^+、Na^+、NO_3^-、Cl^-,由它们可组成 4 种盐。当温度改变时,它们的溶解度变化不同。利用这种差别,可在高温时除去氯化钠,滤液冷却后则得到硝酸钾。再用重结晶法提纯,可得到纯度较高的硝酸钾。

四、无机配合物的常用制备方法

一般说来,要制取配合物首先是寻找效果好的反应,其次是从反应混合物中分离出产物。

配合物的制备分为经典配合物(维尔纳型)和包括金属羰合物在内的金属有机配合物两大类。第一类一般具有盐的性质,易溶于水;第二类则通常是共价化合物,一般易溶于非极性溶剂,熔点、沸点低。

对于经典配合物,常用结晶方法进行分离,其技术有:① 蒸发除去溶剂,再用冰盐浴冷却反应混合物。② 缓慢加入与溶剂能互溶的另一种溶剂,以降低产物的溶解度。③ 如要得的配合物是配阳离子,加入与它生成难溶盐的合适阴离子使它分离出来。反之,若要分离出配阴离子,则加入适当的阳离子。常用的配合物制备反应有:取代反应、氧化还原反应等。

1. 取代反应

(1) 水溶液中取代

这是迄今为止最常用的方法之一。例如$[Cu(NH_3)_4]SO_4$ 可以用 $CuSO_4$ 水溶液与过量的 NH_3 水反应:

$$\underset{\text{浅蓝}}{[Cu(H_2O)_4]^{2+}} + 4NH_3(aq) = \underset{\text{深蓝}}{[Cu(NH_3)_4]^{2+}} + 4H_2O$$

然后在反应混合液中加入乙醇或丙酮等有机溶剂,深蓝色的$[Cu(NH_3)_4]SO_4 \cdot H_2O$ 即可结晶析出。此法也适用于制备 Ni^{2+}、Co^{2+}、Zn^{2+} 等氨合物,但不适合制备 Fe^{3+}、Al^{3+}、Cr^{3+}、Ti^{4+} 等的氨合物。因为氨水中除存在与金属离子配合物的 NH_3 分子外,同时存在与金属离子结合的 OH^- 离子($NH_3 + H_2O \rightleftharpoons NH_4^+ + OH^-$),

OH^- 离子与这些金属离子会形成难溶的氢氧化物。

(2) 非水溶剂中取代

在非水溶剂中合成配合物，是近些年才使用的方法。氯化亚铁与液氨(沸点 240 K)反应后，使未配位的过量氨挥发，可得在室温下稳定的$[Fe(NH_3)_6]Cl_2$。若将 Fe^{2+} 与氨水反应，则主要生成氢氧化物沉淀。在水溶液中制备不到的$[Cu(NH_3)_6]Br_2$，同样可用溴化铜溶液与液氨来制备。另外还有：

$$CrCl_3(\text{无水}) + 6NH_3(l) \xlongequal{} [Cr(NH_3)_6]Cl_3$$

$$CrCl_3(\text{无水}) + 3en \xlongequal{\text{乙醚}} [Cr(en)_3]Cl_3$$

(3) 利用固相热反应

许多配合物在加热时可逐步失去配体。还有一些配合物，在失去配体的同时，外界的离子可以进入内界。例如 $CuSO_4 \cdot 5H_2O$ 的加热失水就是一例：

$$\underset{\text{蓝色}}{[Cu(H_2O)_4]SO_4 \cdot H_2O} \xlongequal{523\ K} \underset{\text{白色}}{CuSO_4} + 5H_2O\uparrow$$

通过控制加热温度，可用来制备其他方法难以制备的配合物。如将$[Cr(en)_3]Cl_3$ 加热至 483 K，可制得顺式$[Cr(en)_2Cl_2]Cl$。

2. 氧化还原反应

三价钴的配合物比二价钴配合物稳定，但在一般化合物中则相反。因此，制备三价钴配合物时，常用二价钴化合物为原料，通过氧化反应来制备三价钴的配合物，如橙色的$[Co(NH_3)_6]Cl_3$ 可如下获得：

$$2[Co(H_2O)_6]Cl_2 + 2NH_4Cl + 10NH_3 + H_2O_2 \xlongequal{\text{木炭}} 2[Co(NH_3)_6]Cl_3 + 14H_2O$$

此反应中木炭用做催化剂。

同样以过氧化氢为氧化剂，在草酸亚铁、草酸钾和草酸的水溶液中，可得到绿色的 $K_3[Fe(C_2O_4)_3]$。

五、特殊条件下的制备技术——无水无氧操作

对空气敏感物质的合成及操作方法是现代无机化学的重要实验技术，自然界存在的和人工合成的化合物中有许多对氧气和水是敏感的，像二茂铁、二茂镍等金属茂化合物、SiX_4 等卤化物和乙酸铬（Ⅱ）等配合物等。为了合成、分离、纯化和分析鉴定这类化合物，必须使用专门的无水无氧实验操作技术和操作系统。

1. 无水无氧操作系统

无水无氧操作系统由惰性气体纯化装置、真空泵及操作面板三个部分组成。

(1) 惰性气体纯化装置

无水无氧实验操作对惰性气体的要求很高（要求其无水、氧含量 $<5\times10^{-6}$），一般工业高纯氮气和氩气（含水、氧为 $1\times10^{-5}\sim5\times10^{-5}$）还不能使用，必须经过脱氧处理。

如合成二茂镍实验装置采用分子筛作为脱水用的干燥剂。新买来的分子筛必须经烘烤脱水活化后才能使用。烘烤温度不能超过600℃，以防止分子筛晶体结构破坏而失去吸附水的能力。一般在常压时于 550±10℃烘 2 h，或者在真空 $10^{-5}\sim10^{-6}$ kPa 时于 350±10℃烘烤。处理过的分子筛应冷却至 200℃时从炉中取出并放置在干燥器中备用。

脱氧的方法有两种：干法脱氧和湿法脱氧。常采用的是干法脱氧。干法脱氧剂有活性铜、镍催化剂，“401”脱氧剂等多种。如上海分子筛厂生产的银 X 型分子筛（商品名：201 净化剂）。它是一种以银交换的 X 型分子筛，其氧化型为：$(0.7Ag_2O+0.3Na_2O)$，Al_2O_3，2.5～3.0SiO_2。气体经脱氧后，氧含量低于 1×10^{-6}。该脱氧剂在室温就能脱氧，活化和再生也很方便。

无机化学实验室里使用的惰性气体纯化装置见图 5-1。氮气依次经过起泡器(1)、4A 分子筛脱水柱(3)、银分子筛脱氧柱(4)，再经

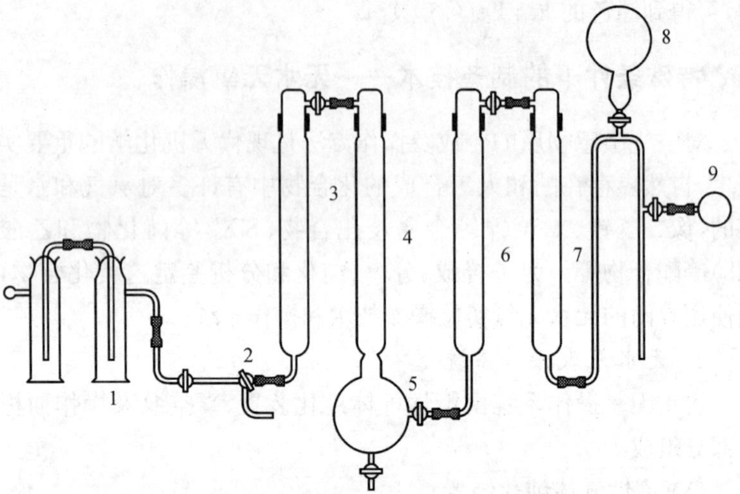

图 5-1　惰性气体纯化装置示意图

1—起泡器；2—三支两通活塞；3—4A 分子筛脱水柱；4—银分子筛脱氧柱；
5—废水贮器(银分子筛活化时用)；6—变色硅胶脱水柱；
7—4A 分子筛脱水柱；8—安全瓶；9—压力表

脱水柱(6)和(7)及一个 2 L 安全瓶后接到操作面板中双排管中的一路上。纯化装置中还有一个精密压力计用来指示装置中氮气的压力。

(2) 操作面板

操作面板(图 5-2)由双排管和三支两通活塞组成。双排管分别与气体纯化装置及真空泵相连接。通过与双排管跨接的三支两通活

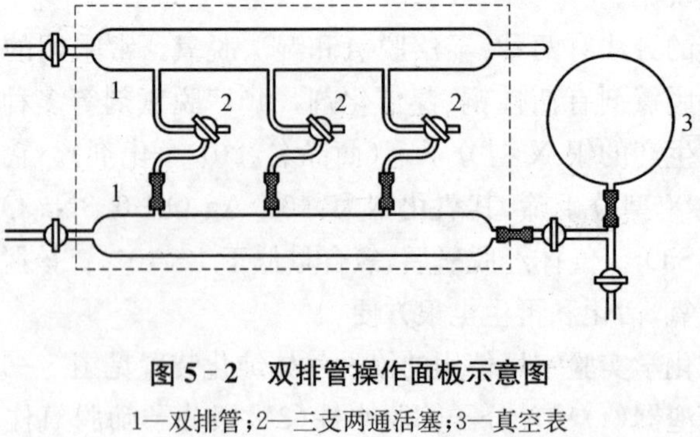

图 5-2　双排管操作面板示意图

1—双排管；2—三支两通活塞；3—真空表

塞，可随意使惰性气体气氛与真空相切换。

（3）使用步骤

① 开真空泵，关闭放空活塞，依次打开与双排管相接管中的各个活塞。

② 开氮气钢瓶（反时针拧松钢瓶顶部阀门），开氮气吸入器出口阀，并调节至适当的开启度。依次打开与双排管相接管路中的各个活塞。注意观察压力计刻度，系统中压力切勿超过 20 kPa（0.2 atm）。尤其在气流量调节得较大时更要随时观察。

③ 将操作面板上出口皮管与反应器相连接。根据需要把与皮管编号相对应的活塞旋至所需要的氮气或真空方向，则反应管被充氮或抽真空。观察装在操作系统上的真空表和压力表，此时表头读数将反映瓶中的压力。

④ 使用完毕后，将操作面板上的活塞置于两不通的位置。关氮气吸入器出口阀，关紧钢瓶，系统中压力不大于 20 kPa 时，不必放空。关闭真空管路中与安全瓶相通的活塞，开放空活塞，切断真空泵电源。

2. 无水无氧操作的要求

由于无水无氧操作的主要对象是对空气敏感物质，这步操作正确与否是实验成败的关键，稍有疏忽就会前功尽弃。因此对操作者提出如下特别严格的要求：

（1）实验前必须作出全盘周密的计划。无氧操作比一般实验常规操作机动灵活性小，因此实验前必须考虑好每一步实验的具体操作、使用的仪器、加料次序、后处理的方法等等。所有的仪器应事先洗净烘干，所需的试剂、溶剂应经无水无氧处理。

（2）操作中必须严格认真、一丝不苟、动作迅速、操作正确，做到先动脑、后动手。

（3）由于许多反应的中间体不稳定，不少化合物在溶液中比固态时更不稳定，因此无水无氧操作往往需要连续进行，直到拿到较稳定的产物或把不稳定产物贮存好为止。操作时间较长，工作比较艰苦，有的操作需两人合作方能进行，故操作者之间还应互相协作、互相支持，共同完成实验。

5-1 实验十八 硫酸亚铁铵的制备

一、实验目的

1. 制备复盐硫酸亚铁铵，了解复盐的一般特征。

2. 熟练掌握水浴加热、溶解、过滤、蒸发和结晶等基本操作。

二、实验提要

硫酸亚铁铵{$(NH_4)_2SO_4 \cdot FeSO_4 \cdot 6H_2O$}，商品名称为摩尔盐，是浅绿色单斜晶体。它易溶于水而难溶于乙醇，在空气中不易被氧化，比硫酸亚铁稳定，因此在定量分析中常用来配制亚铁离子的标准溶液。

硫酸亚铁铵和其他复盐一样，在水中的溶解度要比组成它的每一个组分[$FeSO_4$ 或$(NH_4)_2SO_4$]的溶解度都要小，因此我们很容易从浓的 $FeSO_4$ 和$(NH_4)_2SO_4$混合溶液中制得结晶状的摩尔盐。硫酸铵、硫酸亚铁和硫酸亚铁铵的溶解度数据列于表 5-1。

表 5-1 三种盐的溶解度数据(单位:g/100 g H_2O)

温度(℃)	0	10	20	30	40
$FeSO_4 \cdot 7H_2O$	15.65	20.51	26.50	32.90	40.20
$(NH_4)_2SO_4$	70.60	73.00	75.40	78.00	81.00
$(NH_4)_2SO_4 \cdot FeSO_4 \cdot 6H_2O$	—	12.50	19.30	26.10	33.00

本实验是先将金属铁溶于稀硫酸得到浅绿色的硫酸亚铁溶液：

$$Fe + H_2SO_4 = FeSO_4 + H_2\uparrow$$

然后往硫酸亚铁溶液中加入等物质的量的硫酸铵，使之全部溶解，加热浓缩，放置冷却就得到硫酸亚铁铵复盐。

$$FeSO_4 + (NH_4)_2SO_4 + 6H_2O = (NH_4)_2SO_4 \cdot FeSO_4 \cdot 6H_2O$$

在制备过程中，为了使 Fe^{2+} 不被氧化和水解，溶液需保持足够的酸度。

三、实验流程图

四、实验用品

仪器、用品：托盘天平，锥形瓶（150 mL），烧杯（100 mL，400 mL），水浴锅，量筒（100 mL 和 10 mL），三角漏斗、漏斗架，蒸发皿，布氏漏斗，吸滤瓶，表面皿，玻璃棒，滤纸。

试剂、材料：H_2SO_4（3 mol · L^{-1}），铁屑，Na_2CO_3（10%），$(NH_4)_2SO_4$（固），乙醇（95%）。

五、实验内容

1. 铁屑的净化

从工厂取来的铁屑上附有许多油污，可用碱煮的方法除去。在托盘天平上称取 2 g 铁屑。放于锥形瓶中，加入 20 mL 10% Na_2CO_3 溶液，小火加热约 10 min，用倾析法除去碱液，用水将铁屑洗净。

2. 硫酸亚铁的制备

往盛有铁屑的锥形瓶中加入 15 mL 3 mol · L^{-1} H_2SO_4 溶液，水浴加热至几乎不再产生气泡。期间，经常取出，摇动锥形瓶以加速反应。反应后期补充蒸发掉的水分以保持溶液原有体积，避免硫酸亚铁析出。（注：如果是生铁的铁屑，本反应操作必须在通风橱中进行。）然后加入 1.0 mL 3 mol · L^{-1} H_2SO_4（加酸的目的是什么?），趁热减压过滤，滤液转移到蒸发皿中。将留在锥形瓶内和滤纸上的残渣收集在一起用滤纸吸干后称量，由已作用的 Fe 屑质量算出溶液中 $FeSO_4$ 的量。

3. 硫酸亚铁铵的制备

根据溶液中 $FeSO_4$ 的量，按反应方程式计算并在托盘天平上称取所需的化学纯固体 $(NH_4)_2SO_4$ 的量（考虑到 $FeSO_4$ 在过滤等操作中的损失 $(NH_4)_2SO_4$ 用量可按生成 $FeSO_4$ 理论产量的 80%计算），加到上述硫酸亚铁溶液中。水浴加热，搅拌，使硫酸铵全部溶解。继续水浴蒸发，浓缩至表面出现晶膜为止。放置冷却，即得硫酸亚铁铵晶体。减压过滤除去母液，用少量乙醇洗涤晶体两次，抽滤，取出晶体放在表面皿上晾干。观察晶体的形状和颜色。称重并计算产率。

思考题

1. 溶解铁屑时，为什么硫酸要略微过量？若硫酸量不足，可能会有什么后果？

2. 本实验中为什么要选用水浴加热？如果用烧杯代替水浴锅，怎样选用烧杯的大小？

3. 浓缩硫酸亚铁铵溶液时，能否把溶液蒸干？若把溶液蒸干，将会有什么样的结果？

4. 减压过滤的操作步骤有哪些？它们的先后顺序是怎样的？

5. 在计算硫酸亚铁铵的产率时，是根据铁的用量还是根据硫酸铵的用量？

5-2 实验十九 从硼镁泥制取七水硫酸镁

一、实验目的

1. 了解利用工业废料硼镁泥制备硫酸镁的实验原理。

2. 巩固减压过滤、浓缩蒸发、冷却结晶等基本操作。

二、实验提要

硼砂厂以硼镁矿为原料，生产硼砂与硼酸。其主要生产过程是将硼镁矿灼烧、粉碎，再加水和纯碱，在加热加压的条件下通入 CO_2

$$2MgO \cdot B_2O_3 + Na_2CO_3 + CO_2 = Na_2B_4O_7 + 2MgCO_3 \downarrow$$

固体分离后，其废渣（俗称硼镁矿渣或硼镁泥）的主要成分为 $MgCO_3$，此外还有其他杂质。硼镁泥的组成大致如下：

MgO	CaO	MnO	Fe_2O_3	Al_2O_3	B_2O_3	SiO_2
30%～40%	2%～3%	1%	5%～15%	1%～2%	1%～2%	20%～25%

由此可见，硼镁泥中含镁量最多，如果以此制成硫酸镁，可用于印染、造纸和医药等工业。本实验就是利用工厂下脚料硼镁泥，从中提取七水硫酸镁 $Mg_2SO_4 \cdot 7H_2O$。

从硼镁泥制取七水硫酸镁，主要有下列步骤：

1. 酸解

加硫酸于硼镁泥中，首先分解的是碳酸盐

$$MgCO_3 + H_2SO_4 = MgSO_4 + CO_2 \uparrow + H_2O$$

Fe_2O_3、Al_2O_3、MnO 等氧化物也可生成可溶性硫酸盐。为了使硼镁泥酸解完全，加入硫酸的量应控制在反应后料浆的 pH 值为 1 左右。

2. 氧化和水解

为了除去 Fe^{3+}、Fe^{2+}、Mn^{2+}、Al^{3+} 等杂质离子，可加入少量硼镁泥于料浆中，调节溶液的 pH 至 5～6，再加入氧化剂次氯酸钠，加热促使水解完全，在这过程中发生下列反应：

$$Mn^{2+} + ClO^- + H_2O = MnO_2 \downarrow + 2H^+ + Cl^-$$

$$2Fe^{2+} + ClO^{-} + 5H_2O = 2Fe(OH)_3 \downarrow + 4H^{+} + Cl^{-}$$

$$Fe^{3+} + 3H_2O = Fe(OH)_3 \downarrow + 3H^{+}$$

$$Al^{3+} + 3H_2O = Al(OH)_3 \downarrow + 3H^{+}$$

水解生成的 H^+ 继续分解所加入的硼镁泥，使水解反应进行完全。

3. 除钙

沉淀过滤以后，滤液中除了 $MgSO_4$ 以外还有 $CaSO_4$，温度升高时，$CaSO_4$ 的溶解度减小，溶液适当浓缩后，趁热过滤，除去 $CaSO_4$，将滤液继续蒸发，浓缩，结晶，冷却，可得到纯度较高的 $MgSO_4 \cdot 7H_2O$ 晶体。

三、实验流程图

酸解 → 氧化和水解 → 除钙 → 蒸发浓缩，结晶 → 称重，计算得率

四、实验用品

仪器、用品：布氏漏斗，抽滤瓶，烧杯(250 mL，100 mL)，托盘天平，试管，玻璃棒。

试剂、材料：H_2SO_4($1\ mol \cdot L^{-1}$)，H_2SO_4(浓，工业用)，NaClO 溶液(工业用，含 12%～15%有效氯)，KCNS($0.1\ mol \cdot L^{-1}$)，H_2O_2(3%)，pH 试纸，滤纸。

五、实验内容

1. 酸解

称取相当于干重 10 g 硼镁泥，放入 250 mL 烧杯中，加水搅拌成浆，将浓硫酸缓慢滴加于料浆中，小火加热，并不断地搅拌，待反应中大部分气体放出后，微沸 10 min，检验料浆 pH 值是否达到 1 左右，如果尚未达到，则继续滴加 H_2SO_4 直至 pH ≈ 1 为止(小心！H_2SO_4

不能过量)。

2. 氧化和水解

分批添加少量硼镁泥,调节料浆的 pH 值为 5~6(注意:后加入的硼镁泥也需要计量,以便计算 $Mg_2SO_4 \cdot 7H_2O$ 的得率)。继续加热,如果由于溶液的蒸发而使溶液变稠,可以加入适量的水,使溶液始终保持在 100~150 mL 左右,当溶液的 pH 值为 5~6 时,加入 2~3 mL 次氯酸钠溶液,加热煮沸,促使水解完全,然后抽滤,用少量热的去离子水洗涤沉淀。取出滤液数滴于试管中,用 H_2SO_4 酸化,加入数滴 3% H_2O_2,加热煮沸 1~2 min,滴加 0.1 $mol \cdot L^{-1}$ KCNS,检验 Fe^{3+},如果溶液为无色(或微红色),则可认为 Fe^{3+} 已除尽,若溶液为深红色,必须在滤液中再加入次氯酸钠,调节 pH=5~6,使 $Fe(OH)_3$ 沉淀完全,重新过滤。

3. 除钙,蒸发浓缩,结晶

将滤液倒入 250 mL 烧杯中,加热蒸发溶液至出现 $CaSO_4$ 白色浑浊,趁热过滤,除去 $CaSO_4$,将滤液转移到蒸发皿中,蒸发浓缩至稀粥状的稠液为止(注意:加热时,火不能太大,并不断地搅拌,以免沸腾过于激烈而使溶液溅出),将溶液冷却,使其结晶,待溶液完全冷却结晶后,抽滤,抽干后称重。

根据教师发给学生硼镁泥的重量和告知硼镁泥中 MgO 的含量,计算 $Mg_2SO_4 \cdot 7H_2O$ 的得率。

思考题

1. 在本实验中,教师发给每个学生一定量的硼镁泥,为了获得七水硫酸镁尽可能高的得率,学生应将发下的硼镁泥全部用完,为此,学生应如何处理实验?试将有关处理步骤加以说明。

2. 用硫酸酸解硼镁泥时,pH 值应控制在 1 左右,但酸解后,为什么又要用少量硼镁泥调节 pH 值至 5~6?

3. 除去杂质 Mn^{2+}、Fe^{2+} 时为什么要将它们氧化?如果只控制溶液 pH 值使其水解成 $Mn(OH)_2$、$Fe(OH)_2$ 沉淀是否可以？为什么？

4. 在本实验中为什么要用 NaClO 为氧化剂？能否用 $KMnO_4$ 或 H_2O_2 氧化，为什么？

5. 如果控制溶液的 $pH = 6$，留在溶液中的 Fe^{3+}、Al^{3+} 离子浓度各为多少？

6. 查阅有关硫酸镁和硫酸钙的溶解度数据，说明为何在硫酸钙、镁分离时要用热过滤？并由此解释为何蒸发、浓缩、过滤后的硫酸镁溶液要蒸发、浓缩至稀粥状的稠液时方能停止加热？

5-3 实验二十 由含银废液制取金属银

一、实验目的

1. 了解从废定影液中回收金属银的原理。
2. 巩固无机实验中煤气灯的使用、称量、减压抽滤等基本操作。

二、实验提要

照相底片上的感光材料是溴化银，在定影时未感光的溴化银被定影液中的硫代硫酸钠（大苏打）溶解，以 $Na_3[Ag(S_2O_3)_2]$（或以 $Na_2S_2O_3 \cdot NaAgS_2O_3$）的形式存在。

从废定影液中回收金属银的方法有多种，本实验采用的是沉淀法。加入适当的沉淀剂[如 Na_2S 或 $(NH_4)_2S$]使 $Na_3[Ag(S_2O_3)_2]$ 转化为 $K_{sp}^{\ominus}$ 很小的 Ag_2S 沉淀，再经过高温灼烧等方法制取氧化银或金属银。

$$2Na_3[Ag(S_2O_3)_2] + Na_2S = 4Na_2S_2O_3 + Ag_2S\downarrow$$

将黑色的硫化银沉淀置于蒸发皿中，用氧化焰灼烧，经过一系列的反应而生成银的熔融液，以上变化可用下列反应式表示：

$$Ag_2S + O_2 \xrightarrow{1\,200℃} 2Ag + SO_2\uparrow$$

若灼烧时温度达不到 1 000℃以上，则生成的是灰色的氧化银

$$2Ag_2S + 3O_2 \xrightarrow{\Delta} 2Ag_2O + 2SO_2\uparrow$$

本实验的废银原料来自废定影液 $Na_3[Ag(S_2O_3)_2]$，显弱碱性，不能碰到酸，否则会析出大量的硫混在沉淀中。反应如下：

$$Na_3[Ag(S_2O_3)_2] + 4HCl = 3NaCl + AgCl\downarrow + 2S\downarrow + 2SO_2\uparrow + 2H_2O$$

为了检验 Ag_2S 沉淀是否完全，可取少量溶液经离心沉降后往清液中滴加 Na_2S 溶液，检查是否还有黑色沉淀产生。

三、实验流程图

四、实验用品

仪器、用品：烧杯(400 mL)，煤气灯，布氏漏斗，抽滤瓶，抽滤泵，洗瓶，有柄蒸发皿(或坩埚)，离心机，离心试管，玻璃棒，滴管，分析天平，磁铁，无灰定量滤纸。

试剂、材料：Na_2S (1 mol·L^{-1})，HCl(2 mol·L^{-1})，废定影液，铁屑。

五、实验内容

量取约 200 mL 废定影液，置于 400 mL 烧杯中，滴加 1 mol·L^{-1} Na_2S 溶液时，边加热边搅拌，直至不再出现黑色 Ag_2S 沉淀为止。再加热 5～10 min，冷却静止，用倾析法倾去上层清液，将沉淀转移至布氏漏斗中，减压抽滤，然后用去离子水洗涤沉淀至中性(如何检验?)，将沉淀连同滤纸一起放入有柄蒸发皿(或坩埚)中，在石棉网

上用小火将沉淀烘干，然后在煤气灯上用大火直接高温灼烧(温度至1 000℃以上时产品为Ag，温度至1 000℃以下时产品为Ag_2O)。待产品冷却至室温，用分析天平称重，记录回收的产品重量。

若灼烧温度达不到1 200℃时，可取出Ag_2S沉淀，用铁在过量的盐酸存在下把银置换出来。

$$Ag_2S + 2HCl + Fe \longrightarrow 2Ag\downarrow + FeCl_2 + H_2S\uparrow$$

漂洗除去Fe^{2+}后，即得到粗银。具体步骤如下：

① 漂洗：用热水反复漂洗Ag_2S沉淀，直至检验不出硫代硫酸根为止。

② 置换：把Ag_2S移至400 mL烧杯中，加入2 mol·L^{-1} HCl约200 mL及无锈的铁屑，加热近沸（必要时加入适量的盐酸），直到溶液中无黑色的小颗粒，沉淀转化成灰白色粗银为止。

③ 除铁：取出剩余的大颗粒铁屑，倾去废液，用磁铁吸去小颗粒铁屑，再适量地加入2 mol·L^{-1}盐酸，加热近沸，让剩余的铁反应完全。

④ 干燥：用热去离子水反复漂洗粗银，直到检不出Cl^-为止，过滤，在373 K烘箱中干燥，即得粉末状粗银。

⑤ 熔炼：把灰色粉末状银粉置于硬炭或石灰石的凹孔中，用吹管火焰将其熔化成银珠。

思考题

1. 本实验的沉淀剂为什么采用Na_2S而不采用NaCl?

2. 试样加Na_2S沉淀过程中为什么要加热?

3. 为什么Ag_2S沉淀必须再三漂洗? 若$Na_2S_2O_3$未洗干净，对后面的操作有何影响? 如何检验$S_2O_3^{2-}$的存在?

4. 若废银原料来自电镀废液等酸性溶液，则选用哪种沉淀剂为好?

5-4　实验二十一　三氯化铁的提纯

一、实验目的

通过无水三氯化铁的升华提纯，练习无水条件下提纯无机物的基本操作。

二、实验提要

升华法是提纯无机物的方法之一。无水三氯化铁系棕黑色六方晶系六角形薄片，熔点 306℃。沸点 315℃。无水物的结晶在反射光下呈暗绿色，而在透射光下为紫红色。在较熔点略低的温度下可使之升华呈紫黑色尘烟。通过测定其蒸气密度可知在 440℃时为二聚体，高于 750℃时为单体，但高于此温度时将发生放氯反应。本品具有潮解性，在空气中极易潮解形成黄色的六水合物 $FeCl_3 \cdot 6H_2O$（熔点 37℃，沸点 280℃），故处理时应在干燥箱中进行。

三氯化铁可溶于醇类、醚类、酮类和吡啶等有机溶剂，无水物可用作芳香化合物的氢化和氯化的催化剂，有机合成的氧化剂等。

本实验是在干燥氮气流保持下，于 300～400℃温度区内升华提纯三氯化铁。

本实验注意事项：(1) 本实验系无水操作反应，容器应预先干燥。(2) 三氯化铁高温会分解，故提纯区温度要控制好，不宜太高。(3) 提纯后的三氯化铁如需要转移至其他容器时，操作要在"干燥箱"内进行。(4) 完成本实验需用 4 小时左右时间。

三、实验流程图

搭好装置 → 称量、加料 → 通气、升温、提纯

四、实验用品

仪器、用品：管式电炉，调压器，瓷坩埚，氮气钢瓶，三口烧瓶（2只），温度计（500℃）。

试剂、材料：粗制三氯化铁。

五、实验内容

按（图 5－3）装好提纯三氯化铁的装置。迅速在两个约 20 mL 的小瓷坩埚中装入重量约 50 g 的工业品三氯化铁，将小坩埚推入管式炉中玻璃管内的中部，塞好带有两个支管的橡皮塞，插入最高使用温度为 500℃的温度计，通入干燥纯净的氮气检查出口处有气体逸出时，即可接通管式炉进行加热。随着温度升高，开始有黄色氯化铁水合物烟雾逸出，并凝结在三颈瓶壁上，待黄烟冒尽后（约 300℃），重新换新的三颈瓶（避免产物不纯）。至温度达到 350℃时，即有大量紫色纯净三氯化铁尘烟逸出，并凝聚在管式炉出口处和三颈瓶中。用调压器控制温度在 300～400℃之间，使三氯化铁渐渐逸出，并时而轻轻敲击管口（可用洗耳球敲击），使壁上的三氯化铁落至三颈瓶中，以免造成堵塞。待尘烟基本上不再逸出后，即可停止加热并关上氮气源，取下三颈瓶，立刻用塞子把瓶口塞紧。称量并计算产量（提纯前，应预先称好颈瓶和塞子的质量）。

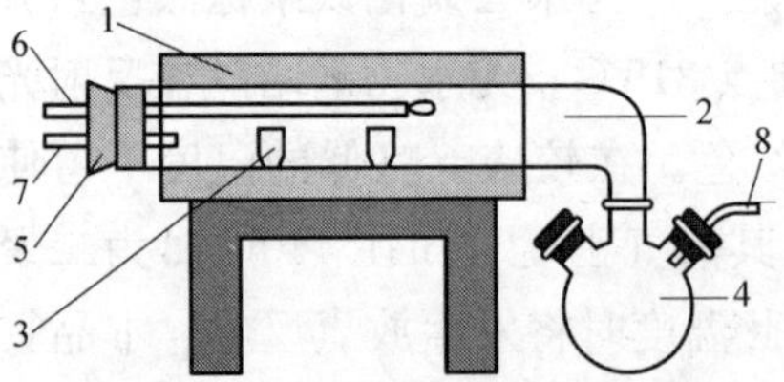

图 5－3　三氯化铁提纯的装置

1—管式炉（长约 30 cm）；2—玻璃管；3—小瓷坩埚；4—250 mL 三颈瓶；5—橡皮塞；6—温度计插口；7—氮气流进口处；8—出气口

思考题

1. 取少量提纯样品，观察三氯化铁在空气中潮解性能，并叙述这个变化。

2. 在实验中,如何以铁粉或铁丝为原料制取无水三氯化铁?并画出装置图。

5－5　实验二十二　四氯化锡的制备(微型实验)

一、实验目的

1. 了解无水 $SnCl_4$ 的特性,掌握制备无水 $SnCl_4$ 的原理和方法。

2. 掌握实验室制备及净化氯气的方法和操作。

二、实验原理

熔融的金属锡(熔点 231℃)在 300℃左右,能直接和氯气反应生成四氯化锡

$$Sn + 2Cl_2 \xlongequal{\triangle} SnCl_4$$

制得的 $SnCl_4$ 由于溶有 Cl_2 而呈黄绿色(纯品为无色液体,熔点－36℃,沸点 114℃)。

由于 Sn^{4+} 具有强极化力,$SnCl_4$ 基本上属于共价型化合物。$SnCl_4$ 易水解,在空气中易与水蒸气反应产生 HCl 气而冒白雾,同时生成 α-锡酸

$$SnCl_4 + (x+2)H_2O \xlongequal{\quad} SnO_2 \cdot xH_2O + 4HCl$$

因此,制备无水 $SnCl_4$ 必须在无水体系中进行,使用的容器必须绝对干燥,与大气相通的部分必须连接干燥装置。

三、实验流程图

搭好装置 → 加料、制备$SnCl_4$ → 产品检验

四、实验用品

仪器、用品：具支试管(18 mm × 150 mm)，注射器(10 mL)，烧杯(200 mL)，酒精灯等。

试剂、材料：$KMnO_4$(s)，Sn 粒，HCl(浓)，H_2SO_4(浓)，NaOH(饱和)。

五、实验内容

1. $SnCl_4$ 的制备

在注射器中装入 5 mL 浓 HCl，按图 5-4 将干燥的仪器连接好。检验整个装置系统是否漏气(如何检验?)，确认系统不漏气后，在制 Cl_2 管(2 号具支试管)中加入 3 g $KMnO_4$，反应管中加入 0.5 g 锡粒，使氯气导管几乎接触到金属锡。

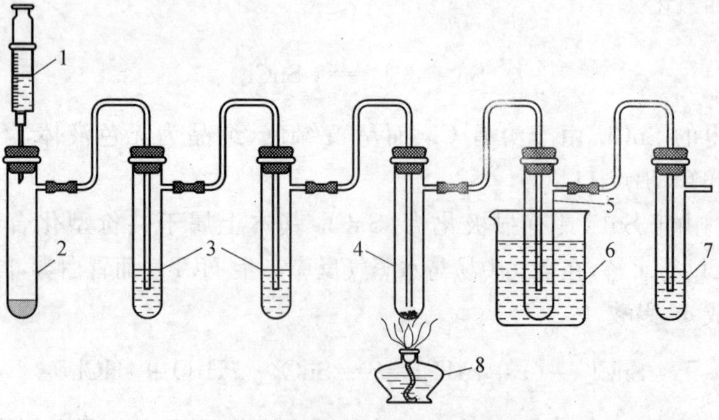

图 5-4 $SnCl_4$ 的制备装置示意图

1—注射器(内装浓 HCl)；2—制氯管(内装固体 $KMnO_4$)；3—洗气管(内装 H_2SO_4)；4—反应管(内装 Sn 粒)；5—产物接收管；6—冷却杯(内装冰水)；7—尾气吸收管(内装饱和 NaOH)；8—酒精灯

将浓 HCl 缓慢滴入 $KMnO_4$ 中，均匀地产生氯气并使其充满全部装置，借以排除装置中的空气和少量水分。然后加热锡粒，使其融化，溶化的锡与氯气发生反应而燃烧。慢慢滴加浓 HCl，控制氯气的流速，气流不宜太大。生成的 $SnCl_4$ 蒸气经冷阱冷却，成为液体储存于接收管内，未反应的氯气由饱和的 NaOH 溶液吸收。

待锡粒完全反应后，停止加热，取下接收管，迅速盖好，称量并计算产率。同时，停止滴加 HCl，剩余的少量氯气用 NaOH 吸收。

2. 四氯化锡的性质

(1) 定性验证产品为 $SnCl_4$ 而非 $SnCl_2$。

(2) 验证 $SnCl_4$ 的氧化性、水解性。

思考题

1. 制备易水解的物质，操作时应特别注意什么问题？
2. 反应前，如不排净系统中的空气和水分对实验有何影响？
3. 本实验中如何防止 $SnCl_2$ 产生？

5-6　实验二十三　无水三氯化铬的制备

一、实验目的

1. 通过无水三氯化铬的制备，学习高温气固相反应合成化合物的实验方法。
2. 熟悉管式炉、温度控制器及气体钢瓶的使用。
3. 了解无水过渡金属氯化物制备的一般方法。

二、实验提要

过渡金属氯化物从水溶液中结晶时都会带有结晶水或配位水分子，它们与水分子亲和力很强。如直接加热脱水又会使氯化物产生水解，因此不能用这种方法制备它们的无水氯化物。制备无水氯化物常有以下两种方法：

(1) 水合氯化物在干燥的 HCl 气氛下加热脱水(防止水解)以制

得纯净无水氯化物。

利用对水分子具有更强亲和力的物质与水合氯化物反应，夺取其中的水，以制取相应的无水氯化物。如利用氯化亚砜与水合三氯化铁共热制取无水三氯化铁。

$$FeCl_3 \cdot 6H_2O + 6SOCl_2 \xrightarrow{\triangle} FeCl_3 + 12HCl\uparrow + 6SO_2\uparrow$$

(2) 高价金属氯化物的还原或热分解。

金属或金属氧化物与氯化剂（Cl_2，HCl，CCl_4）作用制备无水氯化物。

$$ZrO_2 + 2Cl_2 + 2C \xrightarrow{\triangle} ZrCl_4 + 2CO\uparrow$$

本实验就是利用三氧化二铬与氯化剂四氯化碳在高温、惰性气氛（氮气）的条件下反应，制得无水三氯化铬。

$$Cr_2O_3 + 3CCl_4 \xrightarrow{\triangle} 2CrCl_3 + 3COCl_2 \qquad (5-1)$$

但反应的同时也有二氯化铬生成。

$$Cr_2O_3 + 3/2CCl_4 \xrightarrow{\triangle} 2CrCl_2 + 3/2CO_2 + Cl_2\uparrow \qquad (5-2)$$

为了减少二氯化铬的生成，我们进行热力学、动力学分析：反应(5-1)与反应(5-2)的 $\Delta_r G_m$ 都为负值，均为自发反应。反应(5-1)与反应(5-2)的$\Delta_r S_m$ 也都为正值，且 $\Delta S_2 > \Delta S_1$。根据吉布斯公式

$$\Delta_r G_m = \Delta_r H_m - T\Delta_r S_m$$

增高温度虽然 ΔG_1、ΔG_2 的负值都将增大，但是 ΔG_2 负值的增大趋势要大于 ΔG_1 负值增大趋势，所以升高温度有利于反应(2)的进行，生成二氯化铬的趋势增大，因此反应温度不能过高。如果温度太低，反应速度将变得很慢，也不利于三氯化铬的合成。综合热力学、动力学两方面考虑，反应温度控制在 750℃附近为宜。

本实验所采用的高温气—固相反应是应用非常广泛的一种合成

方法。其操作一般是将固体原料放在耐高温的惰性容器（如瓷舟等）中，再将容器放入耐高温的陶瓷管或石英管中，反应管用管式电炉加热，并通入经过净化、干燥的反应气体，使之与管内的固体物料进行反应。反应管后常安装吸收气体装置，吸收没有参与反应或者反应生成的有害气体，同时也可以防止产品吸收空气。

三、实验流程图

四、实验用品

仪器、用品：管式电炉，调压变压器，氮气钢瓶，减压阀，洗气瓶，三口瓶，电热套，石英管，电热烘箱，烧杯，白瓷板，布氏漏斗，吸滤瓶等。

试剂、材料：$(NH_4)_2Cr_2O_7$，CCl_4 等。

五、实验内容

1. Cr_2O_3 的制备

称取$(NH_4)_2Cr_2O_7$ 2.5 g 堆放在白瓷板上，将玻璃棒的一端用煤气灯加热后去接触$(NH_4)_2Cr_2O_7$，引发它进行分解反应。待全部反应后，冷却，转移到烧杯中，用去离子水多次浸泡、洗涤（倾泻法）以除去可溶性杂质，直至洗涤后的溶液变为无色。减压过滤，将所得Cr_2O_3 转移到蒸发皿中，放入 110℃的烘箱中烘干备用。

2. 无水三氯化铬的制备

装入反应物，安装设备：称取备用的 Cr_2O_3 1.5 g，将其装入透明的石英反应管中部（可用形状如剖开一半的纸桶装入），再把反应管插入管式炉中。量取 CCl_4 100 mL 倒入三口瓶中。按照图 5-5 安装好仪器设备（最好安装在通风柜中，没有条件的也要将废气排放管引

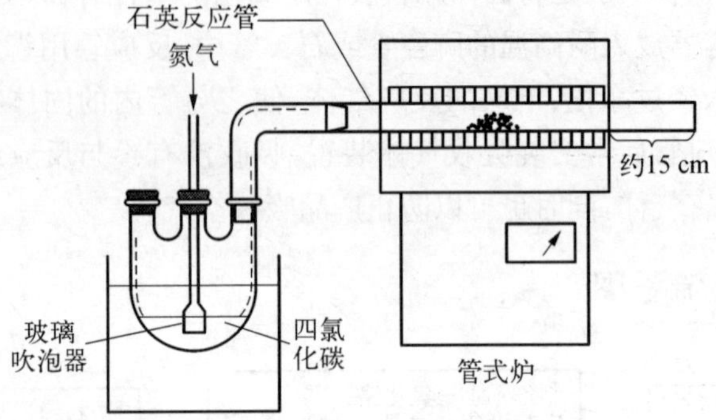

图 5-5　实验装置示意图

出室外)。

开启氮气钢瓶:逆时针方向慢慢打开钢瓶阀门,高压表指示出钢瓶内气体的压力,顺时针方向转动减压阀手柄慢慢打开减压阀阀门,控制浓硫酸洗气瓶液面不断冒出小气泡(可连接气体流量计控制氮气流量维持在 0.2 L·min^{-1})。稳定后方可连接到反应系统中。

试漏:塞紧所有的塞子,插紧连接的橡皮管。可以在连接处涂抹肥皂水等,在通氮气时检查是否漏气。

升温、反应:用石棉绳将试管炉两端的炉口及热电偶孔封严,以提高加热效率。将管式炉控制器的加热设定温度调到 750℃,将调压变压器调到 220 V,开始给管式炉升温。当温度接近 400℃时,电热套开始加热(以 100 V 给 CCl_4 升温),控制 CCl_4 温度在 60～70℃(以 30～40 V 给 CCl_4 保温)。当炉温升至 700℃时将调压变压器调到 120 V,慢慢给管式炉升温至 750℃。控制器自动保温,氯化反应继续 2 h。

终止反应:2 h 后,停止加热 CCl_4 并关上管式炉控制器的电源,继续通入氮气。待炉温降至接近室温时,关闭氮气钢瓶(先关上钢瓶的主阀门,待表压降为零后,再逆时针方向转动松开减压阀手柄,关闭减压阀)。拿出电热偶,拨开石英管两端的塞子抽出石英管,倒出紫色鳞片状的产品。

称量、计算产率。

5-7 Experiment 24 Purification of Copper Sulfate

Purpose

1. To learn the purification method of copper sulfate.

2. To understand the principle and operation procedure of recrystallization.

3. To reinforce the basic operation techniques of filtration, evaporation and crystallization.

Principle

Crude copper sulfate contains insoluble and soluble impurities. Insoluble impurities can be removed by filtration. Soluble impurities are mainly composed of $FeSO_4$ and $Fe_2(SO_4)_3$. A general method for removing the iron salts is to oxidize the Fe^{2+} to Fe^{3+} with hydrogen peroxide, followed by adjusting the pH of the solution to 4. Upon heating, Fe^{3+} is hydrolyzed to $Fe(OH)_3$ precipitates which can be removed by filtration. The related reactions are described as follows:

$$2FeSO_4 + H_2SO_4 + H_2O_2 = Fe_2(SO_4)_3 + 2H_2O$$

$$Fe^{3+} + 3H_2O \xrightarrow[\Delta]{pH=4} Fe(OH)_3 + 3H^+$$

Evaporation of the resultant copper sulfate solution, followed by slow cooling leads to blue crystals of $CuSO_4 \cdot 5H_2O$. Trace amount of other soluble impurities remaining in the mother liquor and can be separated from $CuSO_4 \cdot 5H_2O$ by filtration.

Apparatus, reagents and materials

1 apparatus

Platform balance, mortar, funnel, büchner funnel (20 mm), suction bottle (10 mL), dropper, evaporating disk, beaker (50mL), glass rods, alcohol lamp and wire gauze with asbestos etc..

2 reagents

Acids: HCl (2.0 mol · L^{-1}), H_2SO_4 (1.0 mol · L^{-1})

Bases: NaOH (2.0 mol · L^{-1}), $NH_3 \cdot H_2O$ (2.0 mol · L^{-1}, 6.0 mol · L^{-1})

Salts: crude copper sulfate, KSCN (1.0 mol · L^{-1})

Others: H_2O_2 (3%)

3 materials

pH test strips, filter paper

Procedures

1. Purification of crude copper sulfate

① Weight 4 grams of crude copper sulfate crystals on a platform balance, then grinded the sample into powder in a mortar. Meanwhile, a second sample (0.5 g) is weighted as a control for comparison samples before and after purification.

② Load the crude sample (4g) into a 50 mL beaker followed by addition 10 mL of water. Warm the mixture until all solid dissolved. Then, ten drops of 3% H_2O_2 are added with continuous stirring. After the pH value of the solution is adjusted to about 4 by addition of 2.0 mol · L^{-1} NaOH (pH values are tested by tipping the solution with a glass rod and sampling on a pH test strip), the solution is heated for few minutes and remain standing until $Fe(OH)_3$ precipitates. The precipitate is filtered through a funnel and the filtrate is collected and transferred into a clean evaporating dish. Rinse the beaker and the glass rod by small amount of water using a squash bottle, and the aqueous solution are combined into the evaporating dish.

③ Add 1~2 drops of 1.0 mol · L^{-1} H_2SO_4 into the filtrate to adjust the pH to 1~2, then the filtrate is evaporated on wire gauze with asbestos (**caution**: Heat gently to avoid loss of liquid due to splash). Stop heating when a thin layer of crystal appears on the surface of the solution.

④ Cool the dish to room temperature to crystallize $CuSO_4 \cdot 5H_2O$. The crystals are filtrated by büchner funnel under reduced pressure and dried as much as possible. A clean glass rod can be used to press the crystals in büchner funnel to remove the mother liquor trapped in the crystals.

⑤ After filtration, the crystals are collected, wrapped with filter paper to absorb the remaining water. The mother liquor in the suction bottle is poured into a waste bottle.

⑥ The product is weighted on the platform balance and the yield is calculated.

2. Test of the purity of copper sulfate

① 0.5 g crude copper sulfate is dissolved in 5 mL distilled water. The solution is then acidified by ten drops of 1.0 mol · L^{-1} H_2SO_4. 1 mL H_2O_2 is added and the resulting solution is heated to boil for a few minutes to enable all Fe^{2+} convert to Fe^{3+}.

② After cooling, 6.0 mol · L^{-1} $NH_3 \cdot H_2O$ solution is added dropwisely into the above solution with stirring until the precipitate of copper salts dissolves completely giving a navy blue solution. At this point, Fe^{3+} is converted to $Fe(OH)_3$ precipitate, and $Cu2^{+}$ is transformed to $[Cu(NH_3)_4]^{2+}$ coordination ion.

$$Fe^{3+} + 3NH_3 + 3H_2O \xlongequal{} Fe(OH)_3 \downarrow + 3NH_4^+$$

$$2CuSO_4 + 2NH_3 + 2H_2O \xlongequal{} Cu_2(OH)_2SO_4 \downarrow (blue) + (NH_4)_2SO_4$$

$$Cu_2(OH)_2SO_4 + (NH_4)_2SO_4 + 6NH_3 \xlongequal{} 2[Cu(NH_3)_4]SO_4 + 2H_2O$$

③ The precipitate is filtrated through a funnel equipped with filter paper, and rinsed with 1.0 mol · L^{-1} $NH_3 \cdot H_2O$ using a pipette until the blue liquid residue on the solid surface is washed off. The filtrate are discarded, and yellow precipitate of $Fe(OH)_3$ is kept on the filter paper.

④ 1mL of 2.0 mol · L^{-1} HCl solution (hot) is added dropwisely onto the filter paper to dissolve the $Fe(OH)_3$. This procedure can be repeated if there is still $Fe(OH)_3$ precipitate on the filter paper.

⑤ A drop of 1.0 mol · L^{-1} KSCN is added to the above filtrate in order to form of sanguine $[Fe(SCN)_n]^{3-n}$.

$$Fe^{3+} + nSCN^- \xlongequal{} [Fe(SCN)_n]^{3-n}$$

More Fe^{3+} in solution leads to deeper sanguine color. The amount of Fe^{3+} thus can be determined by comparison of the sanguine color. The resulting solution (A) is kept as a control sample.

⑥ Repeat the above procedures using a 0.5 g purified copper sulfate sample, and compare the sanguine color with solution A to evaluate the purity of the product.

Post-lab Questions:

1. Explain the roles of heating and stirring in the course of dissolving the solids.

2. Fe^{2+} impurities in the crude copper sulfate can be removed

by oxidation to Fe^{3+}, why?

3. Why it is necessary to adjust the pH value to 4 in order to remove Fe^{3+}? What happens if the pH value is great or less than 4?

5-8 Experiment 25 Preparation, purification and solubility of potassium nitrate

Purpose

1. The principles and methods for preparation of soluble salt taking advantage of solubility difference at different temperatures.
2. Purify chemicals with recrystallization.
3. Measure the solubility of a soluble salt.
4. Practices the operation of dissolution, filtration, and crystallization.

Principle

1. Preparation procedure

There are four ions, namely Na^+, K^+, Cl^- and NO_3^- exist in a solution mixture of KCl and $NaNO_3$. These four ions can assemble into four salts, KNO_3, KCl, $NaNO_3$ and NaCl by different combination, which form a quaternary complex cross-system in solution. This is a phase-equilibrium and will be discussed in detail in Physical Chemistry. Here we take advantage of solubility difference in different temperature to prepare NaCl and KNO_3 from KCl and $NaNO_3$ solution.

Table 5-2 listed the solubility of four pure salt in water (solubility will be somewhat different in the mixed solution because of the physical interaction)

Table 5 - 2 The solubility of pure KNO_3, KCl, $NaNO_3$ and NaCl in aqueous solution (g/100g H_2O)

Temp. /℃	0	20	40	60	80	100
KNO_3	13.3	31.6	63.9	110.0	169.0	246.0
KCl	27.6	34	40.0	45.5	51.5	56.7
$NaNO_3$	73	87.6	102.0	122.0	148.0	180.0
NaCl	35.7	36	36.6	37.3	38.4	39.8

As shown in table 5 - 2, except $NaNO_3$, the solubility of three others is quite similar at 20℃. In such a case (20 ℃), $NaNO_3$ crystals is difficult or impossible to separate out due to its highest solubility amongst the four compounds. In contrast to the rapidly increasing of the solubility of KNO_3, the solubility of NaCl is essentially constant. NaCl will separate out first from the solution by evaporating the mixture of $NaNO_3$ and KCl due to its lower solubility at a high temperature. The separated NaCl is filtered and the filtrate is cooled, KNO_3 begin to separate out by taking advantage of the characters of solubility falling sharply with temperature as indicated in table 5 - 2.

2. Solubility of soluble salt

There are two methods to measure the solubility: analytical method and composition-determination method. The principle of analytical method is to ascertain the content of soluble salt components in saturated solution at a given temperature by means of analytical chemistry, thus the solubility can be calculated based on analytical data under this temperature. This method is accurate; however, the operation procedure is tedious and time-consuming.

The principle of composition-determination is to record the precipitate (crystallize) temperature of crystals from a known-content soluble salt solution, thereby the salt solubility at this temperature can be estimated. According to the second method, we can obtain a series of data by continuously supplying quantitative water from high to low temperature using the same device and a certain amount of solute.

The change of solubility with temperature varies from salt to salt. In this experiment, you will determine how the solubility of potassium nitrate changes with temperature, and use this property to purify a sample of potassium nitrate that is contaminated with a colored salt.

Instruments, reagents and materials

1. Instruments

Beaker (25 mL, 250 mL), graduated cylinder (10mL), pipette (2 mL), pumping follicular (10 mL), Büchner funnel (20 mm), watch glass, platform scale balance, analytical balance.

2. reagents

$NaNO_3$(s), KCl, $AgNO_3$(0.1 mol / L), HNO_3(2.0 mol / L). distilled water, KNO_3, mixture of KNO_3 and $Cu(NO_3)_2$

3. Materials

Filter paper, Coordinate paper, Ruler.

Procedures

1. Preparation

Weight 5.0 g solid $NaNO_3$ and 4.4 g KCl on platform scale, respectively. Put these two salt into a 25 mL beaker then add 8.0 mL distilled water. Heat the beaker to dissolve the mixture.

Caution: heat gently with continuous stirring to avoid splash! Evaporate the solution until 2 / 3 of the original volume left. At this time, crystal began to precipitate (What is this crystal?) and then vacuum filtration of the crystal (Büchner funnel should be preheat on a steam or preheat in oven in advance). Take the filtrate into a 25mL beaker (operation quickly to avoid crystallization of the filtrate! If the filtrate in the filter bottle has crystal precipitates, you need to dissolve the crystal in hot water bath). Cool down to room temperature in atmosphere gives another batch of crystal (What is this crystal?). Do not disturb the solution in order to obtain larger crystals. Vacuum filtration to separate mother liquor from crystals. Place the KNO_3 crystals on a watch glass and dried with steam, then weigh and calculate the yield of KNO_3.

2. Solubility of soluble salt

5 ml of water was added into a large test tube. Weigh 2 g of pure potassium nitrate on the platform balance and add to the test tube contains 5 ml of water. Heat gently until all the solid disappears, but do not boil the water. Insert your thermometer in the tube, and allow it to cool. Stir gently. Record the temperature at which solid crystal appears. Repeat the entire experiment using 5 ml of water and 4 g of pure potassium nitrate and recording the crystallize temperature. Repeat successively with 6 g and 8 g of pure potassium nitrate in 5 ml of water and recording the temperature at which solid KNO_3 appears.

3. Purification

Request a 10g sample of potassium nitrate contaminated with a colored salt such as copper nitrate. Assuming that the sample is 75% KNO_3 by weight, figure out the minimum amount of water required to dissolve this much KNO_3 at 75℃. Put the sample into a

100 - ml beaker, and add the calculated amount of water. Cover with a watch glass, and warm to dissolve. Cool by holding under the tap water. Filtrate off the crystals. Rinse the crystals by a few drops of very cold water. Repeat this washing with drops of cold water until the crystals show no color. Dry your product by pressing it between filter papers. Weigh it, and turn it in to your instructor. He will tell you the original composition of the mixture so that you can calculate the percentage recovery.

Data

1) Mass of crude salt: ________ g.

2) Temperature at which crystals appear:

With 2 g KNO_3 per 5mL H_2O ________ ℃;

With 4 g KNO_3 per 5mL H_2O ________ ℃;

With 6 g KNO_3 per 5mL H_2O ________ ℃;

With 8 g KNO_3 per 5mL H_2O ________ ℃;

3) Mass of product recovered: ________ g.

Results

1) Crude product yield of KNO_3 ________ %.

2) Plot a solubility curve for potassium nitrate, showing molality of the saturated solution versus temperature (horizontal axis).

3) The weight of KNO_3 in original mixture ________ g;

Recovery percentage ________ %.

Post-lab Questions

1. Why can one crystallize KNO_3 from KCl and $NaNO_3$ solution? Calculate the mole concentration of the saturated solutions

investigated in part (2) at the temperature when crystallization occurs.

2. How much difference in solubility between KNO_3 and $Cu(NO_3)_2$ in absolute magnitude? How is the feasibility to separate KNO_3 from $Cu(NO_3)_2$ by crystallization?

3. Suppose that the solubility of KNO_3 decreased with temperature increases, how would you modify the procedures used in parts (2) and (3)?

4. What modifications should you make to improve recovery percentage of KNO_3 in part (3) in this experiment?

5. Make a plot of the logarithm of the solubility of KNO_3 as a function of the reciprocal of the absolute temperature. The slope of this graph gives $-\Delta H/19.25$, where ΔH is the heat of solution in joules per mole. Could you calculate ΔH from your data?

第六章 常见元素及其化合物的性质实验

基本要求

本章实验主要是检验常见元素单质及其化合物的性质，通过性质实验获得感性认识，并通过思考、对比、归纳、总结，从感性认识上升到理性认识，从而达到学习、掌握元素单质及其化合物重要性质的要求。

性质实验看起来很容易做，例如把几滴某浓度的甲溶液加到乙溶液中，好像就可以看到实验现象。其实并不尽然，把两种溶液任意混合往往得不出正确的结果。这是因为反应条件十分重要，温度、浓度、介质、催化剂，甚至反应物添加的次序都会影响实验结果。

因此实验中请注意以下问题：

1. 试液的用量要适当。试液太少，可能实验现象不明显，但试液取多了，浓度不易控制，实验现象也会不明显。同时也会造成试剂浪费。

2. 试管反应时，一定要将溶液混合均匀。

3. 沉淀要完全，除了沉淀剂的量要取够外，还要根据沉淀对象，控制沉淀条件。一是严格控制沉淀时的 pH 值，把该沉淀的全部沉淀下来；二是进行沉淀时要避免胶体的形成。如发现上层溶液混浊，与沉淀分离不清，可在沸水浴上加热 5 min 以上，使胶体凝聚而沉降，最后冷却使沉淀完全。

理论概述

一、p 区重要非金属元素及其化合物的性质

p 区非金属元素的价电子构型为 $ns^2np^{1\sim6}$。价电子在原子最外层的 ns np 轨道上。同一周期元素随价电子数的增多,电离能增加,非金属性逐渐增强;同族元素,从上到下电离能降低,非金属性减弱。

卤素的价电子构型为 ns^2np^5,是典型的非金属元素。除负一价的卤素 X^- 外,卤素的任何价态均有较强的氧化性。卤素单质在常温下都以双原子分子存在,它们都是强氧化剂,能发生置换、倒置换、歧化等反应。卤素单质的氧化性顺序是 $F_2>Cl_2>Br_2>I_2$,卤素离子的还原能力为 $I^->Br^->Cl^->F^-$。

p 区重要非金属化合物的某些主要性质列于表 6-1 和表 6-2 中:

表 6-1

物质	主要性质	反应举例
过氧化氢	1)弱酸性,与碱发生中和反应	$Ba(OH)_2+H_2O_2 = BaO_2+2H_2O$
	2)不稳定性,易分解成 H_2O 和 O_2	$2H_2O_2 = 2H_2O+O_2$
	3)既有氧化性,又有还原性,但以氧化性为主	$PbS+4H_2O_2 = PbSO_4+4H_2O$ $2MnO_4^-+5H_2O_2+6H^+ = 2Mn^{2+}+5O_2\uparrow+8H_2O$
硫化氢	有毒,强还原性	$H_2S+2Fe^{3+} = 2Fe^{2+}+S\downarrow+2H^+$ $H_2S+4Cl_2+4H_2O = H_2SO_4+8HCl$

续 表

物 质	主要性质	反应举例
硫化物	除碱金属（包括 NH^{4+}）的硫化物外，大多数硫化物难溶于水，并具有特征颜色。根据在酸中的溶解情况，可将硫化物分为四类： 1）可溶于稀 HCl 的硫化物； 2）难溶于稀 HCl，能溶于浓 HCl 的硫化物； 3）难溶于浓 HCl，能溶于 HNO_3 的硫化物； 4）难溶于 HNO_3，只溶于王水的硫化物	1）ZnS（白色）、MnS（肉色）、FeS（黑色）等 2）CdS（黄色）、PbS（黑色）等 3）CuS（黑色）、Ag_2S（黑色）等 4）HgS（黑色）

表 6-2

族	物质	氧化值	主要性质	反应举例
ⅦA	次氯酸盐	+1	强氧化性	$ClO^- + HCl(浓) + H^+ = Cl_2\uparrow + H_2O$
ⅦA	氯酸盐	+5	在酸性介质中有强氧化性	$ClO_3^- + 6I^- + 6H^+ = Cl^- + 3I_2 + 3H_2O$
ⅥA	亚硫酸及其盐	+4	1）亚硫酸热稳定性差，易分解 2）既有氧化性又有还原性，但以还原性为主	1）$H_2SO_3 = SO_2\uparrow + H_2O$ 2）$2MnO_4^- + 5SO_3^{2-} + 6H^+ = 2Mn^{2+} + 5SO_4^{2-} + 3H_2O$ $SO_3^{2-} + 2H_2S + 2H^+ = 3S\downarrow + 3H_2O$
ⅥA	硫代硫酸及其盐	+2	1）硫代硫酸极不稳定，易分解	1）$S_2O_3^{2-} + 2H^+ = S\downarrow + SO_2\uparrow + H_2O$

续 表

族	物质	氧化值	主要性质	反应举例
ⅥA	硫代硫酸及其盐	+2	2）具有还原性，为中强还原剂，与强氧化剂（例如 Cl_2、Br_2 等）作用被氧化成硫酸盐；与较弱氧化剂（例如 I_2 等）作用被氧化成连四硫酸盐 3）硫代硫酸根有很强的配位能力，与许多金属离子形成配位化合物	2）$S_2O_3^{2-}+4Cl_2+5H_2O = 2SO_4^{2-}+8Cl^-+10H^+$ $2S_2O_3^{2-}+I_2 = S_4O_6^{2-}+2I^-$ 3）$AgBr+2S_2O_3^{2-} = [Ag(S_2O_3)_2]^{3-}+Br^-$
	过二硫酸及其盐（结构中含有—O—O—键）	+6	1）过硫酸盐的热稳定性差，受热易分解 2）具有强氧化性	2）$2Mn^{2+}+5S_2O_8^{2-}+8H_2O = 2MnO_4^-+10SO_4^{2-}+16H^+$
ⅤA	亚硝酸及其盐	+3	1）亚硝酸极不稳定，易分解 2）既有氧化性，又有还原性，以氧化性为主。亚硝酸盐溶液在酸性介质中才显示氧化性。	1）$2HNO_2 \longrightarrow N_2O_3+H_2O$ （蓝色） $\longrightarrow NO\uparrow+NO_2\uparrow$ （棕色） 2）$2NO_2^-+2I^-+4H^+ = 2NO\uparrow+I_2+2H_2O$ $2MnO_4^-+5NO_2^-+6H^+ = 2Mn^{2+}+5NO_3^-+3H_2O$

二、p 区重要金属元素及其化合物的性质

p 区重要金属化合物的某些主要性质列于表 6－3～表 6－5 中：

表 6-3　Sb(Ⅲ)、Bi(Ⅲ)、Sn(Ⅱ)的还原性和 Bi(Ⅴ)、Pb(Ⅳ)的氧化性

族	氧化还原性递变规律	反应举例
ⅤA	低价还原性减弱 → Sb(Ⅲ)　　Bi(Ⅲ) Sb(Ⅴ)　　Bi(Ⅴ) 高价氧化性增强 →	1) Sb(Ⅲ)的氧化还原性 $2Sb^{3+} + 3Sn = 2Sb\downarrow$(黑色)$+ 3Sn^{2+}$ $[Sb(OH)_4]^- + 2[Ag(NH_3)_2]^+ + 2OH^- =$ $[Sb(OH)_6]^- + 2Ag\downarrow$(黑色)$+ 4NH_3$ 可用此反应鉴定 Sb^{3+} 2) Bi(Ⅲ)的还原性和 Bi(Ⅴ)的氧化性 $2Bi(OH)_3 + 3Sn(OH)_4^{2-} =$ $2Bi\downarrow$(黑色)$+ 3Sn(OH)_6^{2}$ 可用此反应鉴定 Bi(Ⅲ)或 Sn(Ⅱ) $5NaBiO_3 + 2Mn^{2+} + 14H^+ =$ $5Na^+ + 5Bi^{3+} + 2MnO_4^-$(紫红色)$+ 7H_2O$ 可用此反应鉴定 Mn^{2+}
ⅣA	低价还原性减弱 → Sn(Ⅱ)　　Pb(Ⅱ) Sn(Ⅳ)　　Pb(Ⅳ) 高价氧化性增强 →	1) Sn(Ⅱ)的还原性 $2HgCl_2 + Sn^{2+} + 4Cl^- =$ $Hg_2Cl_2\downarrow$(白色)$+ SnCl_6^{2-}$ $Hg_2Cl_2 + Sn^{2+}$(过量)$+ 4Cl^- =$ $2Hg\downarrow$(黑色)$+ SnCl_6^{2-}$ 可用此反应鉴定 Sn^{2+} 和 Hg^{2+} 2) Pb(Ⅳ)的氧化性 $PbO_2 + 4HCl$(浓)$= PbCl_2 + Cl_2\uparrow + 2H_2O$ $5PbO_2 + 2Mn^{2+} + 4H^+ =$ $5Pb^{2+} + 2MnO_4^-$(紫红色)$+ 2H_2O$

表 6-4 锑、铋、锡、铅氢氧化物的酸碱性

锑、铋氢氧化物的酸碱性	锡、铅氢氧化物的酸碱性
碱性增强↓ $Sb(OH)_3$(白色) 两性　H_3SbO_4(白色) 两性偏酸 $Bi(OH)_3$(白色) 弱碱性　Bi_2O_5(红色) 不稳定,易分解为 $Bi_2O_3+O_2$ 弱酸性 酸性增强→	碱性增强↓ $Sn(OH)_2$(白色) 两性　$Sn(OH)_4$(白色) 两性,以酸性为主 $Pb(OH)_2$(白色) 两性偏碱　$Pb(OH)_4$(棕色) 两性偏酸 酸性增强→

表 6-5 部分铅盐的颜色和溶解性

难溶性铅盐	$PbCl_2$	PbI_2	$PbSO_4$	$PbCrO_4$	$PbCO_3$	PbS
颜色	白色	黄色	白色	黄色	白色	黑色
可溶于	热水、浓 HCl	过量 KI	NH_4Ac	稀 HNO_3 等	稀酸	稀 HNO_3

三、d 区重要化合物的性质

(一) 铬的重要化合物性质简介

铬化合物的性质主要是:

1. 同一氧化值不同离子间存在的酸碱转化

铬的氧化物和氢氧化物的酸碱性

CrO	Cr_2O_3(绿色)	CrO_3(橙红色)
$Cr(OH)_2$	$Cr(OH)_3$(灰绿色)	H_2CrO_4(黄色)或 $H_2Cr_2O_7$(橙红色)
碱性	两性	酸性

酸性增强 →

2. 不同氧化值的离子间的氧化还原转化

从铬的电势图可知:

$$E_A^{\ominus}/V \quad Cr_2O_7^{2-} \xrightarrow{1.33} Cr^{3+} \xrightarrow{-0.74} Cr$$

$$E^{\ominus}_{B}/V \quad CrO_4^{2-} \xrightarrow{-0.12} Cr(OH)_4^- \xrightarrow{-1.2} Cr$$

Cr(Ⅲ)只有在碱性介质才体现出它的还原性。例如：

$$2[Cr(OH)_4]^- + 3H_2O_2 + 2OH^- = 2CrO_4^{2-} + 8H_2O$$

Cr^{3+} 比较稳定，只能被强氧化剂氧化成 $Cr_2O_7^{2-}$。

$$10\ Cr^{3+} + 6MnO_4^- + 11\ H_2O = 5\ Cr_2O_7^{2-} + 6Mn^{2+} + 22\ H^+$$

而Cr(Ⅵ)的氧化性主要体现在酸性介质中。例如：

$$Cr_2O_7^{2-} + 3H_2O_2 + 8H^+ = 2\ Cr^{3+} + 3O_2\uparrow + 7\ H_2O$$

（二）锰的重要化合物性质简介

1. 锰的氧化物和氢氧化物的酸碱性

MnO	Mn_2O_3	MnO_2	MnO_3	Mn_2O_7
$Mn(OH)_2$	$Mn(OH)_3$	$Mn(OH)_4$	H_2MnO_4	$HMnO_4$

酸性增强 →

2. 锰的化合物的氧化还原性

锰具有多种氧化值，在一定条件下可以相互转化，因此氧化还原性是锰的化合物最主要的特征。详细可见实验二十八中的实验原理。

（三）铁、钴、镍的重要化合物性质简介

从表6-6可见，还原性依 $Fe(OH)_2$、$Co(OH)_2$、$Ni(OH)_2$ 的顺序递减。

表6-6 $M(OH)_2$ 的还原性

$M(OH)_2$	空气中	中强氧化剂（如 H_2O_2）	强氧化剂（如 Cl_2，Br_2）	反应实例
$Fe(OH)_2$（白色）	$Fe(OH)_3$（反应迅速）	$Fe(OH)_3$	$Fe(OH)_3$	$4Fe(OH)_2 + O_2 + 2H_2O = 4\ Fe(OH)_3$
$Co(OH)_2$（粉红色）	$CoO(OH)$（反应缓慢）	$CoO(OH)$	$CoO(OH)$	$2Co(OH)_2 + H_2O_2 = 2CoO(OH) + 2H_2O$
$Ni(OH)_2$（绿色）	不作用	不作用	$NiO(OH)$	$2Ni(OH)_2 + Cl_2 + 2OH^- = 2NiO(OH) + 2Cl^- + 2H_2O$

从表 6－7 可见，氧化性依 $Fe(OH)_3$、CoO(OH)、NiO(OH)顺序递增。

表 6－7　$M(OH)_3$ 的氧化性

$M(OH)_3$	浓盐酸中	反应实例
$Fe(OH)_3$（红棕色）	Fe^{3+}	$Fe(OH)_3 + 3H^+ = Fe^{3+} + 3H_2O$
CoO(OH)（褐色）	$[CoCl_4]^{2-} + Cl_2$	$2CoO(OH) + 6H^+ + 10Cl^- = 2[CoCl_4]^{2-} + Cl_2\uparrow + 4H_2O$
NiO(OH)（黑色）	$[NiCl_4]^{2-} + Cl_2$	$2NiO(OH) + 6H^+ + 10Cl^- = 2[NiCl_4]^{2-} + Cl_2\uparrow + 4H_2O$

（四）ds 区重要化合物的性质（见表 6－8）

表 6－8

离子		Cu^{2+}	Ag^+	Zn^{2+}	Cd^{2+}	Hg^{2+}	Hg_2^{2+}
试剂	适量 NaOH	$Cu(OH)_2\downarrow$（浅蓝色）	$Ag_2O\downarrow$（暗棕）	$Zn(OH)_2\downarrow$（白色）	$Cd(OH)_2$（白色）	$HgO\downarrow$（黄）	$HgO + Hg\downarrow$（黑）
	过量 NaOH	$[Cu(OH)_4]^{2-}$（需浓碱）（亮蓝色）	不变	$[Zn(OH)_4]^{2-}$（无色）	不变	不变	不变
	适量 $NH_3\cdot H_2O$	碱式盐↓（浅蓝）	$Ag_2O\downarrow$	$Zn(OH)_2\downarrow$	$Cd(OH)_2\downarrow$	$HgNH_2Cl\downarrow$（白色）	$Hg(NH_2)Cl\downarrow + Hg\downarrow$（黑）
	过量 $NH_3\cdot H_2O$	$[Cu(NH_3)_4]^{2+}$（深蓝色）	$[Ag(NH_3)_2]^+$（无色）	$[Zn(NH_3)_4]^{2+}$（无色）	$[Cd(NH_3)_4]^{2+}$（无色）	不变	不变
	适量 KI	$CuI\downarrow + I_2$（白色）	$AgI\downarrow$（黄）	—	—	$HgI_2\downarrow$（棕红）	$Hg_2I_2\downarrow$（浅绿）
	过量 KI	不变	不变	—	—	$[HgI_4]^{2-}$（无色）	$[HgI_4]^{2-} + Hg\downarrow$（黑）

6-1 实验二十六 p区重要非金属元素及其化合物

一、实验目的

1. 学习氯气、次氯酸盐、氯酸盐的制备方法。
2. 实验和掌握卤素单质的氧化性和卤素离子的还原性。
3. 掌握次氯酸盐、氯酸盐强氧化性的区别。
4. 掌握 H_2O_2 的某些重要性质。
5. 掌握不同价态硫的化合物的主要性质。
6. 掌握亚硝酸盐的主要性质。

二、实验提要

氯、溴、碘是周期系ⅦA元素，与该族中原子序数最小的氟构成整个卤素，卤素单质都是氧化剂，它们的氧化性按下列顺序排列：

$$F_2 > Cl_2 > Br_2 > I_2$$

实验室中可用 $KMnO_4$ 和浓盐酸制备氯气，氯氧化 Br^- 和 I^-，分别得到 Br_2 和 I_2，如果用 CCl_4 萃取，Br_2 在 CCl_4 中呈橙色，I_2 在 CCl_4 中呈紫色。

卤离子的还原性则按相反顺序排列：

$$I^- > Br^- > Cl^- > F^-$$

氯与冷的 NaOH 溶液反应生成次氯酸钠，它是一种强氧化剂。氯与热的 KOH(80℃以上)溶液反应生成氯酸钾，它在中性介质中，不显氧化性，但在酸性介质中表现出明显的氧化性。

H_2O_2 中氧的氧化态居中，所以 H_2O_2 既有氧化性又有还原性。

H_2O_2 不稳定，易分解。光照、受热、增大溶液碱度或存在痕量重金属物质(如 Cu^{2+}、MnO_2 等)都会加速 H_2O_2 的分解。

$$2H_2O_2 \longrightarrow 2H_2O + O_2$$

硫的化合物中，H_2S 具有强还原性，而过二硫酸盐具有强氧化性，如：

$$H_2S + 2Fe^{3+} \longrightarrow 2Fe^{2+} + S\downarrow + 2H^+$$

$$2Mn^{2+} + 5S_2O_8^{2-} + 8H_2O \longrightarrow 2MnO_4^- + 10SO_4^{2-} + 16H^+$$

硫的氧化数为$+6\sim-2$，其中有些化合物既有氧化性又有还原性，但以还原性为主。如：

$$2S_2O_3^{2-} + I_2 \longrightarrow S_4O_6^{2-} + 2I^-$$

$$S_2O_3^{2-} + 4Cl_2 + 5H_2O \longrightarrow 2SO_4^{2-} + 8Cl^- + 10H^+$$

在水溶液中不存在 $H_2S_2O_3$ 和 H_2SO_3，而只存在 $S_2O_3^{2-}$ 和 SO_3^{2-} 的盐溶液。这些盐溶液遇酸即分解：

$$S_2O_3^{2-} + 2H^+ \longrightarrow S\downarrow + SO_2\uparrow + H_2O$$

$$SO_3^{2-} + 2H^+ \longrightarrow SO_2\uparrow + H_2O$$

大多数金属硫化物溶解度小且有特征的颜色。

HNO_2 极不稳定常温下即发生歧化分解：

$$2HNO_2 \longrightarrow NO\uparrow + NO_2\uparrow + H_2O$$

（浅蓝色）　　　　（棕色）

亚硝酸及其盐既有氧化性又有还原性。

三、实验用品

仪器、用品：氯气发生装置一套，试管及试管架，铁架台，石棉网，煤气灯，小烧杯。

试剂、材料：KOH（6.0 $mol\cdot L^{-1}$），NaOH（2.0 $mol\cdot L^{-1}$），H_2SO_4（浓，3.0 $mol\cdot L^{-1}$，1.0 $mol\cdot L^{-1}$），HCl（浓，9.0 $mol\cdot L^{-1}$，6.0 $mol\cdot L^{-1}$，2.0 $mol\cdot L^{-1}$），KBr（0.1 $mol\cdot L^{-1}$），KI（0.2 $mol\cdot L^{-1}$，

0.1 mol · L^{-1})，HNO_3（浓），王水，$KMnO_4$（0.01 mol · L^{-1}），$K_2Cr_2O_7$（0.5 mol · L^{-1}），Na_2SO_3（0.5 mol · L^{-1}），$Na_2S_2O_3$（0.2 mol · L^{-1}），$NaNO_2$（0.5 mol · L^{-1}），$MnSO_4$（0.2 mol · L^{-1}，0.002 mol · L^{-1}），$FeCl_3$（0.1 mol · L^{-1}），品红溶液，氯水，$BaCl_2$（0.1 mol · L^{-1}），$ZnSO_4$（0.1 mol · L^{-1}），$CdSO_4$（0.1 mol · L^{-1}），$CuSO_4$（0.1 mol · L^{-1}），溴水，CCl_4，$Hg(NO_3)_2$（0.1 mol · L^{-1}），$AgNO_3$（0.1 mol · L^{-1}），饱和 H_2S 水溶液（或 5%硫代乙酰胺），H_2O_2（3%），MnO_2 粉末，NaCl(s)，KBr(s)，KI(s)，$K_2S_2O_8$(s)，pH 试纸，淀粉-碘化钾试纸，醋酸铅试纸。

四、实验内容

1. 次氯酸钠和次氯酸钾的制备（通风橱中进行）

按图 6-1 装置仪器，在锥形瓶中放约 3 g MnO_2 粉末，安全漏斗伸入试管底。在管 3 中放 4 mL 6 mol · L^{-1} KOH 溶液（放热水浴中），管 4 放 4 mL 2 mol · L^{-1} NaOH（放冰水中）。检查装置不漏气后，由漏斗加入 15 mL 9 mol · L^{-1} HCl 溶液，缓慢加热，控制氯气均匀发生。热水浴温度控制在 50～55℃，当管 3 溶液由无色慢慢变为

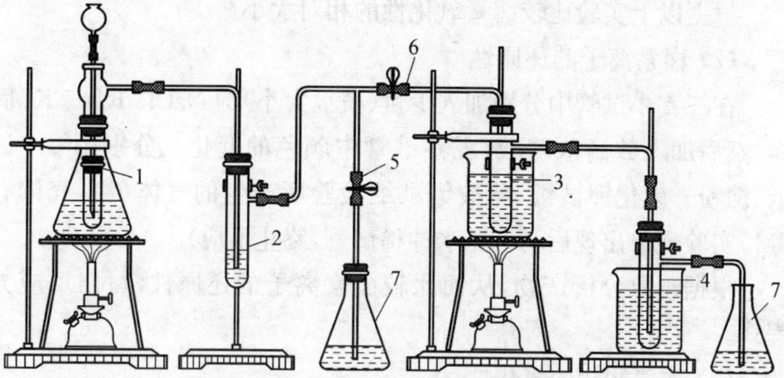

图 6-1　次氯酸钠、氯酸钾的制备

1—切口橡皮塞；2—洗气瓶（具支试管）；3、4—反应管（具支试管）；5—废气控制夹（关）；6—控制夹（关）；7—废气、尾气吸收器

黄色，再由黄色突然变为无色时，继续通氯气至溶液呈极淡的黄色，停止加热。打开废气控制夹 5，关控制夹 6。

将管 3 拆下，用自来水或冰水冷至晶体不再增加时过滤，用极少量的去离子水洗涤晶体，水浴烘干。检验母液中有无 Cl^- 存在。

保留晶体和管 4 溶液做下面实验用。

待氯气不再发生时拆除氯气发生器，将剩余物用水冲稀后倒入盛有消石灰的缸中，洗净仪器。

2. 卤素及其化合物的基本性质

(1) 卤素的氧化性

在一支小试管中，滴入 3 滴 0.1 mol·L^{-1} KBr 溶液、5 滴 CCl_4，再加入氯水，边加边摇荡，观察 CCl_4 层出现的橙黄色或橙红色（Br_2 溶于有机溶剂 CCl_4 中，浓度小时呈橙黄色，浓度大时呈橙红色）。

在一支小试管中，滴入 3 滴 0.1 mol·L^{-1} KI 溶液、5 滴 CCl_4，再加入氯水，边加边摇荡，观察 CCl_4 层出现的紫红色（I_2 溶于有机溶剂 CCl_4 中呈紫红色，溶于水中呈红棕色或黄棕色）。

在一支小试管中，滴入 3 滴 0.1 mol·L^{-1} KI 溶液、5 滴 CCl_4，再加入溴水，边加边摇荡，观察 CCl_4 层出现颜色。

根据以上实验比较卤素氧化性的相对大小。

(2) 卤素离子的还原性

在三支小试管中分别加入少量（黄豆大小）的 NaCl、KBr、KI 固体，然后加入数滴浓硫酸，观察试管中颜色的变化。分别用 pH 试纸、淀粉—碘化钾试纸、醋酸铅试纸检验所产生的气体（注：气体有毒！实验现象出现后马上用水冲稀试管，终止反应）。

根据现象分析产物，从而比较卤素离子的还原性，写出反应方程式。

(3) 次氯酸盐的氧化性

取 4 支试管分别加入 0.5 mL 前面制得的次氯酸钠溶液。

于第一支试管中加入 4～5 滴 0.2 mol·L^{-1} KI 溶液，2 滴

$1\ mol \cdot L^{-1}$的 H_2SO_4 溶液；

第二支试管中加入 4～5 滴 $0.2\ mol \cdot L^{-1} MnSO_4$ 溶液；

第三支试管中加入 4～5 滴浓盐酸；

第四支试管中加入 2 滴品红溶液；

观察以上实验现象，写出有关的反应方程式。

(4) 氯酸钾的氧化性

取少量前面制得的氯酸钾晶体加水溶解配成 $KClO_3$ 溶液。向 $0.5\ mL\ 0.2\ mol \cdot L^{-1}$ KI 溶液中滴入几滴自制的 $KClO_3$ 溶液，观察有何现象。再用 $3\ mol \cdot L^{-1}$ 的 H_2SO_4 酸化，观察溶液颜色的变化，继续往该溶液中滴加 $KClO_3$ 溶液，又有何变化，解释实验现象，写出相应的反应方程式。

3. H_2O_2 的性质(设计实验)

用 3%H_2O_2、$0.01\ mol \cdot L^{-1} KMnO_4$、$3\ mol \cdot L^{-1}$ 的 H_2SO_4、$0.1\ mol \cdot L^{-1}$ KI、H_2S 水溶液、MnO_2(s)设计一组实验，观察实验现象，验证 H_2O_2 的分解和氧化还原性。

4. 硫的化合物的性质

(1) 硫化氢的还原性

分别在两支试管里加几滴 $0.01\ mol \cdot L^{-1} KMnO_4$ 溶液(加数滴稀硫酸酸化)和 $0.1\ mol \cdot L^{-1} FeCl_3$ 溶液，然后各加入 1 mL 饱和 H_2S 水溶液，观察有什么现象？写出反应方程式。

(2) 金属硫化物的生成和溶解

取 4 支离心试管，分别加入 $0.1\ mol \cdot L^{-1} ZnSO_4$、$0.1\ mol \cdot L^{-1} CdSO_4$、$0.1\ mol \cdot L^{-1} CuSO_4$、$0.1\ mol \cdot L^{-1} Hg(NO_3)_2$ 溶液1 mL，然后各加入 1 mL 饱和 H_2S 水溶液，离心沉淀，弃去上层清液，观察生成的沉淀颜色。并将后三种沉淀分成两份。

取上述所得各种沉淀，分别进行下列实验：

在 ZnS 沉淀中加入 $2\ mol \cdot L^{-1}$ HCl 溶液；

在 CdS 沉淀中分别加入 $2\ mol \cdot L^{-1}$ HCl 溶液和 $6\ mol \cdot L^{-1}$

HCl 溶液；

在 CuS 沉淀中分别加入 6 mol·L^{-1} HCl 溶液和浓硝酸溶液；

在 HgS 沉淀中分别加入浓硝酸和王水；

总结几种硫化物的溶解情况，并写出溶解反应方程式。

(3) 亚硫酸盐的性质

往试管中加入 2 mL 0.5 mol·L^{-1} Na_2SO_3 溶液，用 3 mol·L^{-1} H_2SO_4 酸化，观察有无气体产生。用湿润的 pH 试纸移近管口，有何现象？然后将溶液分两份，一份滴加饱和 H_2S 水溶液，另一份滴加 0.5 mol·L^{-1} $K_2Cr_2O_7$ 溶液，观察现象，说明亚硫酸盐的性质。写出有关的反应方程式。

(4) 硫代硫酸盐的性质

取 0.2 mol·L^{-1} $Na_2S_2O_3$ 溶液，进行下列实验：

取少量 $Na_2S_2O_3$ 溶液，用稀 H_2SO_4 酸化；

取 0.5 mL 碘水，滴加 $Na_2S_2O_3$ 溶液；

取 0.5 mL $Na_2S_2O_3$ 溶液，加 2 滴 2 mol·L^{-1} NaOH 溶液，滴加氯水。检验产物中有无 SO_4^{2-} 存在；

在 4 滴 0.1 mol·L^{-1} $AgNO_3$ 溶液中，加 1～2 滴 $Na_2S_2O_3$ 溶液，观察沉淀的产生及沉淀颜色的变化，另取 4 滴 $AgNO_3$ 溶液，连续滴加 $Na_2S_2O_3$，又有何现象？

根据以上实验，总结硫代硫酸及其盐的性质。

(5) 过二硫酸盐的氧化性

在试管中加入 3 mL 1 mol·L^{-1} H_2SO_4 溶液、3 mL 去离子水、3 滴 0.002 mol·L^{-1} $MnSO_4$ 溶液，混合均匀后分为两份。

在第一份溶液中加入少量过二硫酸钾固体，第二份溶液中加入 1 滴 0.1 mol·L^{-1} $AgNO_3$ 溶液和少量过二硫酸钾固体。将两支试管同时放入一只热水浴中加热，观察溶液的颜色有何变化？写出反应方程式。

比较以上实验结果并加以解释。

5. 亚硝酸及其盐的性质

(1) 亚硝酸盐的氧化还原性

分别试验 0.5 mol·L^{-1} $NaNO_2$ 溶液与酸化的 0.01 mol·L^{-1} $KMnO_4$、0.1 mol·L^{-1} KI 溶液的反应。

(2) 亚硝酸的分解

在 $NaNO_2$ 溶液中滴加稀 H_2SO_4，边振荡边观察现象。

由实验总结出亚硝酸及其盐的性质。

思考题

1. 利用 H_2O_2 的氧化性能否把黑色的 PbS 转化为白色的 $PbSO_4$，通过实验进行回答，如能进行，写出反应方程式。

2. SO_2 水溶性除用 I_2 和 H_2S 分别验证外，可否用其他试剂，请举例说明。写出反应方程式。

3. 在卤素离子还原性实验中，使用 pH 试纸、淀粉-碘化钾试纸、醋酸铅试纸的目的分别是什么？

4. 用 pH 试纸检验气体时，必须将 pH 试纸用去离子水润湿，为什么？检验挥发性气体时，必须将检验的试纸悬放在试管口上方，为什么？

5. 为什么亚硫酸盐中常含有硫酸盐？怎样检验亚硫酸盐中的 SO_4^{2-} 离子？

6. 在 $NaNO_2$ 与 $KMnO_4$、KI 反应中是否需要加酸酸化？为什么？若要加酸，应选用什么酸好？为什么？

趣味实验

——周期性变色溶液

取 50 mL A(量取 102.5 mL30% H_2O_2 于 250 mL 容量瓶中，加水稀释至刻度)在搅拌下同时加入 50 mL B(称取 10.7g 碘酸钾加水溶液后，加入 10 mL 2 mol·L^{-1} H_2SO_4，然后转移到

250 mL容量瓶中，加水稀释至刻度）和 50 mL C（称取 0.075 g 可溶性淀粉，用少量水调成糊状，然后倒入盛有 50 mL 沸水烧杯中，再加入 0.845 g 硫酸锰和 3.9 g 丙二酸，待晶体溶解，溶液冷却后转移到 250 mL 容量瓶中，加水稀释至刻度）溶液，即能观察到无色溶液变成琥珀色，约几秒钟后溶液变成黑色，再经几秒钟后溶液变成琥珀色，如此往复的周期性改变直至溶液颜色不再变化为止。

指导与思考

1. 上述摇摆反应的实质是什么？溶液的颜色为什么不能无限地呈周期性变化下去？

2. 丙二酸和锰盐在反应中是个重要的试剂，如改变 C 溶液的成分，不加入丙二酸或不加入硫酸锰，重复上述实验，将会产生什么现象？

温度对化学反应速度有很大影响，溶液的温度一般在 25℃左右实验效果较好。

6-2 实验二十七 p区重要金属化合物

一、实验目的

1. 掌握锑、铋、锡、铅氢氧化物的酸碱性，铅盐的难溶性。
2. 掌握 Sn（Ⅱ）的还原性和 Pb（Ⅳ）、Bi（Ⅴ）的氧化性。
3. 了解锑、铋、锡、铅硫化物及锑、锡硫代酸盐的性质。

二、实验提要

1. 锑、铋、锡、铅氢氧化物的酸碱性

一般对主族元素而言，同一周期，从左往右它们氢氧化物的碱性减弱；同一族元素从上往下，氢氧化物的碱性增强；而对同一元素，高氧化值氢氧化物酸性强于低氧化值氢氧化物，因此，锑、铋、锡、铅氢氧化物的酸碱性的关系如表 6-4：

2. Sn(Ⅱ)的还原性和 Pb(Ⅳ)、Bi(Ⅴ)的氧化性

在 p 区金属化合物中，Sn(Ⅱ)是常用的还原剂。从标准电极电势看，Sn(Ⅱ)无论在酸性、碱性介质中均显示出还原性。

$$Sn^{4+} + 2e \rightleftharpoons Sn^{2+} \qquad E^{\ominus} = +0.15V$$

$$[Sn(OH)_6]^{2-} + 2e \rightleftharpoons [Sn(OH)_4]^{2-} \qquad E^{\ominus} = -0.96V$$

但是，在碱性介质中 Sn(Ⅱ)的还原性比酸性介质中强。例如，$[Sn(OH)_4]^{2-}$ 可将 $Bi(OH)_3$ 还原为黑色的 Bi，这是检验 Bi^{3+} 离子的特征反应，而 Sn^{2+} 不能。

$$2Bi(OH)_3 + 3[Sn(OH)_4]^{2-} = 2Bi\downarrow(\text{黑色}) + 3[Sn(OH)_6]^{2-}$$

$SnCl_2$ 能与 $HgCl_2$ 反应，生成物的颜色先白后灰最后黑色，这是鉴定 Sn^{2+} 的特征反应。

$$SnCl_2 + 2HgCl_2 = SnCl_4 + Hg_2Cl_2\downarrow(\text{白色})$$

$$SnCl_2 + Hg_2Cl_2 = SnCl_4 + 2Hg\downarrow(\text{黑色})$$

Pb(Ⅳ)、Bi(Ⅴ)都具有强氧化性，如 PbO_2、$NaBiO_3$ 是实验室常用的氧化剂。在酸性介质中可将还原性较弱的 Mn^{2+} 离子氧化成紫红色的 MnO_4^- 离子。

$$5PbO_2 + 2Mn^{2+} + 4H^+ = 5Pb^{2+} + 2MnO_4^- + 2H_2O$$

$$5NaBiO_3 + 2Mn^{2+} + 14H^+ = 5Bi^{3+} + 5Na^+ + 2MnO_4^- + 7H_2O$$

3. 铅盐的溶解性：见表 6-5

4. 锑、铋、锡、铅硫化物及锑、锡硫代酸盐的性质

锑、铋、锡、铅硫化物均难溶于水，且有特征的颜色：

硫化物	SnS	SnS_2	PbS	Sb_2S_3	Sb_2S_5	Bi_2S_3
颜　色	棕色	黄色	黑色	橙红色	橙红色	黑色
酸碱性	碱性	两性偏酸	碱性	两性	两性偏酸	碱性
可溶于	$(NH_4)_2S_2$	$(NH_4)_2S$	稀 HNO_3	$(NH_4)_2S$	$(NH_4)_2S$	稀 HNO_3

上述硫化物的酸碱性相似于它们的氧化物，偏酸性的 SnS_2、Sb_2S_3、Sb_2S_5 可溶于碱性的 Na_2S(或 $(NH_4)_2S$)中，生成硫代酸盐，例如：

$$SnS_2 + (NH_4)_2S = (NH_4)_2SnS_3$$

硫代酸盐不稳定，遇酸分解又产生硫化物沉淀，例如：

$$SnS_3^{2-} + 2H^+ = SnS_2\downarrow + H_2S\downarrow$$

显碱性的 SnS 不溶于 $(NH_4)_2S$ 中，但可溶于多硫化铵 $(NH_4)_2S_x$，这是由于 S_x^{2-} 具有氧化性，将 SnS 氧化为 Sn(Ⅳ)而溶解了：

$$SnS + S_2^{2-} = SnS_3^{2-}$$

PbS 能溶于浓 HCl 或 HNO_3 中：

$$PbS + 4HCl = H_2[PbCl_4] + H_2S\uparrow$$

$$3PbS + 8HNO_3 = 3Pb(NO_3)_2 + 2NO + 3S\downarrow + 4H_2O$$

三、实验用品

仪器、用品：试管及试管架，铁架台，石棉网，煤气灯，小烧杯。

试剂、材料：H_2SO_4(2.0 mol·L^{-1})，HCl(浓，2.0 mol·L^{-1})，HNO_3(6.0 mol·L^{-1}，2.0 mol·L^{-1})，NaOH(6.0 mol·L^{-1}，2.0 mol·L^{-1})，K_2CrO_4(0.1 mol·L^{-1})，Na_2S(1.0 mol·L^{-1})，$(NH_4)_2S_2$(1.0 mol·L^{-1})，NaAc(饱和溶液)，$MnSO_4$(0.1 mol·L^{-1})，$SbCl_3$(0.1 mol·L^{-1})，$BiCl_3$(0.1 mol·L^{-1})，$Bi(NO_3)_2$(0.1 mol·L^{-1})，

$SnCl_2$（0.1 mol·L^{-1}），$SnCl_4$（0.1 mol·L^{-1}），$Pb(NO_3)_2$（0.1 mol·L^{-1}），$HgCl_2$（0.1 mol·L^{-1}），饱和 H_2S 水溶液，PbO_2(s)，$NaBiO_3$(s)，醋酸铅试纸。

四、实验内容

1. 锑、铋、锡、铅氢氧化物的生成和酸碱性

往 0.5 mL 0.1 mol·L^{-1} $SbCl_3$ 溶液中滴加 2 mol·L^{-1} NaOH 制备少量 $Sb(OH)_3$ 沉淀，观察沉淀的颜色。将沉淀分为两份，分别试验它在 2 mol·L^{-1} HCl 和 2 mol·L^{-1} NaOH 溶液中的溶解情况。写出离子反应方程式；

用同样的方法制备 $Bi(OH)_3$ 沉淀，并试验它在 2 mol·L^{-1} HCl、2 mol·L^{-1} NaOH 和 6 mol·L^{-1} NaOH 溶液中的溶解情况。写出离子反应方程式；

制备少量 $Sn(OH)_2$、$Pb(OH)_2$ 沉淀，并试验它们在酸、碱中的溶解情况（试验 $Pb(OH)_2$ 碱性时该用什么酸？为什么?）。写出离子方程式。

根据试验结果，比较 $Sb(OH)_3$ 和 $Bi(OH)_3$；$Sn(OH)_2$ 和 $Pb(OH)_2$ 酸碱性的强弱。

2. Sn(Ⅱ)的还原性和 Pb(Ⅳ)、Bi(Ⅴ)的氧化性

(1) Sn(Ⅱ)的还原性

取 3～5 滴 0.1 mol·L^{-1} $HgCl_2$ 溶液，逐滴加入 0.1 mol·L^{-1} $SnCl_2$ 溶液，观察沉淀颜色的变化，写出反应方程式。

取 3～5 滴 0.1 mol·L^{-1} $SnCl_2$ 溶液，加入过量的 2 mol·L^{-1} NaOH 溶液（至沉淀溶解），然后，滴加 3～5 滴 0.1 mol·L^{-1} $BiCl_3$ 溶液，观察黑色沉淀的生成，写出反应方程式。

(2) Pb(Ⅳ)的氧化性

取少量 PbO_2 固体，加入 0.5 mL 浓盐酸，检验生成的是什么气体（用什么方法检验）？写出反应方程式。

取2滴0.1 mol·L^{-1} $MnSO_4$ 溶液，加入2 mL 2 mol·L^{-1} HNO_3 溶液酸化，再加少量 PbO_2 固体，在水浴中加热，观察溶液颜色的变化，写出反应方程式。

(3) Bi(Ⅴ)的氧化性

取2滴0.1 mol·L^{-1} $MnSO_4$ 溶液，加入1 mL 6 mol·L^{-1} HNO_3 溶液酸化，再加少量 $NaBiO_3$ 固体，观察溶液颜色的变化，写出反应方程式。

3. 难溶铅盐的生成和溶解性

取3～5滴0.1 mol·L^{-1} $Pb(NO_3)_2$ 溶液4份，分别加入3～5滴2 mol·L^{-1} HCl、2 mol·L^{-1} H_2SO_4、0.1 mol·L^{-1} KI、0.1 mol·L^{-1} K_2CrO_4 溶液，观察沉淀的生成，并记录沉淀的颜色，写出反应方程式。

检验 $PbCl_2$ 沉淀在热水和浓盐酸中的溶解情况，写出有关的反应方程式。

试验 PbI_2 沉淀在过量 KI 溶液中的溶解情况，写出有关的反应方程式。

试验 $PbSO_4$ 沉淀在6 mol·L^{-1} NaOH 溶液和饱和 NaAc 溶液中的溶解情况。写出有关的反应方程式。

试验 $PbCrO_4$ 沉淀在6 mol·L^{-1} HNO_3 溶液中的溶解情况。写出反应方程式。

4. 锑、铋、锡、铅硫化物及锑、锡硫代酸盐的性质

在5支离心试管中分别取3～5滴0.1 mol·L^{-1} $SnCl_2$、$SnCl_4$、$SbCl_3$、$Pb(NO_3)_2$、$Bi(NO_3)_3$ 溶液，加入饱和 H_2S 水溶液(或5%硫代乙酰胺代替，但须水浴加热)，观察并记录沉淀的颜色；离心分离，洗涤沉淀，分别试验沉淀在1 mol·L^{-1} Na_2S、1 mol·L^{-1} $(NH_4)_2S_2$ 和6 mol·L^{-1} HNO_3 溶液作用下是否溶解，若沉淀溶解，再用2 mol·L^{-1} HCl酸化，又有什么现象产生？将实验结果记录在下表中。

硫 化 物	SnS	SnS_2	PbS	Sb_2S_3	Bi_2S_3
颜　色					
加 Na_2S 溶解情况					
加 $(NH_4)_2S_2$ 溶解情况					
加 6 $mol \cdot L^{-1}$ HNO_3					
溶解物再加 2 $mol \cdot L^{-1}$ HCl					

根据实验现象，比较各种硫化物在性质上的差异，写出有关的反应方程式。

思考题

1. 检验 $NaBiO_3$ 氧化性实验中，为什么要选用 HNO_3 酸化？如选用 Mn^{2+} 离子作还原剂，Mn^{2+} 的用量对反应有何影响？

2. 实验室配置 $SnCl_2$ 溶液时，为什么既要加盐酸又要加锡粒？

3. 在试验 $Pb(OH)_2$ 的碱性时，应使用何种酸？为什么？

4. 试验 SnS 与 Na_2S 作用时，Na_2S 溶液为什么要新配置的？

5. 难溶铅盐溶解的条件是什么？本实验中哪些是降低了 Pb^{2+} 离子浓度？哪些是降低了酸根离子浓度？

趣味实验

——试管中的化学花园的形成

取 6 支内装液柱为 15 cm，密度为 1.07～1.08 $g \cdot mL^{-1}$ 水玻璃溶液的试管中，分别投入一小粒晶形较完整的 $CuSO_4$、$NiCl_2$、$FeCl_3$、$CoCl_2$、$MnCl_2$、$FeSO_4$ 晶体。静置 10 min 后，即能观察到颜色鲜艳的各种石参柱。

指导与思考

1. 化学花园的形成和水玻璃的浓度有何关系？

2. 如将各种重金属的盐类同时投入密度小于 1.07 g·mL^{-1} 的水玻璃的容器中将会出现何种情况？

6-3 实验二十八 d区重要金属化合物(一)

一、实验目的

1. 实验并了解铬和锰的各种氧化态化合物的生成和性质。

2. 实验并掌握铬和锰各种氧化态化合物之间的转化条件。

二、实验提要

铬和锰分别是周期表ⅥB和ⅦB元素。铬的化合物中，其氧化值有＋2、＋3、＋6，其中以＋3、＋6为常见。而Cr(Ⅵ)总是以CrO_4^{2-}、$Cr_2O_7^{2-}$和CrO_3等形式存在。

锰的化合物中锰的氧化值可以从＋2～＋7，其中以＋2、＋4、＋7为最常见。

Cr(Ⅲ)的氢氧化物具有两性。

在酸性溶液中，$Cr_2O_7^{2-}$为强氧化剂，易被还原为Cr^{3+}，而在碱性溶液中，CrO_2^-为较强还原剂，易被氧化成CrO_4^{2-}。

Cr(Ⅵ)的酸根离子在溶液中存在以下平衡：

$$2CrO_4^{2-}(\text{黄色}) + 2H^+ \rightleftharpoons Cr_2O_7^{2-}(\text{橙色}) + H_2O$$

上述平衡在酸性介质中向右移动，碱性介质中向左移动。

在酸性介质中$Cr_2O_7^{2-}$与H_2O_2反应而生成蓝色过氧化铬CrO_5，此反应可用来检验Cr(Ⅵ)与H_2O_2。

Mn(Ⅱ)在碱性溶液中易被空气氧化成棕色的MnO_2的水合物

$MnO(OH)_2$，但在酸性溶液中相当稳定，必须用强氧化剂，如 PbO_2、$NaBiO_3$ 等才能氧化为 MnO_4^-。

在中性或弱酸性溶液中 MnO_4^- 和 Mn^{2+} 反应生成棕色的 MnO_2 沉淀，在碱性溶液中，MnO_4^- 和 MnO_2 反应生成绿色的 MnO_4^{2-}。MnO_4^{2-} 只能在强碱性条件下存在，在酸性、中性、弱碱性溶液中，都会歧化为 MnO_4^- 和 MnO_2。

$KMnO_4$ 是强氧化剂，在酸性、中性、碱性介质中和少量还原剂作用分别被还原成 Mn^{2+}、MnO_2、MnO_4^{2-}。

在酸性溶液中，Mn^{2+} 可被 $NaBiO_3$ 氧化成紫红色的 MnO_4^-，这个反应可用来鉴定 Mn^{2+}。

三、实验用品

仪器、用品：试管及试管架，铁架台，石棉网，煤气灯，小烧杯。

试剂、材料：H_2SO_4（2.0 mol · L^{-1}），H_2SO_4（1.0 mol · L^{-1}），HCl（2.0 mol · L^{-1}），HNO_3（6.0 mol · L^{-1}），HCl（浓），HAc（2.0 mol · L^{-1}），NaOH（6.0 mol · L^{-1}），NaOH（2.0 mol · L^{-1}），NaOH（0.1 mol · L^{-1}），K_2CrO_4（0.1 mol · L^{-1}），$K_2Cr_2O_7$（0.1 mol · L^{-1}），$KMnO_4$（0.1 mol · L^{-1}），$KMnO_4$（0.01 mol · L^{-1}），Na_2SO_3（0.5 mol · L^{-1}），Na_2SO_3（0.1 mol · L^{-1}），$BaCl_2$（0.1 mol · L^{-1}），$Cr_2(SO_4)_3$（0.1 mol · L^{-1}），$MnSO_4$（0.1 mol · L^{-1}），$AgNO_3$（0.1 mol · L^{-1}），$Pb(NO_3)_2$（0.1 mol · L^{-1}），H_2O_2（3%），Na_2SO_3(s)，MnO_2（粉末），$NaBiO_3$(s)，醋酸铅试纸。

四、实验内容

（一）铬的化合物的生成和性质

1. Cr(Ⅲ)氧化物的两性

以氯化铬或铬钾矾在试管中制备少量 $Cr(OH)_3$，并试验其两性（试验物质酸碱性的方法可见实验二十七）。

2. CrO_4^{2-} 和 $Cr_2O_7^{2-}$ 之间的转化

取少量 CrO_4^{2-} 溶液，加入你认为合适的试剂使其转化为 $Cr_2O_7^{2-}$；

在上述 $Cr_2O_7^{2-}$ 溶液中，加入你所选择的试剂使其转化为 CrO_4^{2-}。

3. Cr(Ⅲ)与 Cr(Ⅵ)之间的转化

(1) 取2滴 0.1 mol·L^{-1} $Cr_2(SO_4)_3$ 溶液，逐滴加入2 mol·L^{-1} NaOH 溶液，观察生成物的颜色和状态。加入过量 NaOH，观察变化。在溶液中加入足量 3% H_2O_2 溶液，微热，颜色如何变化？继续加热煮沸以赶走氧气。取出溶液 5 滴，用稀 HAc 酸化，加入 3% H_2O_2，检验溶液中的 CrO_4^{2-}。

以上反应可用来鉴定 Cr(Ⅲ)离子。

(2) 在酸化的 0.1 mol·L^{-1} $Cr_2O_7^{2-}$ 溶液中，加入少许 Na_2SO_3 固体，观察现象，写出反应方程式。

4. 重铬酸盐和铬酸盐的溶解性

分别在 CrO_4^{2-} 和 $Cr_2O_7^{2-}$ 溶液中各加入少量 $Pb(NO_3)_2$、$BaCl_2$、$AgNO_3$，观察产物的颜色和状态，写出反应方程式。

(二) 锰的化合物的生成和性质

1. $Mn(OH)_2$ 的生成和性质

取 10 mL 0.1 mol·L^{-1} $MnSO_4$ 溶液，分成三份：

第一份：滴加 0.1 mol·L^{-1} NaOH 溶液，观察沉淀的颜色；振荡试管，观察沉淀的颜色有何变化？

第二份：滴加 0.1 mol·L^{-1} NaOH 溶液，产生沉淀后再加入过量 NaOH 溶液，观察沉淀是否溶解？

第三份：滴加 0.1 mol·L^{-1} NaOH 溶液，迅速加入 2 mol·L^{-1} 盐酸溶液，观察沉淀是否溶解？

写出上述有关的反应方程式，由此实验你能总结出 $Mn(OH)_2$ 具有什么性质吗？

2. Mn(Ⅱ)的还原性

在2滴0.1 mol·L^{-1} $MnSO_4$溶液中，加入6.0 mol·L^{-1} HNO_3溶液，再加入少许固体$NaBiO_3$，水浴加热，观察溶液颜色的变化，写出反应方程式。

3. MnO_2的生成和性质

(1) 0.1 mol·L^{-1} $KMnO_4$溶液中逐滴加入0.2 mol·L^{-1} $MnSO_4$溶液，观察沉淀的颜色。往沉淀中加入1.0 mol·L^{-1} H_2SO_4溶液和0.1 mol·L^{-1} Na_2SO_3溶液，沉淀是否溶解？写出有关的反应方程式。

(2) 取少量固体MnO_2，加1 mL浓盐酸，静置片刻，观察溶液的颜色，加热，溶液的颜色有何变化，设法检验所产生的气体，写出反应方程式。

4. $KMnO_4$ 的氧化性

分别试验高锰酸钾溶液和亚硫酸钠溶液（新配制）在酸性（1.0 mol·L^{-1} H_2SO_4）、近中性（去离子水）、碱性（1.0 mol·L^{-1} NaOH）介质中的反应，根据实验结果说明在不同的介质中，$KMnO_4$的还原产物分别是什么？

5. MnO_4^{2-} 的生成和性质

(1) 取0.5 mL 0.01 mol·L^{-1} $KMnO_4$ 溶液，加入数滴6 mol·L^{-1} NaOH溶液，再加入少量固体MnO_2，观察溶液颜色的变化。离心分离，保留溶液作下面实验用。

(2) 取上述实验所得的 K_2MnO_4 溶液，分盛于两支试管中。在一支试管中加少量水，另一支试管中加少量3 mol·L^{-1} H_2SO_4，观察现象，写出离子反应方程式。说明 MnO_4^{2-} 稳定存在的介质条件。

思考题

1. 根据实验，设计下列转化反应的条件（介质、氧化剂或还原剂）：

① Cr(Ⅵ)⟶ Cr(Ⅲ)

② Cr(Ⅲ)⟶Cr(Ⅳ)

2. 在实验(一)的3(1)中，当Cr(Ⅲ)转化为Cr(Ⅵ)后，为什么要煮沸后才可以加酸？为什么要用醋酸酸化？

3. $KMnO_4$ 在不同的介质中还原产物不同，在实验中，你认为试剂加入的先后顺序对实验结果有无影响？为什么？

4. 用示意图表示锰的各种氧化态之间的转化条件（介质、氧化剂或还原剂）。

6-4 实验二十九 d区重要金属化合物(二)

一、实验目的

1. 掌握Fe(Ⅱ)、Co(Ⅱ)、Ni(Ⅱ)化合物的还原性和Fe(Ⅲ)、Co(Ⅲ)、Ni(Ⅲ)化合物的氧化性及其递变规律。

2. 掌握Fe、Co、Ni的主要配位化合物的性质。

3. 了解 Fe^{2+}、Fe^{3+}、Co^{2+}、Ni^{2+} 离子的分离与鉴定。

二、实验原理

铁、钴、镍是周期表中第ⅧB族元素，常见的盐是Fe(Ⅲ)、Fe(Ⅱ)、Co(Ⅱ)、Ni(Ⅱ)盐，其中硝酸盐、硫酸盐和卤化物易溶于水，这些金属的阳离子水合时颜色会发生变化。例如：Fe^{2+} 由白色变为浅绿色，Co^{2+} 由蓝色变为粉红色，而 Ni^{2+} 由黄色变为亮绿色。它们的盐从水中析出时，形成含结晶水的晶体，随着结晶水量的改变，其颜色也会发生变化。例如：

$$\underset{\text{(粉红色)}}{CoCl_2\cdot 6H_2O}\xrightarrow{50℃}\underset{\text{(紫红色)}}{CoCl_2\cdot 2H_2O}\xrightarrow{90℃}\underset{\text{(蓝紫色)}}{CoCl_2\cdot H_2O}\xrightarrow{120℃}\underset{\text{(蓝色)}}{CoCl_2}$$

一般情况下，铁表现+3(弱氧化性)和+2(还原性)的氧化态，+6氧化态不稳定，具有强氧化性，Fe^{2+} 和 Fe^{3+} 比较容易相互转化。

钴有＋3和＋2的氧化态，＋2氧化态是简单钴化物的最稳定的氧化态，＋3氧化态在配合物中(例如:钴氨、钴氰等配合物)中表现稳定。镍的氧化态有＋2、＋3及＋4等几种，但镍的稳定氧化态是＋2。本实验只讨论这三种元素在最常见的＋2、＋3氧化态下的情况。

这三种元素的$M(OH)_3$和$M(OH)_2$均为碱，一般情况下，它们的可溶性盐均发生水解，＋3价盐比＋2价盐更容易水解。

M(Ⅲ)在酸性介质中是氧化剂，随着原子序数增加，这三种元素三价离子的氧化性依次增强。

这三种元素的阳离子有空轨道，能形成很多种配合物。利用配合物的生成和颜色的改变，可以进行离子的鉴定和分离。

Fe^{2+}和赤血盐$K_3[Fe(CN)_6]$、Fe^{3+}和黄血盐$K_4[Fe(CN)_6]$作用。均可获得蓝色的$KFe[Fe(CN)_6]$沉淀。Fe^{3+}离子在弱酸性介质中还可与KCNS作用形成血红色配离子$[Fe(CNS)_n]^{3-n}$，利用上述反应可鉴定Fe^{2+}和Fe^{3+}。

Co^{2+}与KCNS作用生成蓝色配离子$[Co(CNS)_4]^{2-}$，该配离子在某些有机溶剂中较稳定，利用该反应可鉴定Co^{2+}。

Ni^{2+}在弱碱性($NH_3 \cdot H_2O$)介质中与丁二肟生成鲜红色螯合物沉淀，这是鉴定Ni^{2+}的灵敏反应：

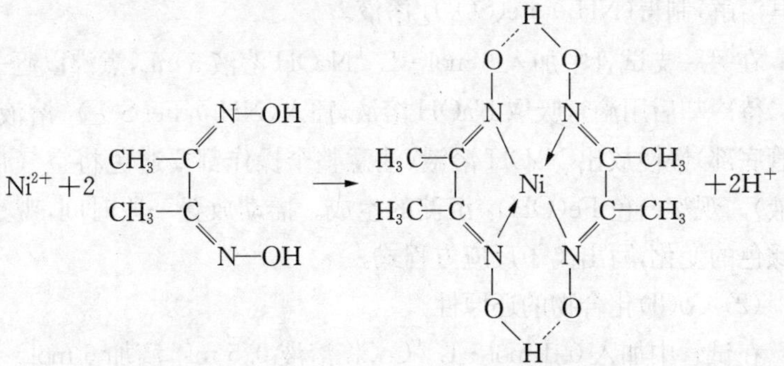

丁二酮肟　　　　二(丁二酮肟)合镍(Ⅱ)

三、实验用品

仪器、用品:试管及试管架,铁架台,石棉网,煤气灯,小烧杯。

试剂、材料:H_2SO_4(1.0 mol·L^{-1}),HCl(浓),HCl(2.0 mol·L^{-1}),NaOH(6.0 mol·L^{-1}),NaOH(0.1 mol·L^{-1}),$NH_3 \cdot H_2O$(6.0 mol·L^{-1}),$KMnO_4$(0.01 mol·L^{-1}),KI(0.1 mol·L^{-1}),$K_3[Fe(CN)_6]$(0.01 mol·L^{-1}),$K_4[Fe(CN)_6]$(0.01 mol·L^{-1}),KSCN(饱和),NH_4F(1.0 mol·L^{-1}),$FeSO_4$(0.1 mol·L^{-1}),$CoCl_2$(0.1 mol·L^{-1}),$Ni(NO_3)_2$(0.1 mol·L^{-1}),$NiSO_4$(0.1 mol·L^{-1}),CCl_4,溴水,H_2O_2(3%),丁二酮肟(1%),$(NH_4)_2Fe(SO_4)_2$(s),醋酸铅试纸。

四、实验内容

1. Fe(Ⅱ)、Co(Ⅱ)、Ni(Ⅱ)化合物的还原性

(1) Fe(Ⅱ)化合物的还原性

① 设计并完成实验,证明 $FeSO_4$ 在酸性介质中能被 $KMnO_4$ 氧化,观察现象并写出离子反应方程式。

② 在一支试管中,加入 1 mL 去离子水和几滴稀 H_2SO_4,煮沸以赶去空气(为什么?),待冷却后,加入少量 $(NH_4)_2Fe(SO_4)_2 \cdot 6H_2O$ 固体,使其溶解,制得 $(NH_4)_2Fe(SO_4)_2$ 溶液。

在另一支试管中加入 6 mol·L^{-1} NaOH 溶液 3 mL,煮沸以赶去空气。待冷却后用滴管吸取 NaOH 溶液,插入 $(NH_4)_2Fe(SO_4)_2$ 溶液(至试管底部)慢慢放出 NaOH 溶液(注意整个操作都要避免将空气带入溶液)。观察白色 $Fe(OH)_2$ 沉淀的生成。摇动放置一段时间,观察沉淀颜色的变化,写出离子反应方程式。

(2) Co(Ⅱ)化合物的还原性

在试管中加入 0.1 mol·L^{-1} $CoCl_2$ 溶液 0.5 mL,滴加 6 mol·L^{-1} NaOH 溶液,观察现象。将沉淀分盛于两支试管中,一支试管中的沉淀

放置片刻，观察沉淀颜色的变化；在另一支试管中加入数滴 3% H_2O_2 溶液，观察沉淀颜色的变化，将 CoO(OH)沉淀保留作 2(2)实验用。写出离子反应方程式。

(3) Ni(Ⅱ)化合物的还原性

在两支试管中分别制备少量 $Ni(OH)_2$ 的沉淀，观察沉淀的颜色。然后在一支试管中加入 3% H_2O_2 溶液，在另一支试管中加入几滴 Br_2 水，观察沉淀颜色的变化有何不同。将 NiO(OH)沉淀保留作 2(3)实验用。写出离子反应方程式。

2. Fe(Ⅲ)、Co(Ⅲ)、Ni(Ⅲ)化合物的氧化性

(1) 自制少量 $Fe(OH)_3$ 沉淀(选用什么试剂)，然后加入浓 HCl，观察现象(有无 Cl_2 产生？应该怎样检验?)。再加入 0.5 mL CCl_4 和 1 滴 0.1 $mol \cdot L^{-1}$ KI 溶液，观察 CCl_4 层颜色的变化。写出有关反应的离子方程式。

(2) 用实验 1(2)制得的 CoO(OH)沉淀，加入少量浓 HCl，观察现象，并检验所产生的气体。写出离子反应方程式。

(3) 用实验 1(3)制得的 NiO(OH)沉淀，加入少量浓 HCl，观察现象，并检验所产生的气体。写出离子反应方程式。

根据实验比较 $Fe(OH)_2$、$Co(OH)_2$、$Ni(OH)_2$ 还原性的强弱和 $Fe(OH)_3$、CoO(OH)、NiO(OH)氧化性的强弱。

3. 铁、钴、镍的配合物

(1) 设计一组利用生成配合物反应的实验来鉴定下列离子，观察现象并写出各自的离子反应方程式：

① Fe^{2+}；② Fe^{3+}；③ Fe^{3+} 和 Co^{2+} 混合液中的 Co^{2+} 。

提示：应注意，由于 $[Co(NCS)_4]^{2-}$ 在水溶液中不稳定，鉴定时要加饱和 KSCN 溶液或固体 KSCN，并用丙酮萃取；Fe^{3+} 对 Co^{2+} 鉴定反应有干扰，应选用试剂将 Fe^{3+} 掩蔽起来。

(2) 在点滴板上加 1 滴 0.1 $mol \cdot L^{-1}$ $NiSO_4$ 溶液，1 滴6 $mol \cdot L^{-1}$ $NH_3 \cdot H_2O$，再加入 1 滴 1% 丁二酮肟，观察鲜红色沉淀的生成。

(3) 氨合物

① 取 1 mL $FeCl_3$ 溶液，滴加 6 mol·$L^{-1}$$NH_3\cdot H_2O$ 直至过量，观察沉淀是否溶解。

② 在两支试管中分别加入 0.5 mL 浓度均为 0.1 mol·L^{-1} $CoCl_2$ 溶液和 $NiSO_4$ 溶液。然后再分别加入过量的 6 mol·L^{-1} $NH_3\cdot H_2O$，观察现象。静置片刻，观察溶液颜色有无变化。写出有关的离子反应方程式。

根据实验比较$[Co(NH_3)_6]^{2+}$、$[Co(NH_3)_6]^{3+}$稳定性的相对大小。

思考题

1. 如何选择合适的实验方法使 $FeCl_2$ 变为 $FeCl_3$，使 $FeCl_3$ 变为 $FeCl_2$ 而不引进杂质？

2. 实验室中硅胶变色的原理何在？

3. 配制$(NH_4)_2Fe(SO_4)_2$ 溶液，为何去离子水必须煮沸过？

4. 为什么 Co(Ⅱ)离子在水溶液中可呈不同的颜色（粉红色、浅紫色或蓝紫色）？

5. 用氧化剂 Br_2 氧化制备 CoO(OH)、NiO(OH)的过程中，应把制得沉淀后的溶液加热至沸，为什么？分离后应将沉淀用水洗涤，洗去什么？如不这样做对其性质试验将会带来哪些影响？

趣味实验

——着火的铁

在干燥的试管中装入⅕～¼体积的草酸亚铁（$FeC_2O_4\cdot 2H_2O$），先小火加热后强热，并不断搅拌，待试管内草酸亚铁完全变成黑色时，停止加热，移去火焰，迅速塞上橡皮塞。稍后去除橡皮塞，倒置试管，边振动边洒落试管内的微铁粉，即可观察到闪光的火星。

指导与思考

1. 根据以上操作条件所得的铁粉，其化学反应方程式可表示如下：

$$FeC_2O_4 \cdot 2H_2O = CO + CO_2 + H_2O + FeO$$

$$3FeO = Fe_2O_3 + Fe$$

$$FeO = Fe_3O_4 + Fe$$

2. 将一枚铁钉按上述操作能否看到着火现象？如无着火现象，那么请思考：同样是铁为什么组成微铁粉后接触空气就能闪光发火。

3. 要使以上实验现象明显，你认为关键在哪一个步骤上？

4. 如用煤、砂糖、淀粉等细粉末代替草酸亚铁，是否也能发生类似的现象？

6-5 Experiment 30 Important metal compounds of ds block elements

Purpose

1. To grasp the reactions of Cu^{2+}, Ag^{+}, Zn^{2+}, Cd^{2+}, Hg^{2+}, Hg_2^{2+} ions with NaOH or $NH_3 \cdot H_2O$, respectively.

2. To familiar the important coordination compounds of Cu^{2+}, Ag^{+}, Zn^{2+}, Cd^{2+}, Hg^{2+}, Hg_2^{2+} ions and their properties.

3. To master the interconvert conditions of Cu(Ⅰ) and Cu(Ⅱ) or Hg(Ⅰ) and Hg(Ⅱ).

4. To find out the identification reactions of Cu^{2+}, Ag^{+}, Zn^{2+}, Hg^{2+} ions.

principal

Cu, Ag and Zn, Cd, Hg are IB group and IIB group elements in the periodic table, respectively.

1. Hydroxide (or oxide) of Cu, Ag and Zn, Cd, Hg

Hydroxide (or oxide) of Cu, Ag and Zn, Cd, Hg are insoluble in water, Hydroxide of Ag and Hg are very unstable and easy to lost water molecule and then become Ag_2O, HgO, Hg_2O (Hg + HgO). $Cu(OH)_2$ is also not stable and easy to lost one water to become CuO, especially when heated or storage for a long time. $Cu(OH)_2$ and $Zn(OH)_2$ are amphoteric compounds, while $Cd(OH)_2$ is basic and only slowly dissolves in hot stronger alkaline solutions. Ag_2O, HgO, Hg_2O (Hg + HgO) are all insoluble in alkaline solutions.

2. Interconversion of Cu (Ⅰ) and Cu (Ⅱ)

$$E^{\ominus}_{A}/V \quad Cu^{2+}\xrightarrow{0.153}Cu^{+}\xrightarrow{0.521}Cu$$

As shown above:

(1) Disproportionation reaction can occur for Cu (Ⅰ) ion in solution, so Cu^{+} is unstable in solution. It can only exist in some insoluble compounds such as Cu_2O, Cu_2S, CuCl etc, or in some very stable coordination compounds such as $[Cu(CN)_2]^-$ etc.

(2) If Cu (Ⅱ) converts into Cu (Ⅰ), adding reducing agent is a must, and it is also necessary to make Cu (Ⅰ) compounds insoluble or form very stable coordination compounds. For example, Cu powder can reduce $CuCl_2$ in hot, concentrated HCl or NaCl - HCl solution to form $[CuCl_2]^-$ complex. Dilution of the above solution with water will form insoluble CuCl. The following reactions take place:

$$Cu^{2+}(\text{blue}) + Cu + 4Cl^{-} = 2[CuCl_2]^{-}(\text{colorless})$$

$$[CuCl_2]^{-} = 2CuCl\downarrow(\text{white}) + 2Cl^{-}$$

$$Cu^{2+} + Cu + 2Cl^{-} = 2CuCl$$

The reason that the above reaction take place is that complexation ($[CuCl_2]^-$) or precipitation ($CuCl$) greatly decrease the concentration of Cu(Ⅰ) and thus change the electric potential of the redox pair.

$$E^{\ominus}_{A}/V \quad Cu^{2+} \xrightarrow{0.51} CuCl \xrightarrow{0.17} Cu$$

3. Interconversion of Hg(Ⅰ) and Hg(Ⅱ)

$$E^{\ominus}_{A}/V \quad Hg^{2+} \xrightarrow{0.920} Hg_2^{2+} \xrightarrow{0.797} Hg$$

(1) Disproportionation reaction can not occur spontaneously for Hg_2^{2+} and thus it is stable in solution. One can get Hg (Ⅰ) compound by the redox reaction between metal Hg and Hg (Ⅱ) complexes directly.

(2) Hg (Ⅰ) ion can convert to Hg (Ⅱ) ion by the disproportionation reaction of Hg_2^{2+} ion besides oxidative reactions. When Hg^{2+} ions form insoluble complexs or coordination compounds, the Hg^{2+} concentration will be decrease which results in decrease of $E^{\ominus}_{Hg^{2+}/Hg_2^{2+}}$. The disproportionation reaction of Hg_2^{2+} can occur when the value of $E^{\ominus}_{Hg^{2+}/Hg_2^{2+}}$ is low than 0.797 V. For instance:

$$Hg_2Cl_2 + 2NH_3 \cdot H_2O = Hg(NH_2)Cl\downarrow + Hg\downarrow + NH_4Cl + 2H_2O$$

$$Hg_2(NO_3)_2 + 4NH_3 \cdot H_2O = HgO \cdot (NH_2)HgNO_3\downarrow + 2Hg\downarrow + 3NH_4NO_3 + 3H_2O$$

$$Hg_2^{2+} + S^{2-} = HgS\downarrow + Hg\downarrow$$

$$Hg_2^{2+} + 2OH^{-} = HgO\downarrow + Hg\downarrow + H_2O$$

$$Hg_2I_2 + 2I^- \xlongequal{\quad} [HgI_4]^{2-} + Hg\downarrow$$

Red-brown precipitate can be formed when $[HgI_4]^{2-}$ reacts with NH_4^+ ion in basic solution, which can identify NH_4^+ ion.

$$NH_4^+ + 2[HgI_4]^{2-} + 4OH^- = \left[O\begin{array}{c}Hg\\ \diagup\quad\diagdown\\ \\ \diagdown\quad\diagup\\ Hg\end{array}NH_2\right]I\downarrow + 7I^- + 3H_2O$$

4. Silver halide

Silver halide is insoluble in water, but it is soluble when it forms coordination compounds, for example:

$$AgCl + 2NH_3 \xlongequal{\quad} [Ag(NH_3)_2]^+ + Cl^-$$

$$AgBr + 2S_2O_3^{2-} \xlongequal{\quad} [Ag(S_2O_3)_2]^{3-} + Br^-$$

$$AgI + 2CN^- \xlongequal{\quad} [Ag(CN)_2]^- + I^-$$

Materials

Instruments: test tube, test tube rack, retort stand, asbestosed wire gauze, gas lamp, beaker.

Reagent: HCl (concentrated, 2.0 $mol \cdot L^{-1}$), HNO_3 (2.0 $mol \cdot L^{-1}$), NaOH (40%, 6.0 $mol \cdot L^{-1}$, 0.1 $mol \cdot L^{-1}$), $NH_3 \cdot H_2O$ (6.0 $mol \cdot L^{-1}$, 2.0 $mol \cdot L^{-1}$), KBr (0.1 $mol \cdot L^{-1}$), KI (0.1 $mol \cdot L^{-1}$), NaCl (saturation), NH_4Cl (0.1 $mol \cdot L^{-1}$), $CuSO_4$ (0.1 $mol \cdot L^{-1}$); $CuCl_2$ (1.0 $mol \cdot L^{-1}$), $ZnSO_4$ (0.1 $mol \cdot L^{-1}$), $AgNO_3$ (0.1 $mol \cdot L^{-1}$), $CdSO_4$ (0.1 $mol \cdot L^{-1}$), $Hg(NO_3)_2$ (0.1 $mol \cdot L^{-1}$), Na_2S (1.0 $mol \cdot L^{-1}$), $Hg_2(NO_3)_2$ (0.1 $mol \cdot L^{-1}$), $Na_2S_2O_3$ (0.1 $mol \cdot L^{-1}$), starch solution, copper powder.

Procedures

1. Formation and preparation of oxides

(1) Prepare a small amount of $Cu(OH)_2$ precipitate and observe the color. Then put $Cu(OH)_2$ precipitate in three different test tubes, respectively. 2 mol · L^{-1} HCl was dropped into one test tube; 6 mol · L^{-1} NaOH into another; and the third test tube was heated. Observe the experimental phenomena and write out ionic reaction equations.

(2) Prepare a small amount of $Zn(OH)_2$ precipitate and prove its amphoteric properties by experiments. Observe the experimental phenomena and write out ionic reaction equations.

(3) Put a small amount of $AgNO_3$, $CdSO_4$, $Hg(NO_3)_2$, $Hg_2(NO_3)_2$ solution into four different test tubes, respectively. Gradually add 2 mol · L^{-1} NaOH into each of them dropwisely. Observe the color of all precipitate, and then continue to drop excessive solution of 6 mol · L^{-1} NaOH into the four different test tubes. Observe carefully whether the precipitate dissolved or not. Write out ionic reaction equations.

According to the experimental results, compare the thermal stability of Cu (Ⅱ), Ag (Ⅰ), Hg (Ⅱ), Hg (Ⅰ) hydroxides and give out the conclusion.

2. Formation and properties of coordination compounds

(1) Formation and properties of ammine complexes

① Put a small amount of $CuSO_4$, $ZnSO_4$, $CdSO_4$ solution into three different test tubes, respectively. Gradually add 2 mol · L^{-1} $NH_3 \cdot H_2O$ into each of them (not excess) dropwisely. Observe the color of all precipitate. Continue to add excessive solution of 6 mol · L^{-1} $NH_3 \cdot H_2O$ into the three different test tubes and observe the experimental phenomena. Reserve $[Cu(NH_3)_4]^{2+}$ solution for the following experiments. Finally, write out ionic reaction equations.

② Small amount of $Hg(NO_3)_2$, $Hg_2(NO_3)_2$ solution were put into two different test tubes, respectively. Gradually added $NH_3 \cdot H_2O$ into each of them dropwisely until excess $NH_3 \cdot H_2O$ was added. Observe the experimental phenomena and write out ionic reaction equations.

③ Divide $[Cu(NH_3)_4]^{2+}$ solution of prepared above into three different test tubes, respectively. Add two drops of 2 $mol \cdot L^{-1}$ NaOH into one test tube; 0.1 $mol \cdot L^{-1}$ Na_2S into another test tube and 2 $mol \cdot L^{-1}$ HCl into the third test tube dropwsely. Observe the experimental phenomena and write out ionic reaction equations.

(2) Coordination compounds of silver

① Prepare small amount of AgCl precipitate, and then put in two different test tubes, respectively. 2 $mol \cdot L^{-1}$ $NH_3 \cdot H_2O$ was added dropwisely into one test tube, 0.1 $mol \cdot L^{-1}$ $Na_2S_2O_3$ into another test tube. Observe the solubility of AgCl precipitate and write out ionic reaction equations.

② Prepare small amount of AgBr and AgI precipitate, respectively. Test their solubilities in the solutions of $NH_3 \cdot H_2O$ and $Na_2S_2O_3$, respectively. Write out ionic reaction equations.

According to the experimental results, compare the solubilities of AgX and give out the conclusion.

(3) Coordination compounds of mercury

① Put two drops of 0.1 $mol \cdot L^{-1}$ $Hg(NO_3)_2$ solution into a test tube, then add several drops of 0.1 $mol \cdot L^{-1}$ KI solution. Observe the color of precipitate, and then continue to add excessive KI solution. Observe the experimental phenomena and write out ionic reaction equations.

Nessler reagent can be made by adding several drops of 40% NaOH solution into the solution of experiment ①. Then put one drop NH_4Cl solution on spot plate, and then add one or two drops

Nessler reagent prepared above. Observe the experimental phenomena and write out ionic reaction equations.

② The reaction method of ② was similar to that of ① except 0.1 mol · L^{-1} $Hg(NO_3)$ was replaced by 0.1 mol · L^{-1} $Hg_2(NO_3)_2$. Observe the experimental phenomena, write out ionic reaction equations. Summarize the differences of experimental phenomena of $Hg(NO_3)_2$ or $Hg_2(NO_3)_2$ reaction with KI by comparing the experiment ① and ②.

(4) Formation of cuprous halide

① Formation and properties of cuprous chloride

Prepare small amount of copper powder and put it in a test tube. To the test tube were added ten drops of 1 mol · L^{-1} $CuCl_2$, eight drops of saturated NaCl and two drops concentrated HCl solution, respectively. Heat the test tube until the solution becomes colorless and then stops. Pour all solution into 50 mL water in a small beaker (*Attention*: do not pour the excessive copper powder into the small beaker). Observe the formation of white precipitate.

Put a small amount of 2 mol · L^{-1} $NH_3 \cdot H_2O$ and concentrated HCl solutions into two different test tubes, respectively. To each of the solution was added small amount CuCl precipitate by pipette with exhausted air. Observe the experimental phenomena and write out ionic reaction equations.

② Formation of cuprous iodide

Put 0.1 mol · L^{-1} $CuSO_4$ solution (0.5 mL) into a test tube, then add 0.1 mol · L^{-1} KI solution dropwisely. Centrifuge separation the precipitate. One drop of the supernatant fluid from the centrifuge tube was added into another test tube, then dilutes it with water, and then adds starch solution into it to test whether there is I_2 generated in solution. Filter and wash precipitate, and then observe the color of precipitate. Write out ionic reaction equations.

Post-lab questions

1. How to stabilize Cu（Ⅰ）or Cu（Ⅱ）? How can they interconvert?

2. The products generated from CuCl reaction with $NH_3 \cdot H_2O$ or concentrated HCl are usually blue or yellow, why?

3. Why can it generate CuI precipitate when the solution of KI was added into the solution of $CuSO_4$, while it can not generate CuCl precipitate just KCl replacing KI?

4. How to prepare and stock $Hg_2(NO_3)_2$ solution?

6-6 实验三十一 常见阴离子的分离和鉴定

一、实验目的

1. 学习掌握常见阴离子的分离和鉴定方法，培养学生分析、判断的能力。

2. 熟悉常见阴离子的有关分析特性。

二、实验提要

阴离子主要是非金属元素组成的简单离子和复杂离子，常见的重要的阴离子有 Cl^-、Br^-、I^-、S^{2-}、SO_3^{2-}、$S_2O_3^{2-}$、SO_4^{2-}、NO_2^-、NO_3^-、PO_4^{3-}、CO_3^{2-}、$Cr_2O_7^{2-}$、MnO_4^-、ClO_3^- 等，其中有些阴离子具有还原性，有些阴离子具有氧化性，它们互不相溶，所以很少有多种阴离子共存。正因为阴离子彼此干扰较少，且很多阴离子有特效反应，所以通常用分别分析的方法。为了简化分析步骤，往往利用各种阴离子的沉淀性质，氧化还原性质，与酸反应性质等，预先作初步试验，分析判断溶液中不可能存在的阴离子，然后对可能存在的阴离子进行个别检验。只有在鉴定某些阴离子发生相互干扰时，例如 Cl^-、Br^-、I^- 共存；S^{2-}、SO_3^{2-}、$S_2O_3^{2-}$ 共存，才做适当的系统分离。

在进行混合阴离子的分析时，一般是利用阴离子的分析特性进行初步试验，确定离子存在的可能范围，然后进行个别离子的鉴定。阴离子的分析特性主要有：

(1) 低沸点酸和易分解酸的阴离子与酸反应放出气体或产生沉淀，利用产生气体的物理化学性质（表 6 - 9），可初步推断阴离子 CO_3^{2-}、S^{2-}、SO_3^{2-}、$S_2O_3^{2-}$、NO_2^- 是否存在。

表 6 - 9　常见阴离子与酸反应的现象与推断

观察到的现象(有气泡产生)			可能的结果		说　明
气体颜色	气体气味	析出气体的性质	气体组成	存在的阴离子	
无色	无臭	析出气体时产生嗞嗞声，并使石灰水变浑浊	CO_2	CO_3^{2-}	SO_2 也能使石灰水变浑浊
无色	窒息性燃硫味	使碘-淀粉溶液或稀 $KMnO_4$ 溶液褪色	SO_2	SO_3^{2-}，$S_2O_3^{2-}$(同时析出 S)	H_2S 也能使碘-淀粉溶液或稀 $KMnO_4$ 溶液褪色
无色	腐蛋气味	使 $PbAc_2$ 试纸变黑	H_2S	S^{2-}	
棕色	刺激性臭味		NO，NO_2	NO_2^-	

(2) 除碱金属盐和 NO_3^-、ClO_3^-、ClO_4^-、Ac^- 等阴离子形成的盐易溶解外，其余的盐类大多数是难溶的。目前一般多采用钡盐和银盐的溶解度差别，将常见的阴离子分成 3 组，见表 6 - 10。由此可确定整组离子是否存在。

表 6-10　常见阴离子的分组

组别	试剂	组内阴离子	特　性
第一组	$BaCl_2$（中性或弱碱性）	CO_3^{2-}、SO_4^{2-}、SO_3^{2-}、$S_2O_3^{2-}$、PO_4^{3-}	钡盐难溶于水（除 $BaSO_4$ 外其他钡盐溶于酸）；银盐溶于 HNO_3
第二组	$AgNO_3$（稀、冷 HNO_3）	S^{2-}、Cl^-、Br^-、I^-	银盐难溶于水和稀 HNO_3（Ag_2S 溶于热 HNO_3）
第三组	无	NO_2^-、NO_3^-、Ac^-	钡盐和银盐都溶于水

(3) 除 Ac^-、CO_3^{2-}、SO_4^{2-} 和 PO_4^{3-} 外，绝大多数阴离子具有不同程度的氧化还原性，在溶液中可能相互作用，改变离子原来的存在形式。在酸性溶液中，强还原性的阴离子 S^{2-}、SO_3^{2-}、$S_2O_3^{2-}$ 可被 I_2 氧化。利用加入 I_2-淀粉溶液后是否褪色，可判断这些阴离子是否存在。用强氧化剂 $KMnO_4$ 与之作用，若红色消失，还可能有 Br^-、I^- 弱还原阴离子存在。如红色不消失，则上述还原性阴离子都不存在。Cl^- 的还原性更弱，只有在 Cl^- 和 H^+ 浓度较大时，才能将 $KMnO_4$ 还原。在酸性溶液中氧化性阴离子 NO_2^- 可氧化 I^- 成为 I_2 使淀粉溶液变蓝，用 CCl_4 萃取后，CCl_4 层显紫红色，而 NO_3^- 只有浓度大时才有类似反应。

三、实验用品

仪器、用品：离心机，离心管，试管，点滴板。

试剂、材料：HCl(2 mol·L^{-1}、6 mol·L^{-1}、浓)，H_2SO_4(2 mol·L^{-1}、3 mol·L^{-1}、6 mol·L^{-1}、浓)，HNO_3(2 mol·L^{-1}、6 mol·L^{-1}、浓)，HAc (2 mol·L^{-1})，NaOH (2 mol·L^{-1}、6 mol·L^{-1})，$NH_3 \cdot H_2O$(2 mol·L^{-1}、6 mol·L^{-1}、浓)，$BaCl_2$(1.0 mol·L^{-1}、浓、0.1 mol·L^{-1})，$AgNO_3$(0.1 mol·L^{-1})，NaCl (0.1 mol·L^{-1})，KBr(0.1 mol·L^{-1})，KI(0.1 mol·L^{-1})，$NaNO_3$(0.1 mol·L^{-1})，

$NaPO_3$(0.1 mol·L^{-1})，$Na_2S_2O_3$ (0.1 mol·L^{-1})，KI(0.01 mol·L^{-1})，$KMnO_4$(0.01 mol·L^{-1})，NH_4Cl(饱和溶液)，Na_2CO_3(1.0 mol·L^{-1})，二苯胺的浓 H_2SO_4溶液，$Na_2[Fe(CN)_5NO]$溶液，$Ca(OH)_2$溶液，H_2O_2溶液(3%)，新配制的 NaClO 溶液，$(NH_4)_2MoO_4$ 溶液(0.1 mol·L^{-1})，$PbCO_3$(固)，$FeSO_4·7H_2O$ (固)，Ag_2SO_4(固)，CCl_4，氯水，碘-淀粉溶液，钼酸铵试剂，醋酸铅试纸，重铬酸钾试纸，淀粉碘化钾试纸。

四、实验内容

(一) 初步试验

1. 稀 H_2SO_4 试验

取试液 10 滴加稀 H_2SO_4 并在水浴中加热，若有气泡产生，表示可能还含有 CO_3^{2-}、S^{2-}、SO_3^{2-}、$S_2O_3^{2-}$、NO_2^- 等阴离子，则应注意气体的颜色和气味，并用相应的试纸鉴别，从而判断存在哪一种或哪几种阴离子。若没有气泡产生，则表示 S^{2-}、SO_3^{2-}、$S_2O_3^{2-}$、NO_2^- 等离子不存在。

2. $BaCl_2$ 试验

取试验 5 滴加入 2 滴 1.0 mol·L^{-1} $BaCl_2$ 溶液，若生成沉淀，则表示可能有 SO_4^{2-}、SO_3^{2-}、$S_2O_3^{2-}$、PO_4^{3-}、CO_3^{2-} 等离子存在。然后离心分离，在沉淀中加入 6 mol·L^{-1} HCl 数滴，沉淀不溶解，则表示有 SO_4^{2-} 存在。若没有沉淀生成，则上述阴离子不存在。

3. $AgNO_3$ 试验

取试液 5 滴加入 2 滴 0.1 mol·L^{-1} $AgNO_3$ 溶液，若立即生成黑色沉淀表示有 S^{2-}存在，若生成白色沉淀，且很快变黄、棕、黑，表示有 $S_2O_3^{2-}$ 存在离心分离，在沉淀中加入数滴6 mol·L^{-1} HNO_3，必要时加热，若沉淀不溶或部分溶解，表示可能有 Cl^-、Br^-、I^-存在。

4. 还原性阴离子试验

(1) 取试液 5 滴，用 2 mol·L^{-1} H_2SO_4 酸化，并滴加 0.01 mol·L^{-1} $KMnO_4$溶液，观察紫色是否褪去，若紫色褪去，哪些阴离子可能存在？写出反应方程式。

(2) 取试液 5 滴,用 2 mol·L^{-1} NaOH 溶液调至碱性,并滴加 0.01 mol·L^{-1} $KMnO_4$ 溶液,观察紫色是否褪去,若紫色褪去,哪些阴离子可能存在?写出反应方程式。

(3) 取未知试液 5 滴,用 2 mol·L^{-1} H_2SO_4 酸化,并滴加碘-淀粉溶液,若蓝色褪去,哪些阴离子可能存在 ?写出反应方程式。

5. 氧化性阴离子试验

取试液 5 滴,用 2 mol·L^{-1} H_2SO_4 酸化,加入 4 滴 CCl_4,再加 0.1 mol·L^{-1} KI 溶液 2 滴,观察 CCl_4 层变化,若 CCl_4 层显紫色,说明 NO_2^- 可能存在?写出反应方程式。

综上所述,阴离子的初步试验分以上五个方面,试将结果填入表 6-11。

表 6-11 阴离子初步试验结果

阴离子	稀 H_2SO_4 试验	$BaCl_2$ 试验	$AgNO_3$ 试验	还原性离子试验			氧化性阴离子试验	综合判断
				$KMnO_4$ 酸性	$KMnO_4$ 碱性	碘-淀粉		
SO_3^{2-}								
SO_4^{2-}								
$S_2O_3^{2-}$								
S^{2-}								
Cl^-								
Br^-								
I^-								
NO_3^-								
NO_2^-								
PO_4^{3-}								

（二）常见阴离子的鉴定

1. Cl^- 离子的鉴定

取含 Cl^- 试液(0.1 mol·L^{-1}NaCl)5 滴，加入稀 HNO_3 酸化后，滴入 0.1 mol·L^{-1} $AgNO_3$ 溶液生成白色沉淀，该白色沉淀溶于 $NH_3 \cdot H_2O$ 中。当再用 HNO_3 酸化时，又析出白色沉淀，表示有 Cl^- 存在。SCN^- 也能与 Ag^+ 生成白色沉淀 AgSCN，因此，当 SCN^- 存在时干扰 Cl^- 的鉴定。但在 $NH_3 \cdot H_2O$ (2 mol·L^{-1})溶液中，AgSCN 难溶，AgCl 易溶，并生成$[Ag(NH_3)_2]^+$，则可将 SCN^- 分离除去，在清液中加入 HNO_3，提高酸度，使 AgCl 沉淀再次析出。

2. Br^-、I^- 的鉴定

在两个试管中分别取含 Br^-（0.1 mol·L^{-1} KBr），含 I^-（0.1 mol·L^{-1}KI)试液 5 滴，各加入 CCl_4 10 滴，在逐滴加入饱和氯水，并振荡。若 CCl_4 层呈橙色，表示有 Br^-；若 CCl_4 层呈紫红色，表示有 I^- 。（注：在进行 Br^- 的个别鉴定时，若试液中有 S^{2-}、SO_3^{2-}、I^- 等还原性阴离子存在时，氯水先氧化这些还原性阴离子，所以氯水应适当过量。）

3. NO_2^- 的鉴定

取含 NO_2^- 试液 5 滴，用 3 mol·L^{-1} H_2SO_4 酸化，再加入 3 滴 0.1 mol·L^{-1}KI和 CCl_4 10 滴，振荡若 CCl_4 层呈紫红色，表示有 NO_2^- 存在。

4. NO_3^- 的鉴定

(1) 向盛有 0.1 mol·L^{-1} $NaNO_3$ 溶液的试管中加入 3 mol·L^{-1} H_2SO_4 酸化，沿试管壁慢慢加入 0.5 mL 二苯胺的浓 H_2SO_4 溶液。若在两种溶液的界面处出现蓝色环，则表示有 NO_3^- 存在。

(2) 在点滴板上滴加一滴试液，加入一颗硫酸亚铁晶体，沿晶体边缘滴加浓 H_2SO_4 溶液。如硫酸亚铁晶体四周形成棕色圆环，则表示有 NO_3^- 存在。（注：NO_2^- 对鉴定有干扰，可加 0.1 克尿素和数滴稀 H_2SO_4，煮沸试液使 NO_2^- 分解。）

5. $S_2O_3^{2-}$ 的鉴定

(1) 取含 $S_2O_3^{2-}$ 试液(0.1 mol·L^{-1} $Na_2S_2O_3$)5 滴,加几滴 0.1 mol·L^{-1} $AgNO_3$,生成白色沉淀。颜色逐渐由白-黄-棕-黑,则表示有 $S_2O_3^{2-}$ 存在。

(2) 取含 $S_2O_3^{2-}$ 试液(0.1 mol·L^{-1} $Na_2S_2O_3$)5 滴,加 2 mol·L^{-1} HCl 数滴加热,若溶液变浑浊,则表示有 $S_2O_3^{2-}$ 存在。

6. SO_3^{2-} 的鉴定

取含 SO_3^{2-} 试液(0.1 mol·L^{-1} Na_2SO_3)5 滴,加入 3 滴 I_2 -淀粉溶液,用 2 mol·L^{-1} HCl 酸化。若蓝紫色褪去,表示有 SO_3^{2-} 存在(但试液中要保证无 S^{2-} 和 $S_2O_3^{2-}$)。

7. S^{2-} 的鉴定

(1) 取含 S^{2-}(0.1 mol·L^{-1} Na_2S)试液 5 滴,加数滴 2 mol·L^{-1} HCl,若产生的气体使 $PbAc_2$ 试液变黑,表示有 S^{2-} 存在。

(2) 取含 S^{2-}(0.1 mol·L^{-1} Na_2S)试液 1 滴于点滴板上,加 1 滴 $Na_2[Fe(CN)_5NO]$ 溶液,显示特殊的紫红色,表示有 S^{2-}。

8. SO_4^{2-} 的鉴定

取含 SO_4^{2-} 的试液 5 滴,加入 0.1 mol·L^{-1} $BaCl_2$ 溶液几滴。如有白色沉淀产生,加入稀 HCl,沉淀不溶,表示有 SO_4^{2-} 存在。为避免 $S_2O_3^{2-}$ 对鉴定的影响,应先加 HCl 酸化,除去沉淀后,在进行 SO_4^{2-} 的检出。

9. PO_4^{3-} 的鉴定

取含 PO_4^{3-}(0.1 mol·L^{-1} Na_3PO_4)的试液 3 滴,加入 6 滴浓 HNO_3 和 10 滴 0.1 mol·L^{-1} $(NH_4)_2MoO_4$ 溶液,微热,若生成黄色沉淀,表示有 PO_4^{3-} 存在。如果试液中存在 SO_3^{2-}、$S_2O_3^{2-}$ 等还原性离子,则六价钼会被还原成低价"钼蓝",所以应在加入浓 HNO_3 后,立即加热煮沸,等温度降至 40—50℃,然后再加钼酸铵试剂,以鉴定 PO_4^{3-}。

10. CO_3^{2-} 的鉴定

将试液酸化后产生的 CO_2 气体导入 $Ca(OH)_2$ 溶液,使之变浑浊。S^{2-}和SO_3^{2-} 等离子对鉴定有干扰，可在酸化前加入 H_2O_2溶液，使S^{2-}和SO_3^{2-} 氧化为SO_4^{2-}，消除干扰。试管中取 5 滴试液，加入 5 滴 H_2O_2溶液(3%)，置于水浴上加热 3 min，如果检验溶液中无 S^{2-}和SO_3^{2-} 存在时，可向溶液中一次加入 20 滴 HCl 溶液($6\ mol\cdot L^{-1}$)，并立即插入吸有 $Ca(OH)_2$溶液的带塞滴管，使滴管口悬挂 1 滴溶液，观察溶液是否变浑浊。

表 6-12　常见阴离子的检出

离子	试剂	现象	条件
SO_4^{2-}	$HCl+BaCl_2$	白色沉淀($BaSO_4$)	酸性介质
CO_3^{2-}	$Ba(OH)_2$	$Ba(OH)_2$ 溶液浑浊($BaCO_3\downarrow$)	酸化试液
PO_4^{3-}	$(NH_4)_2MoO_4$	磷钼酸铵黄色沉淀	HNO_3 介质，过量试剂
S^{2-}	HCl	$Pb(Ac)_2$ 试纸变黑($PbS\downarrow$)	酸性介质
	$Na_2[Fe(CN)_5NO]$	紫色 $Na_4[Fe(CN)_5NOS]$	碱性介质
$S_2O_3^{2-}$	HCl	溶液变浑	酸性，加热
SO_3^{2-}	$BaCl_2+H_2O_2$	白色沉淀	酸性介质
Cl^-	银氨溶液中$+HNO_3$	白色沉淀	
Br^-	氯水$+CCl_4$	CCl_4 层黄色或橙黄色(Br_2)	
I^-	氯水$+CCl_4$	CCl_4 层紫色(I_2)	
NO_2^-	$KI+CCl_4$	CCl_4 层紫色	HAc 介质
	对氨基苯磺酸＋α-萘胺	红色染料	HAc 介质
NO_3^-	二苯胺	蓝色环	酸性介质
	$FeSO_4(s)+H_2SO_4$	棕色环	

以上鉴定方法只适于不存在其他干扰离子的情况，若是混合离子的试液，一般应先进行分离，再用以上方法鉴定。

（三）几种干扰性阴离子共同存在时的分离和鉴定

1. S^{2-}、SO_3^{2-}、$S_2O_3^{2-}$ 混合液的分离鉴定

(1) S^{2-} 离子的检出。取 1 滴试液于点滴板上，加 1 滴 $Na_2[Fe(CN)_5NO]$溶液，显示特殊的红紫色，表示有 S^{2-}。

(2) 除去 S^{2-}。由于 S^{2-} 对其他阴离子有干扰必须除去。取 10 滴试液于离心试管中，加少量 $PbCO_3$ 固体，充分搅拌后，离心分离，弃去沉淀。取清液 1 滴用 $Na_2[Fe(CN)_5NO]$检验 S^{2-} 是否除尽。

(3) $S_2O_3^{2-}$ 离子的检出。取 1 滴除去 S^{2-} 的试液于点滴板上，加几滴 0.1 $mol \cdot L^{-1}$ $AgNO_3$，生成白色沉淀，颜色逐渐由白-黄-棕-黑，表示有 $S_2O_3^{2-}$。

(4) SO_3^{2-} 的检出。在点滴板上滴入 2 滴饱和 $ZnSO_2$，然后加 1 滴 $K_4[Fe(CN)_6]$和 1 滴 1% $Na_2[Fe(CN)_5NO]$，并用 $NH_3 \cdot H_2O$ 将溶液调至中性，再滴加 1 滴除去 S^{2-} 后剩余的试液，若出现红色沉淀，表示有 SO_3^{2-}。

2. Cl^-、Br^-、I^- 混合液的分离鉴定

(1) AgCl、AgBr、AgI 沉淀。取 1 mL 含 Cl^-、Br^-、I^- 混合液于离心试管中，加 2 滴 6 $mol \cdot L^{-1}$ HNO_3 酸化，再加 0.1 $mol \cdot L^{-1}$ $AgNO_3$ 至沉淀完全，在水浴中加热 2 min，使卤化银聚沉。离心分离，弃去溶液，再用去离子水将沉淀洗涤 2 次，弃去洗涤液。

(2) Cl^- 的分离和检出。在沉淀上加 1 mL $NH_3 \cdot H_2O$ (2 $mol \cdot L^{-1}$)，搅拌 1 min，离心分离，沉淀用水洗涤一次，按(2)、(3)处理。清液用 6 $mol \cdot L^{-1}$ HNO_3 酸化，如有白色浑浊，表示有 Cl^-。

(3) Br^-、I^- 的溶出与检出。在上一步的沉淀中加 6 滴水和少量锌粉，搅拌 2～3 min，离心分离，弃去沉淀。溶液做检出 Br^-、I^- 用。将得到的清液分成两份，一份中加入 CCl_4 4～5 滴，加入 $NaNO_2$ 固体少量、1 $mol \cdot L^{-1}$ H_2SO_4 1 滴，摇匀后，CCl_4层出现紫红色，表示

有 I^- 离子存在。另一份清液中加入 CCl_4 4 滴，6 mol·L^{-1} H_2SO_4 4～5滴，加入新配制的 NaClO 溶液，充分摇匀，CCl_4 层出现紫红色，表示有 I^- 离子存在。再滴加新鲜的 NaClO 溶液，充分摇匀，CCl_4 层紫色褪去，出现橘黄色又转变成黄色，表示有 Br^- 离子存在。

3. NO_2^-、NO_3^- 混合液的分离鉴定

取试液 4 滴，用 HAc 酸化，加 0.1 mol·L^{-1}KI 和 CCl_4 振荡，有机层显紫红色，表示有 NO_2^-。另取试液 6 滴，加入尿素并加热，去除 NO_2^- 离子。经检验确定无 NO_2^- 时，在溶液中加入少量 $FeSO_4$ 固体，摇荡溶解后，将试管倾斜，从管壁慢慢滴入 1 mL 浓 H_2SO_4。若硫酸层与水溶液层的界面处有“棕色环”出现，表示有 NO_3^-。

为了提高分析的正确性，应进行“空白试验”和“对照试验”。“空白试验”是以去离子水代替试液，在相同条件下进行试验，以便确定试液中是否真正含有被鉴定的离子。“对照试验”是用已知含有鉴定离子的试液，在相同条件下进行试验，以便与未知试液的试验结果进行比较。

思考题

1. 阴离子的初步试验有哪些内容？为什么通过初步试验可以判断阴离子是否存在？

2. 在鉴定 SO_3^{2-} 和 $S_2O_3^{2-}$ 时，怎样除去 S^{2-} 的干扰？

3. 在鉴定 NO_3^- 时，怎样除去 NO_2^- 的干扰？

4. 为什么用 $AgNO_3$ 鉴定卤素离子，要同时加些 HNO_3，起有什么作用？

6-7　实验三十二　常见阳离子的分离和鉴定

一、实验目的

1. 熟悉常见阳离子与常用试剂的反应。

2. 掌握常见阳离子鉴定与分离的原理与方法。

二、实验提要

常见的重要阳离子有 NH_4^+、Na^+、K^+、Mg^{2+}、Ca^{2+}、Ba^{2+}、Al^{3+}、Pb^{2+}、Sn^{2+}、Sb^{3+}、Cu^{2+}、Cd^{2+}、Zn^{2+}、Co^{2+}、Ni^{2+}、Fe^{3+}、Mn^{2+}、Hg^{2+}、Cr^{3+} 等 20 多种，由于阳离子在个别定性检出时相互之间容易发生干扰，所以阳离子的分析一般都是利用阳离子的某些共同特性，先分成若干组，然后再根据阳离子的个别特性加以鉴定。

凡是能使一组阳离子在适当的反应条件下生成沉淀，从而与其他组阳离子分离的试剂称为组试剂。利用不同的组试剂把阳离子逐组分离，再进行鉴定的方法称为阳离子的系统分析。

阳离子的系统分析方法有多种。本实验结合学生学到的无机化学理论知识以及元素和化合物性质等知识，将 20 多种阳离子先分为六组。

第一组(易溶组)：NH_4^+、Na^+、K^+、Mg^{2+}。

第二组(氯化物组)：Ag^+、Pb^{2+}、Hg_2^{2+}。

第三组(硫酸盐组)：Ba^{2+}、Ca^{2+}、Pb^{2+}。

第四组(氨合物组)：Cu^{2+}、Cd^{2+}、Zn^{2+}、Co^{2+}、Ni^{2+}。

第五组(两性组)：Al^{3+}、Cr^{3+}、Sb(Ⅲ、Ⅴ)、Sn(Ⅱ,Ⅳ)。

第六组(氢氧化物组)：Fe^{2+}、Fe^{3+}、Bi^{3+}、Mn^{2+}、Hg^{2+}。

分离方法见阳离子系统分析图。

在阳离子系统分析基础上，再根据各组离子的特性，加以分离和鉴定。

第一组：易溶组阳离子的分析

本组阳离子主要有 NH_4^+、K^+、Na^+、Mg^{2+} 等，它们的盐多数易溶于水，没有一种共同的试剂可作为组试剂，所以采用个别鉴定方法将它们检出。

阳离子系统分析图

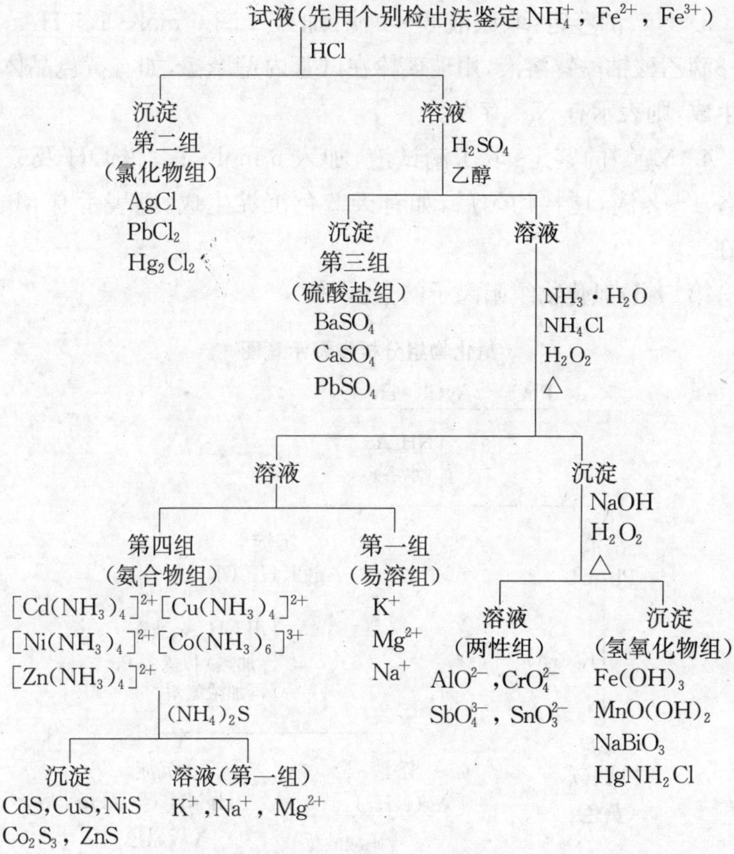

1. NH_4^+ 的鉴定：取两块表面皿，一块表面皿内滴入两滴试液与 2～3 滴 40％NaOH 溶液，另一块表面皿贴上红色石蕊试纸，然后将两块表面皿扣在一起做成气室，若红色石蕊试纸变蓝，则表示有 NH_4^+ 存在。

2. K^+ 的鉴定：取试液 3～4 滴，加入 1～2 滴 6 mol·L^{-1} HAc 酸化，再加入 4～5 滴饱和 $Na_3[Co(NO_2)_6]$溶液，用玻璃棒搅拌，并摩擦试管内壁，片刻后如有黄色沉淀生成，则表明有 K^+ 存在，NH_4^+ 与 $Na_3[Co(NO_2)_6]$作用也能生出黄色沉淀，干扰 K^+ 的鉴定，应预先用灼烧法除去。

3. Na^+ 的鉴定：取试液 3～4 滴，加入 1 滴 6 mol·L^{-1} HAc 及 7～8滴乙酸铀酰锌溶液，用玻璃棒在试管内壁摩擦，如有黄色晶体沉淀生成，则表示有 Na^+ 存在。

4. Mg^{2+} 的鉴定：取 1 滴试液，加入 6 mol·L^{-1} NaOH 及镁试剂各 1～2 滴，搅拌均匀后，如有天蓝色沉淀生成，则表示有 Mg^{2+} 存在。

第二组：氯化物组阳离子的分析

氯化物组分析步骤示意图

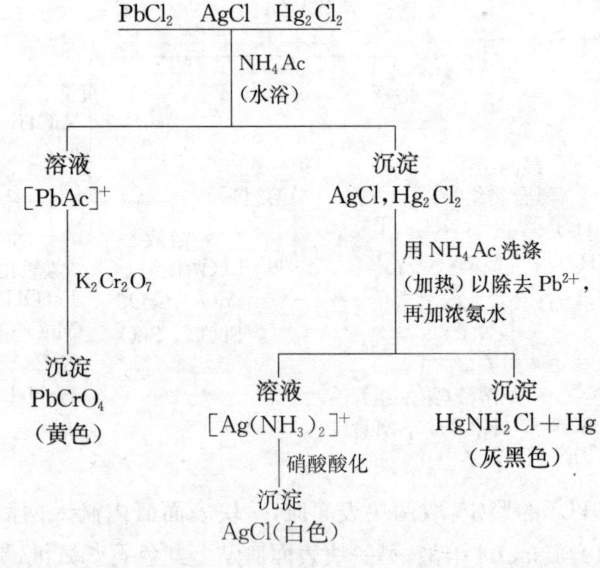

本组阳离子主要有 Ag^+、Hg_2^{2+}、Pb^{2+} 等，它们的氯化物都不溶于水，但 $PbCl_2$ 可溶于 NH_4Ac 和热水中，AgCl 可溶于过量的 $NH_3 \cdot H_2O$中，因此，这三种离子检出时，可先把它们沉淀成氯化物，然后再进行鉴定。

取未知液 20 滴，加入 2 mol·L^{-1} HCl 至沉淀完全（若无沉淀，表示无本组离子），离心分离（注意离心液保留作其他离子的分离与鉴定）。沉淀用 1 mol · L^{-1} HCl 洗涤两次，然后按氯化物组分析步骤示意图进行分析和鉴定。

第三组：硫酸盐组阳离子的分析

硫酸盐组分析步骤示意图

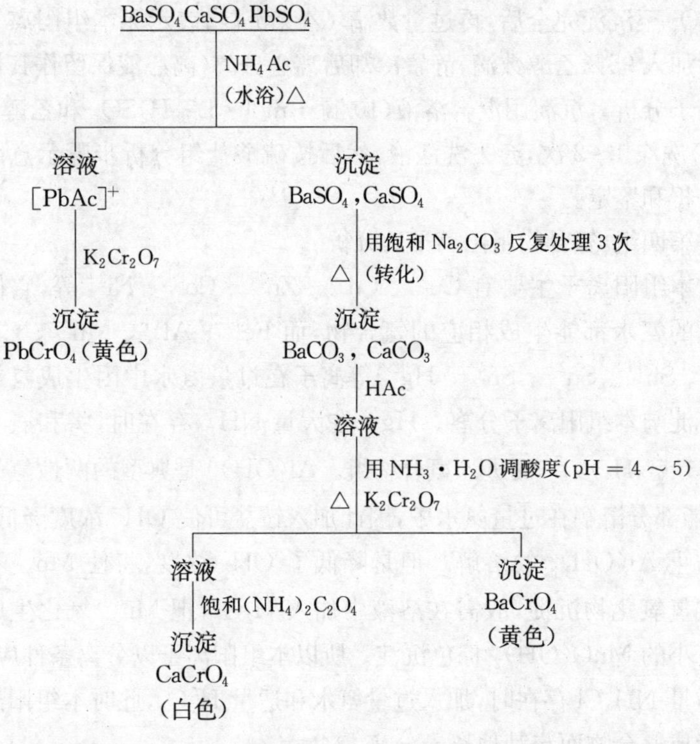

本组阳离子有 Ba^{2+}、Ca^{2+}、Pb^{2+} 等，它们的硫酸盐都不溶于水，其中 $CaSO_4$ 溶解度稍大，所以 Ca^{2+} 只有在浓的 Na_2SO_4 溶液中才生成 $CaSO_4$ 沉淀，但加入乙醇溶解度可明显降低。

用饱和 Na_2CO_3 溶液加热处理这些硫酸盐，则可转化为碳酸盐

$$MSO_4(s) + CO_3^{2-} \longrightarrow MCO_3 \downarrow + SO_4^{2-}$$

$BaSO_4$需用饱和 Na_2CO_3 溶液反复加热处理，这些碳酸盐溶于 HAc 中。硫酸盐组阳离子还与可溶性草酸盐作用，生成白色草酸盐

沉淀，其中BaC_2O_4溶解度较大，溶于HAc。Ca^{2+}在EDTA存在时，仍可与$C_2O_4^{2-}$作用生成CaC_2O_4沉淀，而Pb^{2+}因与EDTA作用生成稳定的配合物而不产生沉淀，借此可使Ca^{2+}与Pb^{2+}分离。

取分离第二组的保留液20滴在水浴中加热，加入1 mol·L^{-1} H_2SO_4至沉淀完全后，再过量数滴（若无沉淀，表示无本组阳离子），然后加入95%乙醇数滴，静置冷却后离心分离（离心液保留作其他组阳离子分析），沉淀用混合溶液（10滴1 mol·L^{-1} H_2SO_4和乙醇3～4滴）洗涤1～2次，弃去洗涤液，然后按硫酸盐组分析步骤示意图进行分析和鉴定。

第四组：氨合物组阳离子的分析

本组阳离子主要有Cu^{2+}、Cd^{2+}、Zn^{2+}、Co^{2+}、Ni^{2+}等，它们和过量的氨水都能生成相应的氨合物，而Fe^{3+}、Al^{3+}、Mn^{2+}、Cr^{3+}、Bi^{3+}、Sb^{3+}、Sn^{2+}、Sn^{4+}、Hg^{2+}等离子在过量氨水中因生成氢氧化物沉淀与本组阳离子分离。Hg^{2+}在大量NH_4^+存在时，将和氨水形成$[Hg(NH_3)_4]^{2+}$而进入氨合物组。$Al(OH)_3$是典型的两性氢氧化物，能部分溶解在过量氨水中，因此加入铵盐可使OH^-浓度降低，从而防止$Al(OH)_3$的溶解。但是降低了OH^-浓度，将使Mn^{2+}不能形成氢氧化物沉淀，故需在溶液中加入H_2O_2，把Mn^{2+}氧化生成溶解度小的$MnO(OH)_2$棕色沉淀。所以本组阳离子以分离条件应为：在适量NH_4Cl存在时，加入过量氨水和适量H_2O_2，此时本组阳离子因形成氨合物而与其他离子分离。

取分离第三组后的保留溶液20滴，加入3 mol·L^{-1} NH_4Cl 2滴，3% H_2O_2 3～4滴，用浓氨水碱化后，在水浴中加热，再加浓氨水直至沉淀不再生成，再过量4～5滴，取出，冷却后离心分离（沉淀保留作其他组阳离子的分析），离心液按氨合物组分析步骤示意图进行分析和鉴定。

第五组：（两性组）和第六组（氢氧化物组）阳离子的分离和分析

第五组：两性组阳离子有Al^{3+}、Cr^{3+}、Sb（Ⅲ、Ⅴ）、Sn（Ⅱ、Ⅳ）

等离子。

第六组：氢氧化物组阳离子有 Fe^{2+}、Fe^{3+}、Bi^{3+}、Mn^{2+}、Hg^{2+} 等离子。

这两组阳离子主要存在分离第四组后的沉淀中，利用 Al、Cr、Sb、Sn 的氢氧化物具有两性，可用过量的碱将这两组离子分离。

在分离第四组阳离子后保留的沉淀中加入 3% H_2O_2 溶液 3～4 滴，6 mol·L^{-1} NaOH 溶液 15 滴，在沸水浴中加热搅拌 3～5 min，使 CrO_4^- 氧化为 CrO_4^{2-} 离心分离，离心液作鉴定第五组阳离子用，沉淀作鉴定第六组阳离子用。其分析步骤示意图如下：

氨合物组分析步骤示意图

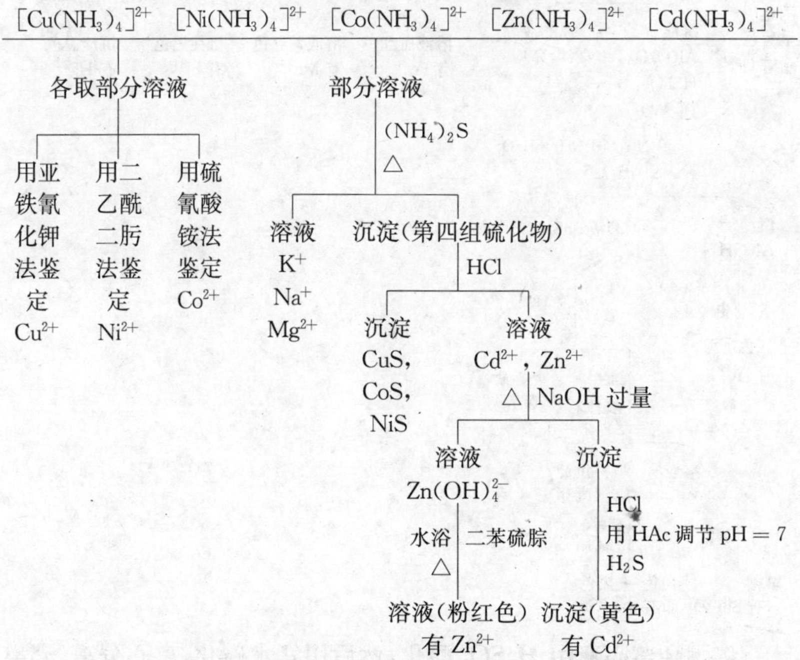

第五组阳离子 Cr^{3+}、Al^{3+}、Sb(Ⅴ)、Sn(Ⅳ)的鉴定：

① Cr^{3+} 的鉴定：

取离心液 3 滴，加乙醚 5 滴，逐滴加入浓 HNO_3 酸化，加 3%

H_2O_2 2～3 滴，振荡，乙醚层出现蓝色表示有 Cr^{3+} 存在。

② Al^{3+}、Sb(Ⅴ)和 Sn(Ⅳ)的鉴定：

两性组和氢氧化物组分离分析步骤示意图

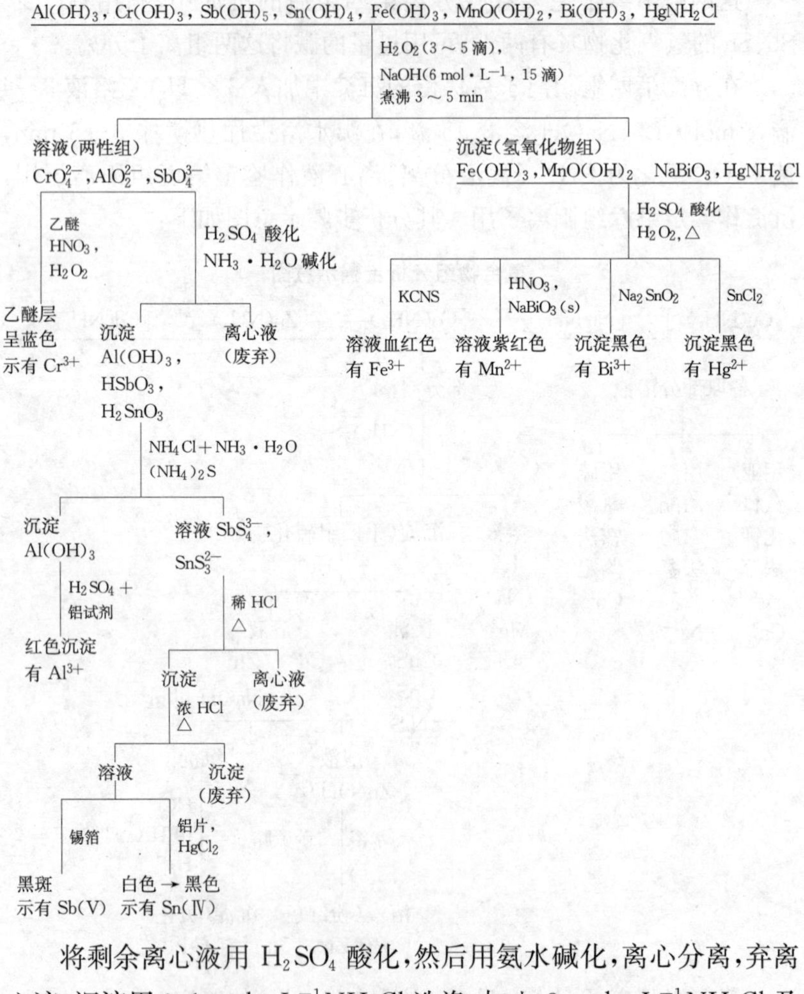

将剩余离心液用 H_2SO_4 酸化，然后用氨水碱化，离心分离，弃离心液，沉淀用 0.1 mol·L^{-1} NH_4Cl 洗涤，加入 3 mol·L^{-1} NH_4Cl 及浓氨水各两滴、$(NH_4)_2S$ 溶液 7～8 滴，在水浴中加热至沉淀凝聚，离心分离(沉淀是什么？离心液是什么？)。

沉淀用含有数滴 0.1 mol·L^{-1} NH_4Cl 的溶液洗涤 1～2 次，加入 H_2SO_4 2～3 滴，加热使沉淀溶解，然后加入 3 mol·L^{-1} NaAc 溶液 3 滴、铝试剂 2 滴，搅拌，在沸水浴中加热 1～2 min，如果有红色絮状沉淀出现，表示有 Al^{3+} 存在。

离心液用 HCl 逐滴中和至呈酸性后，离心分离，弃去离心液（沉淀是什么?）。在沉淀中加入浓 HCl 15 滴，在沸水中加热充分搅拌，除尽 H_2S 后，离心分离，弃去不溶物(可能是硫)。

Sn（Ⅳ）离子的鉴定：

取上述离心液 10 滴，加入铝片或少许镁粉，在水浴上加热，使之完全溶解，再加浓 HCl 1 滴，加 $HgCl_2$ 2 滴，搅拌，若有白色或灰黑色沉淀析出，表示有 Sn(Ⅳ)存在。

Sb（Ⅴ）离子的鉴定：

取上述离心液 1 滴，滴在光亮的锡箔上，2～3 min 后如果锡箔上出现黑色斑点，表示有 Sb(Ⅴ)存在。

第六组阳离子的鉴定：

取第五组实验中所得的沉淀，加入 3 mol·L^{-1} H_2SO_4 10 滴，3% H_2O_2 2～3 滴，在充分搅拌下加热 3～5 min，以溶解沉淀和破坏过量的 H_2O_2。离心分离，弃去不溶物，离心液，供下列 Mn^{2+}、Bi^{3+}、Fe^{3+} 和 Hg^{2+} 的鉴定。

① Mn^{2+} 的鉴定：

取离心液 2 滴，加入 HNO_3 数滴，加入少量 $NaBiO_3$ 固体（约火柴头大小）。搅拌、离心沉降，如果溶液呈紫红色，表示有 Mn^{2+} 存在。

② Bi^{3+} 的鉴定：

取离心液 2 滴，加入亚锡酸钠溶液数滴，如果有黑色沉淀出现表示有 Bi^{3+} 存在。

③ Hg^{2+} 的鉴定：

取离心液 2 滴，加入新配制的 $SnCl_2$ 数滴，若有白色或灰黑色沉淀析出，表示有 Hg^{2+} 存在。

④ Fe^{3+} 的鉴定：

取离心液 1 滴，加入 KSCN 溶液 1 滴，若溶液呈红色，表示有 Fe^{3+} 存在。

三、实验用品

仪器、用品：离心机。

试剂、材料：H_2O_2（3%），H_2S（饱和），$NaBiO_3$（固），HCl（2 mol·L^{-1}），HNO_3（6 mol·L^{-1}、浓），HAc（6 mol·L^{-1}），H_2SO_4（1 mol·L^{-1}、3 mol·L^{-1}），$NH_3 \cdot H_2O$（6 mol·L^{-1}、浓），NaOH（6 mol·L^{-1}）。$K_2Cr_2O_7$（0.1 mol·L^{-1}），K_2CrO_4（0.1 mol·L^{-1}），$K_4[Fe(CN)_6]$（0.1 mol·L^{-1}），$SnCl_2$（0.1 mol·L^{-1}），KCNS（0.1 mol·L^{-1}），$HgCl_2$（0.1 mol·L^{-1}），KCNS（饱和），NH_4Ac（3 mol·L^{-1}），NaAc（3 mol·L^{-1}），NH_4Cl（3 mol·L^{-1}），$(NH_4)_2S$（6 mol·L^{-1}），铝、锡片，乙醇（95%），戊醇，丁二肟，二苯硫腙，乙醚，丙酮，铝试剂，pH 试纸。

四、实验内容

1. 根据实验原理，分别鉴定所述 16～22 种常见阳离子，观察实验现象，写出反应方程式。

2. 配置下列各组溶液，并设计合理的分离鉴定步骤，记录每步的实验现象。

(1) K^+、Na^+、NH_4^+、Mg^{2+}。

(2) Cr^{3+}、Al^{3+}、Zn^{2+}、Cd^{2+}。

(3) Fe^{3+}、Co^{2+}、Ni^{2+}、Mn^{2+}。

(4) Ag^+、Hg^{2+}、Cu^{2+}、Pb^{2+}。

(5) Ba^{2+}、Sn^{4+}、Sb^{3+}、Bi^{3+}。

3. 自行设计若干种混合离子溶液的分离方案，并验证之。

思考题

1. 本实验将常见阳离子分为六组，各组有哪些离子？

2. 如果未知液呈碱性，哪些离子可能不存在？

3. 在分离五、六组离子时，为何要加过量 NaOH，H_2O_2，以及加热？

4. 用 NH_4SCN 法鉴定 Co^{2+} 时，Fe^{3+} 的存在有无干扰，应如何消除？

5. 从氨合物组中鉴定 Co^{2+} 时，为什么要加 HCl 酸化，同时还要加入数滴 $SnCl_2$ 溶液？

第七章
综合实验和设计实验

基本要求

通过无机化学理论课和本课程前面各章的学习和训练,学生已具备一定的理论基础和实践知识。同时,在实际生产和科研工作中,经常遇到的不只是简单的无机化学问题,而往往是从基本原料开始,包括合成、分离、提纯一直到产品检测的一系列复杂问题,这就需要学生综合运用所学的各门学科的知识,采用多种方法去解决问题。所以,本章选择部分典型综合实验和设计实验,旨在进一步培养学生的综合能力。其中有些实验要求学生运用已学过的知识,查阅资料,自己独立设计实验方案(包括实验方法、步骤、主要仪器、试剂等),经教师审阅后独立地完成实验。本章实验可作为较高层次的要求。

7－1 实验三十三 三草酸合铁(Ⅲ)酸钾的制备及组分的测定

Ⅰ. 三草酸合铁(Ⅲ)酸钾的制备

一、实验目的

1. 试验并了解制取配合物的一种方法。

2. 训练获得配合盐晶体的操作技术。

二、实验提要

三草酸合铁(Ⅲ)酸钾 $K_3[Fe(C_2O_4)_3]\cdot 3H_2O$ 是翠绿色的单斜晶体，易溶于水(溶解度 0℃，4.7 g/100 g；100℃，117.7 g/100g)，难溶于冷的乙醇。110℃下可失去全部结晶水，230℃时分解。此配合物对光敏感，受光照射分解为黄色：

$$2K_3[Fe(C_2O_4)_3] \xrightarrow{\text{光}} 3K_2C_2O_4 + 2FeC_2O_4 + 2CO_2$$

利用它的感光性质可制晒图纸。另外它是制备负载型活性铁催化剂的主要原料，也是一些有机反应良好的催化剂，在工业上具有一定的应用价值。本实验制备三草酸合铁(Ⅲ)酸钾的方法是将硫酸亚铁铵与草酸反应先制得草酸亚铁：

$$(NH_4)_2Fe(SO_4)_2\cdot 6H_2O + H_2C_2O_4 = FeC_2O_4\cdot 2H_2O + (NH_4)_2SO_4 + H_2SO_4 + 4H_2O$$

然后在过量草酸根的存在下，用过氧化氢氧化草酸亚铁可得三草酸合铁(Ⅲ)酸钾：

$$6FeC_2O_4\cdot 2H_2O + 3H_2O_2 + 6K_2C_2O_4 = 4K_3[Fe(C_2O_4)_3] + 2Fe(OH)_3\downarrow + 12H_2O$$

反应中生成的 $Fe(OH)_3$ 可通过加入适量的草酸转化为三草酸合铁(Ⅲ)酸钾：

$$2Fe(OH)_3 + 3H_2C_2O_4 + 3K_2C_2O_4 = 2K_3[Fe(C_2O_4)_3] + 6H_2O$$

然后，加入乙醇，放置，便可得到产物 $K_3[Fe(C_2O_4)_3]\cdot 3H_2O$ 晶体，后几步的总反应方程式为：

$$2FeC_2O_4\cdot 2H_2O + H_2O_2 + 3K_2C_2O_4 + H_2C_2O_4 = 2K_3[Fe(C_2O_4)_3]\cdot 3H_2O$$

三、实验流程图

制备草酸亚铁：$(NH_4)_2Fe(SO_4)_2 \cdot 6H_2O + H_2C_2O_4$ → 制备三草酸合铁(Ⅲ)酸钾：$FeC_2O_4 + K_2C_2O_4 + H_2O_2$

四、实验用品

仪器、用品：烧杯(100 mL、250 mL)，量筒(10 mL、100 mL)，漏斗，布氏漏斗，抽滤瓶，温度计(0～100℃)，棉线，滤纸。

试剂、材料：$(NH_4)_2Fe(SO_4)_2 \cdot 6H_2O(s)$，$H_2SO_4$(1.0 mol·$L^{-1}$)，$H_2C_2O_4$(1.0 mol·$L^{-1}$)，$K_2C_2O_4$(饱和溶液)，$H_2O_2$(3%)，乙醇(95%)。

五、实验内容

1. 制备草酸亚铁

称取 5 g $(NH_4)_2Fe(SO_4)_2 \cdot 6H_2O$ 固体，放入 100 mL 烧杯中，加入 15 mL 去离子水和 1.0 mL 1 mol·L^{-1} H_2SO_4，加热使其溶解，得到淡绿色溶液。然后加入 25 mL 1.0 mol·L^{-1} $H_2C_2O_4$，加热至沸，并不断搅拌以免爆沸，维持微沸 4 min。静置，待黄色 $FeC_2O_4 \cdot 2H_2O$ 晶体沉淀后，用倾析法弃去上面清液。用 20 mL 温热去离子水洗涤晶体 2～3 次。

2. 制备三草酸合铁(Ⅲ)酸钾

在上述已洗涤过的晶体中，加入 10 mL 饱和 $K_2C_2O_4$ 溶液。水浴加热至 40℃，保持水温。用滴管逐滴加入 20 mL 3% H_2O_2，不断搅拌，此时沉淀转化为黄褐色(什么物质?)。待 H_2O_2 加完后，将溶液加热至沸并不断搅拌以除去过量的 H_2O_2(为什么要除去?)。然后分两次加入 8 mL 1 mol·L^{-1} $H_2C_2O_4$(为什么要加?)，第一次加 5 mL，其余的慢慢滴加，保持溶液微沸并不断搅拌，使沉淀完全溶解变为透明的翠绿色溶液为止。

趁热将溶液过滤到 100 mL 烧杯中。加入 10 mL 95％乙醇，若有晶体生成可加热使其再溶解。然后将一段棉线系在小木棍上，并将棉线悬挂在溶液中。用一张滤纸盖在烧杯上，放置到次日，即有晶体在棉线上析出。抽滤，用少量乙醇洗涤产品，继续抽干，称量，计算产率。产品放入干燥器内避光保存。

思考题

1. 在本实验的最后一步中，为什么要把溶液趁热过滤？

2. 在最后的溶液中，加入乙醇的目的是什么？加入一段棉线的作用又是什么？

3. 在本实验中能否把最后的溶液蒸干来提高产率。这个操作方法的缺点是什么？

Ⅱ. 三草酸合铁(Ⅲ)酸钾阴离子电荷的测定——电导率法

一、实验目的

1. 了解用电导法测定离子电荷的原理。

2. 学会用电导率仪测定溶液电导。

3. 巩固分析天平的使用。

二、实验提要

物质的导电能力大小，通常以电阻(R)或电导(G)表示，电导为电阻的倒数：

$$G=\frac{1}{R}$$

电导的单位为[西门子]，用符号(S)表示。

和金属一样，电解质溶液的电阻也符合欧姆定律。当温度一定时，两极间溶液的电阻与两极间距离 l 成正比，与电极面积 A 成反比。

$$R \propto \frac{1}{A}; \quad 或 \quad R = \rho \frac{1}{A}$$

式中 ρ 称为电阻率，它的倒数为电导率，以 κ 表示。

$$\kappa = \frac{1}{\rho} (电导率的单位为 S \cdot m^{-1})$$

将 $R = \rho \frac{1}{A}$，$\kappa = \frac{1}{\rho}$ 代入 $G = \frac{1}{R}$ 中可得：

$$G = \kappa \cdot \frac{A}{1} \quad 或 \quad \kappa = G \frac{1}{A}$$

电导率 κ 表示放在相距 1 m，面积为 1 m^2 的两个电极之间溶液的电导。1/A 称为电极常数或电导池常数，因为在电导池中，所有的电极距离和面积是一定的，所以其比值对某一电极来说为一固定的常数。

在一定温度下，相距 1 m 的两平行电极间所容纳的含有 1 摩尔质量的电解质溶液的电导，用 λ 表示，V 表示含有 1 摩尔质量电解质溶液的体积（m^3），C 表示物质的浓度（$mol \cdot m^{-3}$），这样，摩尔电导与电导率 κ 的关系为：

$$\lambda = \kappa V = \frac{\kappa}{C}$$

摩尔电导的单位为 $S \cdot m^2 \cdot mol^{-1}$。对于电解质来说，在无限稀释时，离子间的相互作用可视为零，即离子是完全自由的，此时溶液的摩尔电导与溶液中存在的离子数及离子电荷数有关。通过测定配合物的摩尔电导，可以判断该配合物的离子类型。

25℃无限稀释时，各种类型的离子化合物的摩尔电导，大致在下列范围内：

MA 型：$\lambda_{1\,024}=118\times10^{-4}\sim131\times10^{-4}\ S\cdot m^2\cdot mol^{-1}$

M_2A 或 MA_2 型：$\lambda_{1\,024}=235\times10^{-4}\sim237\times10^{-4}\ S\cdot m^2\cdot mol^{-1}$

M_3A 或 MA_3 型：$\lambda_{1\,024}=408\times10^{-4}\sim442\times10^{-4}\ S\cdot m^2\cdot mol^{-1}$

M_4A 或 MA_4 型：$\lambda_{1\,024}=523\times10^{-4}\sim553\times10^{-4}\ S\cdot m^2\cdot mol^{-1}$

λ 右下角数字表示 1 mol 溶质溶解后稀释的体积数，以 L 表示，常称为溶液的稀度。

三、实验流程图

配制稀度为1 024 $L\cdot mol^{-1}$ 的样品 → 测定样品的电导率 → 数据处理

四、实验用品

仪器、用品：电导率仪，容量瓶（250 mL，50 mL），吸量管（10 mL），小烧杯（50 mL 2 只），分析天平，洗耳球，玻璃棒。

试剂、材料：三草酸合铁（Ⅲ）酸钾（固），饱和酒石酸氢钠，$FeCl_3$（$0.5\ mol\cdot L^{-1}$），KSCN（$0.1\ mol\cdot L^{-1}$），H_2SO_4（$3\ mol\cdot L^{-1}$），$K_2C_2O_4$ 溶液，$CaCl_2$（$0.5\ mol\cdot L^{-1}$）。

五、实验内容

1. 配制稀度为 1 024 $L\cdot mol^{-1}$ 的样品溶液

在分析天平上准确称取 0.5～0.6 g 左右的纯三草酸合铁（Ⅲ）酸钾，在小烧杯中加水溶解，转移至 250 mL 容量瓶，再用少量水洗涤烧杯 2～3 次，洗涤液也注入容量瓶中，加水稀至刻度，摇匀。根据计算再吸取一定量该溶液于 50 mL 容量瓶中，稀释至刻度，摇匀。

计算示例：

若称取 $K_3[Fe(C_2O_4)_3]\cdot3H_2O$ 0.599 4 g，溶于 250 mL 容量瓶中，此时样品的稀度（即物质的量浓度的倒数）为：

$$\frac{1}{\frac{0.599\,4(g)}{491.15(g \cdot mol^{-1})} \times \frac{1}{0.25(L)}} = 204.85(L \cdot mol^{-1})$$

为配制稀度为 1 024 的溶液 50 mL，需用上述稀度为 204.85 的溶液为 V(mL)，则

根据　$C_1V_1 = C_2V_2$，有

$$\frac{1}{204.85} \times V_1 = \frac{1}{1\,024} \times 50.00$$

$$V_1 = 10.00\ (mL)$$

故从 250 mL 容量瓶中吸取 10.00 mL 溶液，稀释至 50 mL，其溶液的稀度即为 1 024。

2. 用电导率仪测定样品的电导率 κ，计算 $\lambda_{1\,024}$，从而判断三草酸合铁(Ⅲ)酸钾配合物的离子类型。

(注：本实验所用电导率仪的使用方法见第二章 2－10－2)。

六、数据处理

固体样品质量 ____________ g；

初配溶液的稀度 ____________ $L \cdot mol^{-1}$；

溶液初始体积 $V_{初}$ ____________ mL；

1 024 $L \cdot mol^{-1}$ 溶液电导率 κ ____________ $s \cdot m^{-1}$；

$\lambda_{1\,024} = \kappa / c$ ____________ $s \cdot m^2 \cdot mol^{-1}$；

样品的离子类型 ____________。

扩展实验

1. 产物的定性分析

(1) 检定 K^+：在试管中取少量产物加去离子水溶解，再加入 1 mL饱和酒石酸氢钠溶液，充分摇动试管(可用玻璃棒摩擦试管内壁

后放置片刻)，观察现象。

(2) 检定 Fe^{3+}：在试管中取少量产物加去离子水溶解，另取一支试管加入少量的 $FeCl_3$ 溶液，各加 2 滴 0.1 mol·L^{-1} KSCN，观察现象。在装有产物溶液的试管中加入 2 滴 3 mol·L^{-1} H_2SO_4，再观察溶液颜色有何变化，解释实验现象。

(3) 检定 $C_2O_4^{2-}$：在试管中取少量产物加去离子水溶解，另取一试管加入少量 $K_2C_2O_4$ 溶液，各加入 2 滴 0.5 mol·L^{-1} $CaCl_2$，观察现象有何不同?

根据实验(1)、(2)、(3)的结果，判断该产物是复盐还是配合物?配合物的中心离子、配位体各是什么?

2. 三草酸合铁(Ⅲ)酸钾的感光性质

(1) 制晒图纸

在小烧杯中把三草酸合铁(Ⅲ)酸钾(自制)1 g 溶解于 5 mL 水中，另取一小烧杯用 5 mL 水溶解铁氰化钾 1.3 g，将上述两种溶液倒在瓷盘中，混匀，取几张滤纸浸于溶液中，几分钟后取出，晾干。以上操作均需在暗室中进行，经这样处理的纸就是通常晒图用的晒图纸(黄色)。

(2) 制作蓝图

取两张自制的晒图纸，在一张晒图纸上放置一个扁平不透明的物体(如钥匙)；另一张晒图纸上放用墨水画了图的玻璃纸，将两张纸用夹子夹紧。然后都置于强光源或阳光下照射 5 min 后，取下晒图纸上扁平的物体和玻璃纸，用水冲洗图纸，将观察到在蓝色衬底的纸上显示出扁平物体和画的白色图象。

思考题

1. 本实验测定配合物离子类型的原理是什么?

2. 如果样品(自制的三草酸合铁(Ⅲ)酸钾)中含有较多的杂质离子，对本实验将会产生哪些影响?

3. 为了将实验做得准确，你认为称取样品时把重量凑足为

0.599 4g 方便？还是只要称得准确，不管它是什么重量方便？

4. 本实验所取用的两个容量瓶，你认为是否都要烘干？为什么？

Ⅲ. 三草酸合铁(Ⅲ)酸钾配离子组成的测定

一、实验目的

用氧化还原滴定法测定三草酸合铁(Ⅲ)酸钾配离子组成中 $C_2O_4^{2-}$ 及 Fe^{3+} 的含量。

二、实验提要

配阴离子组成可通过化学分析方法进行测定。其中 $C_2O_4^{2-}$ 含量可直接用 $K_2Cr_2O_7$ 标准溶液在酸性介质中滴定：

$$3C_2O_4^{2-}+Cr_2O_7^{2-}+14H^+ = 6CO_2+2Cr^{3+}+7H_2O$$

Fe^{3+} 含量可用还原剂 $SnCl_2$ 将它还原为 Fe^{2+}，再用 $K_2Cr_2O_7$ 标准溶液滴定：

$$2Fe^{3+}+Sn^{2+} = 2Fe^{2+}+Sn^{4+}$$

为了将 Fe^{3+} 全部还原为 Fe^{2+}，本实验中先用 $SnCl_2$ 将大部分 Fe^{3+} 还原，然后用 Na_2WO_4 作指示剂，用 $TiCl_3$ 将剩余的 Fe^{3+} 还原为 Fe^{2+}：

$$Fe^{3+}+Ti^{3+}+H_2O = Fe^{2+}+TiO^{2+}+2H^+$$

Fe^{3+} 定量还原为 Fe^{2+} 后，过量一滴 $TiCl_3$ 溶液即可使无色 Na_2WO_4 还原为“钨蓝”(钨的五价化合物)，同时过量的 Ti^{3+} 被氧化为 TiO^{2+} 离子。为了消除溶液的蓝色，加入微量 Cu^{2+} 作催化剂，利用水中的溶解氧将“钨蓝”氧化，蓝色消失，然后用 $K_2Cr_2O_7$ 标准溶液

滴定 Fe^{2+}：

$$Cr_2O_7^{2-} + 6Fe^{2+} + 14H^+ = 2Cr^{3+} + 6Fe^{3+} + 7H_2O$$

由于滴定过程中生成黄色的 Fe^{3+} 离子，影响终点的正确判断，故加入 H_3PO_4，使之与 Fe^{3+} 配合生成无色的 $[Fe(PO_4)_2]^{3-}$ 配阴离子，这样既消除了 Fe^{3+} 对滴定终点颜色的干扰，又减小了 Fe^{3+} 离子浓度，从而降低了 Fe^{3+}/Fe^{2+} 电对的条件电极电位，使滴定突跃范围的电位降低，用二苯胺磺酸钠指示剂能清楚、正确地判断终点。

三、实验流程图

配制试液 → $C_2O_4^{2-}$ 的测定 → Fe^{3+} 的测定

四、实验用品

仪器、用品：电子天平(0.1 mg)，酸式滴定管(50 mL)，容量瓶(250 mL)，锥形瓶(250 mL)，移液管。

试剂、材料：HCl(6 mol·L^{-1})，$K_2Cr_2O_7$(AR)，$SnCl_2$(15%)，$TiCl_3$(6%)，$CuSO_4$(0.4%)，H_2SO_4(3 mol·L^{-1})，Na_2WO_4(2.5%)，H_2SO_4—H_3PO_4 混酸(200 mL 浓 H_2SO_4 在搅拌下缓慢注入 500 mL 水中，再加 300 mL 浓 H_3PO_4)，二苯胺磺酸钠指示剂(0.2%)。

五、实验内容

1. 试液的配制

准确称取 1.0～1.2 g $K_3[Fe(C_2O_4)_3]\cdot 3H_2O$（称准至四位有效数字）于烧杯中，加水溶解，定量转移到 250 mL 容量瓶中，稀释至刻度，摇匀。

2. $C_2O_4^{2-}$ 的测定

准确吸取试液 25 mL 于 250 mL 锥形瓶中，加入 10 mL 3 mol·L^{-1}

H_2SO_4，2～3 滴 0.2%二苯胺磺酸钠指示剂，混匀。用 $K_2Cr_2O_7$ 标准溶液(按计算量配制)滴定至溶液呈紫红色，并保持 30 s 内不褪色，即达终点。由消耗的 $K_2Cr_2O_7$ 体积 V_1，计算 $C_2O_4^{2-}$ 的百分含量。

3. Fe^{3+} 的测定

准确吸取试液 25 mL 置于 250 mL 锥形瓶中，加入 10 mL 6 mol·L^{-1} HCl 溶液，加热至 75～80℃。逐滴加入 15% $SnCl_2$ 至溶液呈浅黄色，使大部分 Fe^{3+} 还原为 Fe^{2+}。加入 1 mL 2.5% Na_2WO_4，滴加 6% $TiCl_3$ 至溶液呈蓝色，并过量 1 滴。加入 2 滴 0.4% $CuSO_4$ 溶液，20 mL 去离子水，在冷水中冷却并振荡至蓝色褪尽。加入 15 mL H_2SO_4—H_3PO_4 混酸，5 滴 0.2%二苯胺磺酸钠指示剂，然后用 $K_2Cr_2O_7$ 标准溶液(按计算量配制)滴定至溶液呈紫红色，并保持 30 s 不褪色，即达终点。记下消耗的 $K_2Cr_2O_7$ 体积 V_2，用差减法计算 Fe^{3+} 的百分含量。

六、实验结果和讨论

1. 列表记录滴定中消耗的 $K_2Cr_2O_7$ 标准溶液的体积，计算三草酸合铁(Ⅲ)酸钾配阴离子组成中 Fe^{3+}、$C_2O_4^{2-}$ 的百分含量，并与理论值比较。

2. 试分析实验误差产生的原因。

3. Fe^{3+} 的测定中，还原样品中的 Fe^{3+} 要用 $SnCl_2$、$TiCl_3$ 两个还原剂。试讨论若只用其中一个还原剂还原 Fe^{3+} 时，将对分析结果产生的影响。

注意事项

在 Fe^{3+} 的测定中，为了加速 Fe^{3+} 的还原，应趁热滴加还原剂 $SnCl_2$ 与 $TiCl_3$(75～80℃)。$SnCl_2$ 加入量必须适量，滴加至溶液呈浅黄色。由于 Fe^{3+} 和 Sn^{2+} 反应速率较慢，若滴到浅黄色，经摇动后有可能会变成无色。此时 $SnCl_2$ 已过量，会导致分析结果偏高。若

$SnCl_2$滴入过量，可滴加 $KMnO_4$ 至溶液呈浅黄色（$KMnO_4$ 不计量），再按实验步骤进行。

思考题

测定 Fe^{3+} 含量时，先后用 $SnCl_2$ 和 $TiCl_3$ 作还原剂的目的何在？加入 H_2SO_4—H_3PO_4 混酸的目的是什么？

7-2　实验三十四　过氧化钙的制备及含量分析

一、实验目的

1. 综合练习无机化合物制备的操作。
2. 了解过氧化钙的制备原理及条件。
3. 了解碱金属和碱土金属过氧化物的性质。
4. 熟悉过氧化物的分析方法。

二、实验提要

过氧化钙是一种比较稳定的金属过氧化物，它可在室温下长期保存而不分解。它的氧化性较缓和，属于安全无毒的化学品，可应用于环保、食品及医药工业。

本实验以大理石为原料，大理石的主要成分是碳酸钙，还含有其他金属离子及不溶性杂质。先将大理石溶解除去杂质，制得纯的碳酸钙固体。再将碳酸钙溶于适量的盐酸中，在低温碱性条件下与过氧化氢反应制得过氧化钙。水溶液中制得的过氧化钙含有结晶水，颜色近乎白色。其结晶水的含量随制备方法及反应温度的不同而有所变化，最高可达 8 份结晶水。含结晶水的过氧化钙在加热后逐渐脱水，100℃以上完全失水，生成米黄色的无水过氧化钙。加热至350℃左右过氧化钙迅速分解，生成氧化钙，并放出氧气。反应方程式为：

$$2CaO_2 \xrightarrow{\triangle} 2CaO + O_2 \uparrow$$

三、实验内容

1. 制取纯的 $CaCO_3$

称取 10 g 大理石，溶于 50 mL 浓度为 6 mol·L^{-1} 的 HNO_3 溶液中。反应完全后，将溶液加热至沸腾。然后，加 100 mL 水稀释并用 1∶1 氨水调节溶液的 pH 值至呈弱碱性。再将溶液煮沸，趁热常压过滤，弃去沉淀。另取 15 g $(NH_4)_2CO_3$ 固体溶于 70 mL 水中，在不断搅拌下，将它缓慢地加到上述热的滤液中。再加 10 mL 浓氨水。搅拌后放置片刻，减压过滤，用热水洗涤沉淀数次。最后，将沉淀抽干。

2. 过氧化钙制备

将以上制得的 $CaCO_3$ 置于烧杯中，逐滴加入浓度为 6 mol·L^{-1} 的 HCl，直至烧杯中仅剩余极少量的 $CaCO_3$ 固体为止。将溶液加热煮沸，趁热常压过滤以除去未溶的 $CaCO_3$。另外，量取 60 mL 浓度为 60 g·L^{-1} 的 H_2O_2 溶液，将它加入到 30 mL 的 1∶2 氨水中，将所得的 $CaCl_2$ 溶液和 $NH_3 \cdot H_2O$ 溶液都置于冰水浴中冷却。

待溶液充分冷却后，在剧烈搅拌下将 $CaCl_2$ 溶液逐滴滴入 $NH_3 \cdot H_2O$ 溶液中（滴加时溶液仍置于冰水浴内）。加毕继续在冰水浴内放置半小时。然后减压过滤，用少量冰冷的去离子水洗涤晶体 2～3 次。晶体抽干后，取出置于烘箱内在 120℃下烘 1.5 h。最后冷却，称重，计算产率。

3. 性质试验

(1) CaO_2 的性质试验

在试管中放入少许 CaO_2 固体，逐滴加入水，观察固体的溶解情况。取出一滴溶液，用淀粉- KI 试纸试验。

在原试管中滴入少许稀盐酸，观察固体的溶解情况。从中再取出 1 滴溶液，用淀粉- KI 试纸试验。

(2) H_2O_2 的催化分解

取三支试管，各加入 1 mL 上述试管中的溶液。在其中一支试管内再加 1 mL 浓度为 2 $mol \cdot L^{-1}$ 的 $Fe(NO_3)_3$ 溶液。在第二支试管中滴加 2 $mol \cdot L^{-1}$ 的 NaOH 溶液。比较三支试管中 H_2O_2 分解放出氧气的速度。

(3) 过氧化钙含量分析

称取干燥产物 0.1～0.2 g，加入 100 mL 水中。取 100g $\cdot L^{-1}$ KI 溶液 20 mL。与 15 mL 的 6 $mol \cdot L^{-1}$ HCl 共混后加入上述水中。充分摇匀后放置 10 min 使作用完全。以淀粉溶液作指示剂，用 0.05 $mol \cdot L^{-1}$ 硫代硫酸钠标准溶液滴定，蓝色退去为终点，计算产物中 CaO_2 含量。

思考题

1. 制取纯 $CaCO_3$ 时反复将溶液加热至沸腾，再调节溶液的 pH 值至碱性的目的何在？

2. 制备过氧化钙时加入 30 mL 1∶2 氨水的作用是什么？

7-3　实验三十五　三氯化六氨合钴(Ⅲ)的制备及组成的测定

一、实验目的

1. 学习配位化合物的制备方法。
2. 学习水蒸气蒸馏的操作。
3. 熟悉几种离子的测定方法。

二、实验提要

根据有关电对的标准电极电势可以知道，在通常情况下，二价钴盐较三价钴盐稳定得多，而在它们的配合物状态下却正相反，三价钴反而比二价钴来得稳定。因此，通常采用空气或过氧化氢氧化二价钴的配合物的方法，来制备三价钴的配合物。

氯化钴(Ⅲ)的氨合物有许多种，主要有三氯化六氨合钴(Ⅲ) $[Co(NH_3)_6]Cl_3$（橙黄色晶体）、三氯化一水五氨合钴(Ⅲ) $[Co(NH_3)_5H_2O]Cl_3$（砖红色晶体）、二氯化一氯五氨合钴(Ⅲ) $[Co(NH_3)_5Cl]Cl_2$（紫红色晶体）等。它们的制备条件各不相同。三氯化六氨合钴(Ⅲ)的制备条件是：以活性炭为催化剂，用过氧化氢氧化有氨及氯化铵存在的氯化钴(Ⅱ)溶液。反应式为：

$$2CoCl_2 + 2NH_4Cl + 10NH_3 + H_2O_2 = 2[Co(NH_3)_6]Cl_3 + 2H_2O$$

所得产品 $[Co(NH_3)_6]Cl_3$ 为橙黄色单斜晶体，20℃时在水中的溶解度为 0.26 mol·L^{-1}。

三、实验内容

1. 制备三氯化六氨合钴(Ⅲ)

将 9 g 研细的氯化钴 $CoCl_2 \cdot 6H_2O$ 和 6 g 氯化铵加入 10 mL 水中，加热溶解。倾入一盛有 0.5 g 活性炭的 100 mL 锥形瓶内。冷却后，加入 20 mL 浓氨水，进一步冷至 10℃以下，缓慢加入 20 mL 60 g·L^{-1}过氧化氢。在水浴上加热至 60℃，恒温 20 min。以水流冷却后再以冰水冷却之。用布氏漏斗抽滤。将沉淀溶于含有 3 mL 浓盐酸的 80 mL 沸水中，趁热过滤。加 10 mL 浓盐酸于滤液中，以冰水冷却，即有晶体析出。过滤，抽干，将固体置于 105℃烘干。

2. 三氯化六氨合钴(Ⅲ)组成的测定

(1) 氨的测定　准确称取所制产品 0.2 g 左右，用少量水溶解后加入如图 7-1 所示的三颈瓶 4 中，然后逐滴加入 5 mL 200 g·L^{-1}氢氧化钠溶液，通入蒸汽，蒸馏出游离的氨。用 0.5 mol·L^{-1}标准盐酸溶液吸收。通蒸汽约 1 h 左右（若逸出蒸汽的速度太慢，可适当地加热盛放样品的烧瓶）。取下接收瓶，并用 0.5 mol·L^{-1}标准碱液滴定过剩的盐酸，用 1 g·L^{-1}甲基红溶液为指示剂。计算氨的质量分数，与理论值比较。

(2) 钴的测定　精确称取 0.2 g 左右的产品于 250 mL 烧杯中，加水溶解。加入 10%氢氧化钠溶液 10 mL，将烧杯放在水浴上加热。待氨全部被赶走后(如何检查?)冷却。加入 1 g 碘化钾固体及 10 mL $6\ mol \cdot L^{-1}$ HCl 溶液，于暗处放置 5 min 左右。用 $0.05\ mol \cdot L^{-1}$ 的标准硫代硫酸钠溶液滴定到浅黄色，加入 1 mL 新配的 $10\ g \cdot L^{-1}$ 的淀粉溶液后，再滴至蓝色消失。计算钴的质量分数，与理论值比较。

(3) 氯的测定

① 采用 $0.1\ mol \cdot L^{-1}$ $AgNO_3$ 标准溶液滴定样品中的氯含量。

② 试根据所学的知识，进行计算，并配制样品液。

③ 测定时，以 $50\ g \cdot L^{-1}$ K_2CrO_4 溶液为指示剂(每次 1 mL)用 $0.1\ mol \cdot L^{-1}$ $AgNO_3$ 标准溶液滴定至出现淡红棕色不再消失为终点。

④ 按照滴定的数据，计算氯的质量分数。

由以上钴、氨、氯的分析结果，写出产品的实验式。

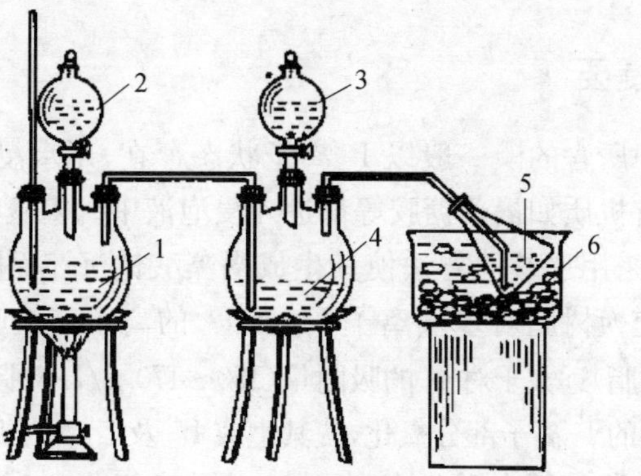

1、2—水；3—20%NaOH；4—样品溶液；5—0.5 N 盐酸；6—冰盐水

图 7-1　水蒸气蒸馏装置

思考题

1. 在制备过程中，为什么在溶液中加了过氧化氢以后要在 60℃

恒温一段时间？为什么在滤液中加 10 mL 浓盐酸？为什么用冷的稀盐酸洗涤产品？

2. 要使三氯化六氨合钴(Ⅲ)合成产率高，你认为哪些步骤是比较关键的？为什么？

3. 若钴的分析结果偏低，估计一下产生结果偏低的可能因素有哪些？

7－4 实验三十六 离子交换法从海带中提碘(微型实验)

一、实验目的

1. 掌握用离子交换法从海带中提取碘(I_2)的原理和方法。

2. 熟悉微型交换柱的安装与操作。

3. 巩固氧化还原反应基本理论，提高综合分析问题和解决问题的能力。

二、实验提要

海带中所含的碘一般以 I^- 离子状态存在，用水浸泡海带，I^- 及其可溶性有机质如褐藻糖胶等都进入浸泡液中。褐藻糖胶妨碍碘的提取，一般采用加碱的方法使其生成褐藻酸钠沉淀而除去。由于强碱性离子交换树脂对多碘离子 I_3^- 及 I_5^- 的离子交换吸附量(700～800 g/L 树脂)远大于对 I^- 的吸附量(150～170 g/L 树脂)，因此常将海带浸泡液中的 I^- 离子部分氧化，使其生成 I_3^- 及 I_5^- 离子后，再用树脂交换吸附。通常采用在酸性条件下加入适量氧化剂(如 Cl_2、NaClO、H_2O_2、$NaNO_2$ 等)的方法使 I^- 离子氧化成多碘离子，反应方程式如下：

$$2I^- + 2NO_2^- + 4H^+ \xlongequal{} I_2 + 2NO + 2H_2O$$

$$I_2 + I^- \xlongequal{} I_3^-$$

$$R-OH + I_3^- \xlongequal{} R-I_3 + OH^-$$

吸附碘达饱和的树脂颜色呈黑红色，用适当的溶液处理树脂可以将碘洗脱下来。

本次实验所用的强碱性离子交换树脂(717 型)对不同阴离子交换选择性大小的顺序为

$$I_3^- > I^- > HSO_4^- > NO_3^- > Br^- > NO_2^- > Cl^- > HCO_3^- > OH^-$$

所以采取先用 Na_2SO_3 将 I_2 还原为 I^- 离子，再用高浓度的 $NaNO_3$ 溶液处理的方法，将被树脂吸附的碘洗脱下来。

$$I_2 + SO_3^{2-} + H_2O \xlongequal{\quad} 2I^- + SO_4^{2-} + 2H^+$$

$$R - I_3 + NO_3^- \xlongequal{\quad} R - NO_3 + I_3^-$$

I^- 经氧化而得 I_2。粗碘可用升华法或浓硫酸熔融法精制。

由于强碱性离子交换树脂对 I_3^- 吸附能力远大于 NO_3^-，树脂不用再生即可反复使用。

三、实验用品

药品：NaOH(40%)，H_2SO_4(6 mol·L^{-1})，HAc(1 mol·L^{-1})，$NaNO_3$(4 mol·L^{-1})，$NaNO_2$(10%)，Na_2SO_3(0.1 mol·L^{-1})，KI(0.1 mol·L^{-1})，$Na_2S_2O_3$(标定)，淀粉(0.2%)。

材料：微型离子交换柱(用 φ7 mm 的玻管自制)，乳胶管(4～5 cm)，螺旋夹，铁支架，铁夹，试管夹各 1 个，烧杯(200 mL、100 mL、50 mL各 1 个)，量筒(5 mL、20 mL 各 1 个)，玻璃滴管 1 支，多用滴管若干支，点滴板 1 块，离心试管，玻棒，pH 试纸，脱脂棉(或纱布)，强碱性离子交换树脂(717 型)。

四、实验内容

1. 微型交换柱的制作：取 12～15 cm 长的玻璃滴管 1 支，将粗端扩展成喇叭口，在底部垫上一些脱脂棉或纱布，装上 4～5 cm 长的乳胶管用螺旋夹夹紧，以铁支架和试管夹垂直固定交换柱。用玻璃滴管吸取已处理过的树脂悬浊液至交换柱中，同时放松螺旋夹使交换柱中的水溶液缓缓流出，树脂即沉降至底部，尽可能使树脂装填紧密，不留气泡。在装柱和实验过程中，交换柱中液面应始终高于树脂柱面，树脂层高 5～7 cm。

2. 海带浸泡液的制备

(1) 浸泡：取海带适量，加入 13～15 倍的水量浸泡 24 h，浸泡液碘含量约为 0.3 g · L^{-1}。

(2) 除褐藻胶：在海带浸泡液中加入 40%的 NaOH 溶液，充分搅拌，控制 pH 值在 12 左右，用倾析法分离，清液备用。

(3) 部分氧化：取澄清的海带浸泡液 100 mL，用 6 mol · L^{-1}的 H_2SO_4 调溶液的 pH 值为 1.5～2，用多用滴管逐滴加入 10%的 $NaNO_2$ 溶液，充分搅拌，溶液颜色由浅黄色逐渐变为棕红色即表明 I^-已转变为多碘离子(过量氧化剂的加入有什么影响?)。

3. 交换吸附：用多用滴管将处理好的海带浸泡液注入交换柱中，调节螺旋夹，控制流速在 15～20 滴/min，用 100 mL 烧杯承接流出液。流出液颜色应为淡黄色或接近无色。若流出液颜色较深，说明吸附不完全(如何检验?)，应调节流速或再循环吸附。交换吸附后的溶液可回收用于提取甘露醇。

4. 洗脱

(1) 逐滴加入 0.1 mol · L^{-1}的 Na_2SO_3 溶液于交换柱中，控制流速 5～8 滴/min，至树脂颜色由棕红色变为无色止。

(2) 取 4 mol · L^{-1}的 $NaNO_3$ 溶液 20 mL，用多用滴管注入交换柱中，控制流速为 5～8 滴/min，此 $NaNO_3$ 洗脱液可收集于 50 mL 烧杯中。

5. 碘析(在通风橱中操作)：往洗脱液中加入 6 mol · L^{-1}的 H_2SO_4 使之酸化，再加入 10%$NaNO_2$ 溶液使碘析出。

6. 离心分离：将含碘沉淀的溶液转入离心试管中离心分离，液体回收，用少量水洗涤沉淀 1～2 遍，得粗碘。

7. 用滴定法测定碘的制取量

(1) 用体积法标定多用滴管 1 支：用一支洁净干燥的 5 mL 量

筒，小心地把盛水的已拉细的多用滴管伸入量筒中，滴入水至1.0 mL刻度处作起点(注意不要溅湿量筒的上部筒壁)。再用该滴管吸水至吸泡2/3处，擦干径管外壁，驱出径管中的空气，在径管与桌面垂直的情况下，伸入量筒中，逐滴滴加20滴、40滴、60滴水，并记下相应的体积，求出液滴的平均体积。

(2) 用0.1 mol·L^{-1}的KI溶液将粗碘溶解，加入1 mol·L^{-1}的HAc溶液酸化，以0.2%淀粉为指示剂，用标定好的滴管吸取已知准确浓度的$Na_2S_2O_3$溶液，逐滴加入碘溶液中，至蓝色刚好消失为终点，记下$Na_2S_2O_3$的滴数。

$$I_2 + 2S_2O_3^{2-} = S_4O_6^{2-} + 2I^-$$

(3) 根据$Na_2S_2O_3$的用量，计算碘的产量并粗估产率。

思考题

1. 洗脱过程为什么要分两步进行?

2. 在酸性介质中将I^-氧化成I_2，为什么选$NaNO_2$作氧化剂，而没有用$KClO_3$、H_2O_2等？能否找出更好的氧化剂?

3. 还有其他方法和洗脱剂将碘从树脂上洗脱吗？请你设计出一种方法来。

4. 制得的粗碘在用KI溶液溶解前为什么一定要用水洗？不洗将造成什么后果?

7-5　实验三十七　室温固相反应法制备半导体纳米材料

一、实验目的

1. 学习室温固相反应法制备半导体材料的方法。

2. 了解用X射线衍射法表征化合物结构的方法。

3. 学习用热分析法研究化合物的热稳定性。

4. 练习固液分离操作和加热设备的使用。

二、实验提要

室温固相反应是近几年发展起来的一个新的研究领域。利用固相反应可以合成液相中不易合成的金属配合物、原子簇化合物、金属配合物的顺反几何异构体，以及不能在液相中稳定存在的固相配合物等。同时，由于固、液相反应过程中的反应机理不同，有时还可能产生不同的反应产物，因而有可能制得一些特殊的材料。

利用室温固相反应法合成精细陶瓷材料的研究刚刚兴起。与常用的气相法、液相法及固相粉碎法相比，它具有明显的优点，如合成工艺大大简化、原料的用量及副产物的排放量都显著减少；同时由于减少了中间步骤并且是低温反应，还可以避免纳米材料颗粒团聚，有利于产物纯度提高。

CdS、CuO、Fe_2O_3、ZnO 等是典型的化合物半导体材料，在颜料、光电池、杀菌和敏感材料领域有着重要的应用。最常用的合成方法是化学沉淀法。本实验方案之一是选用镉盐与硫化钠在室温一步反应法制备 CdS，现象明显，反应速度快。合成产物的结构经 X 射线衍射分析符合 JCPDS 卡片 10－0454，分别在 26.5°、44°、52°处出现最强的衍射峰(见图 7－2)。本合成反应的方程式如下：

$$CdSO_4 \cdot 7H_2O + Na_2S \cdot 9H_2O = CdS + Na_2SO_4 + 16H_2O$$

CdS 的热稳定性可用差热分析(DTA)和热重分析(TG)同时分析。图 7－3 是 CdS 在空气气氛中的 DTA－TG 曲线，555.7℃的放热峰及伴随的增重现象可认为是 CdS 被氧化生成了 $CdSO_4$，382.3℃的微弱吸热峰和伴随的轻微的失重现象可能是 CdS 表面吸附物的脱去或少量 CdS 被氧化成了 CdO。由此表明 CdS 在 500℃以下是稳定的，超过 500℃即明显被氧化。

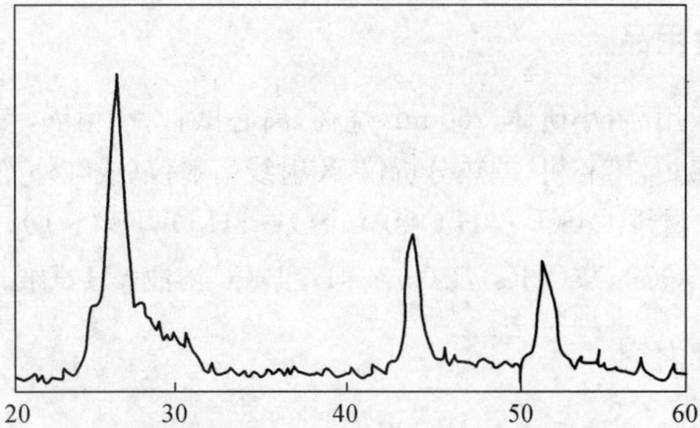

图 7－2　合成 CdS 样品的 XRD 图

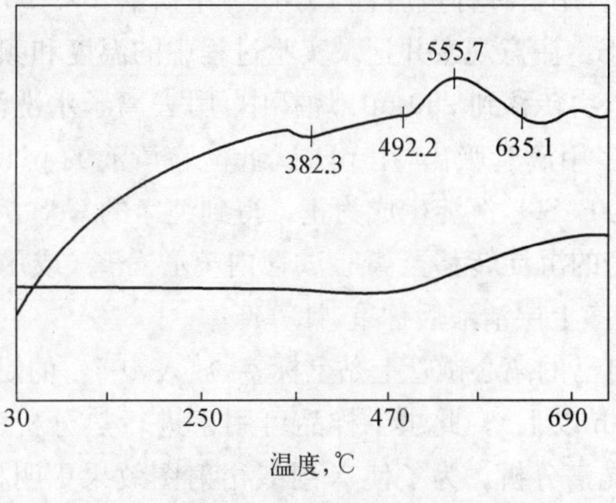

图 7－3　合成 CdS 样品的 DTA－TG 曲线

本实验方案之二是以 $CuSO_4 \cdot 5H_2O$、NaOH 为原料直接合成 CuO，反应方程式如下：

$$CuSO_4 \cdot 5H_2O + 2NaOH = CuO + Na_2SO_4 + 6H_2O$$

本实验方案之三是以 $Fe_2(SO_4)_3 \cdot xH_2O$、NaOH 为原料直接合成 Fe_2O_3，反应方程式如下：

$$Fe_2(SO_4)_3 \cdot xH_2O + 6NaOH = 2Fe(OH)_3 + 3Na_2SO_4 + xH_2O$$

三、实验用品

仪器、用品：小研钵，250 mL 烧杯，离心试管，小坩埚，多用滴管，烘箱，马弗炉，离心机，差热分析仪，X 射线衍射仪（或红外光谱）。

试剂、材料：$CdSO_4 \cdot 7H_2O(s)$，$CuSO_4 \cdot 5H_2O$，$Fe_2(SO_4)_3 \cdot xH_2O$，$Na_2S \cdot 9H_2O(s)$，NaOH(s)，1.0 $mol \cdot L^{-1}$ $BaCl_2$ 溶液，pH 试纸。

四、实验内容

1. 室温固相反应合成 CdS

(1) 按 2 g CdS 的产量设计应加入 $CdSO_4 \cdot 7H_2O(s)$ 和 $Na_2S \cdot 9H_2O(s)$ 的量，用台秤称量后置于小研钵中研磨 10～20 min，即生成橙红色的 CdS。注意观察并记录实验过程中的温度和颜色的变化。

(2) 将产物转移到 250 mL 烧杯中，用去离子水洗涤五遍以上，上层清液用多用滴管吸出，用 pH 试纸检验清液的 pH 值≤6，且用 $BaCl_2$ 检验无 $BaSO_4$ 沉淀生成为止。得到纯净的 CdS 沉淀。

(3) 洗净的沉淀转移至离心试管内离心分离（或用砂芯漏斗减压过滤）。吸净上层清液后称重，计算产率。

(4) 在自己的离心试管上贴上标签，放入 105℃的烘箱中烘干样品（一般需 6 h 以上）。此烘干样品可用于进行热分析、X 射线衍射分析或红外光谱分析。为了使 X 射线衍射图效果更明显，可将该样品于马弗炉中 400℃煅烧 1～2 h，使晶形趋于完整。

(5) 在差热分析仪上测绘 DTA－TG 曲线。确定合成产物的热稳定性变化。

(6) 样品做 X 射线衍射分析谱，推测其晶体结构。

2. 室温固相反应直接合成 CuO（自己设计）

3. 室温固相反应合成 Fe_2O_3（自己设计）

思考题

1. 常用的化合物半导体有哪些？它们各有什么用途？

2. 在空气中测得 CdS 的稳定温度在 500℃以下，氧化产物为 $CdSO_4$，若在 N_2 中进行 DTA - TG 分析，结果会如何？试推测一下。

3. 试从热力学角度推测，能否用本实验方法合成 ZnS、SnO_2。

7-6 实验三十八 聚碱式氯化铝的制备与净水实验

一、目的要求

1. 了解聚碱式氯化铝的制备原理和方法。
2. 试验聚碱式氯化铝的净水作用。

二、实验提要

絮凝沉降是目前净化浊水和污水最有效、最经济的方法之一。聚碱式氯化铝(简称聚铝)是目前国内外广泛采用的絮凝剂，其化学通式可表示为

$$[Al_2(OH)_nCl_{6-n}]_m \qquad n = 1 \sim 5,\ m < 10$$

它可以看作是 Al^{3+} 部分水解后产生的 OH^- 在 Al^{3+} 之间架桥，而形成的一系列不同聚合度化合物的混合物，如 $Al_2(OH)_4Cl_2$、$Al_3(OH)_5Cl_4$、$Al_{13}(OH)_{34}Cl_5$ 等。在水溶液中，这些化合物可解离出 $Al_2(OH)_4^{2+}$、$Al_3(OH)_5^{4+}$、$Al_{13}(OH)_{34}^{5+}$ 等带正电荷的离子。自然界中的胶体通常是带负电荷的，这些高正电荷的离子将有效降低负胶粒的 $|\zeta|$ 电势，促使其聚沉。此外，聚铝与胶粒之间还存在着羟基的架桥作用和吸附作用，这些作用也都有助于胶粒形成大的絮凝物而沉降。

聚铝净水作用的强弱与其“盐基度”有关。所谓盐基度就是聚铝各物种的混合物中 OH^- 取代 Cl^- 的平均百分数。例如，假设聚铝为单一的 $Al_2(OH)_4Cl_2$，则盐基度 $B = (4/6) \times 100\% = 66.7\%$，$AlCl_3$ 和 $Al(OH)_3$ 的盐基度分别为 0%和 100%。一般来说，聚铝的

盐基度控制在50%～80%时净水效果较好。因此，由 $AlCl_3$ 制备聚铝时，要设法提高它的盐基度，即提高它的碱度。

提高盐基度的方法一般有以下三种：

(1) 加入碱性物质。在 $AlCl_3$ 溶液中加入一定量的 NaOH 或 $NH_3 \cdot H_2O$ 等，可制得聚铝。但此法同时引入大量电解质，会影响产品质量。在 $AlCl_3$ 溶液中加入 $Al(OH)_3$ 可避免上述问题。

(2) 用金属铝与 $AlCl_3$ 溶液反应。利用铝与水溶液中 H^+ 反应后溶液的酸度降低，从而引入了 OH^-。

(3) 含水 $AlCl_3$ 晶体加热分解。$AlCl_3 \cdot H_2O$ 在一定温度下加热，因发生热解反应而制得聚铝。

三、实验用品

仪器、用品：锥形瓶，马弗炉，磁力搅拌器。

试剂、材料：盐酸，氨水，铝粉，铝矾土，黏土。

四、实验内容

1. 由铝矾土制备 $AlCl_3$

(1) 将铝矾土粉(60 目)置于马弗炉内，于 750℃ 灼烧 1～1.5 h(灼烧温度不得超过 850℃)，使其转化为易溶于酸的熟料(此实验由预备室完成)。

(2) 取 10 g 熟料置于锥形瓶中，加入 25 mL 6 $mol \cdot L^{-1}$ HCl，在锥形瓶上装上冷凝器，于磁力搅拌器上加热搅拌。控制温度缓慢上升，待反应缓慢后再在 90～95℃保温 1～1.5 h。稍冷后过滤，即得 $AlCl_3$ 溶液。

2. 由 $AlCl_3$ 制聚铝

从上面介绍的三种制备方法中选择一种，自行拟定实验步骤制聚铝。

实验提示：

(1) 由 $Al(OH)_3$ 和 $AlCl_3$ 反应制聚铝时应注意：

① $Al(OH)_3$ 可通过 $AlCl_3$ 溶液加氨水来制取，因此可将制得的 $AlCl_3$ 溶液的一半用来制取 $Al(OH)_3$，然后与另一半 $AlCl_3$ 溶液反应，制得盐基度 50%的产品。

② 若 $Al(OH)_3$ 沉淀过滤比较困难，可加入少量聚丙烯酰胺溶液絮凝。

③ $Al(OH)_3$ 和 $AlCl_3$ 溶液反应较慢，需要不断加热搅拌，直至混合物溶解透明。

(2) 用 Al 和 $AlCl_3$ 溶液反应制备聚铝时应注意：

① 铝粉要分批加入，以防止反应太激烈而逸出溶液。随着溶液 pH 的增大，反应速率变慢，此时应加热促进反应。最后保温在 90℃让其充分反应，直至溶液 pH 升高至 3.5 左右。

② 除去多余铝粉后的聚铝溶液。为进一步提高其净水能力，可陈化数天或 80℃保温数小时。

(3) 由 $AlCl_3$ 溶液加热分解制聚铝时应注意：

① 应先将 $AlCl_3$ 溶液浓缩至较稠的溶液，然后置于马弗炉内，在 200℃焙烧 1h 左右。焙烧时有 HCl 气体放出，反应在通风橱中进行。

② 由热解得到的 $Al_2(OH)_nCl_{6-n}$ 为立体网格结构的晶体，其絮凝性能差，应加水对其进行活化。水合反应方程式可表示为：

$$Al_2(OH)_nCl_{6-n} + (6-n)H_2O \longrightarrow [Al_2(OH)_n \cdot (6-n)H_2O]Cl_{6-n}$$

活化使得 Cl^- 从配离子的内界变成外界，有利于配阳离子正电荷的升高。加水活化的具体操作方法为，在不断搅拌下，往焙烧得到的粉末状晶体中滴加水，使其成为黏稠度适中的糊状物(此时因水合作用会放出大量的热，同时反应物颜色变深)。加完水后，再继续搅拌数分钟，糊状物的黏稠度变大，静置一段时间后自动凝结成固态产物。

3. 净水试验

在一个盛满水的桶内加入一些黏土，搅拌均匀后静置 2 min，让黏土中粗砂粒沉降。取上层的浊水两份，每份 1 000 mL 分别置于大烧杯中。在一份浊水中滴加 4 滴聚铝溶液(固态聚铝加 3 倍水溶解)，立即激烈搅拌 3 min，静置 5 min 后与另一份未加聚铝的浊水进行对比，记录聚铝的絮凝情况。

思考题

1. 聚铝溶液净水的机理是什么？

2. 将新制得的聚铝溶液陈化数天或者加热保温数小时，往往可进一步提高其净水能力。为什么？

7-7　实验三十九　分子筛的制备及其物性测定

一、实验目的

1. 通过 Y 分子筛的制备及其物性测定，了解分子筛制备的一般方法和物性测定的实验技术。

2. 独立设计并完成分子筛的制备及物性测定，培养和提高综合应用实验技术和解决问题的能力。

二、实验提要

分子筛又称沸石，是一类结晶的硅酸盐。分子筛的化学组成一般可用以下通式来表示：

$$M_{2/n}O \cdot Al_2O_3 \cdot xSiO_2 \cdot yH_2O$$

式中：M 为金属离子；n 为金属离子的价数；x 为 SiO_2 的摩尔数；y 为结晶水的摩尔数。分子筛组成中 SiO_2 的含量不同，或者说 SiO_2/Al_2O_3 的摩尔比不同可形成不同类型的分子筛。如 A 型、X 型、Y 型、ZSM 系列、β 型、丝光沸石等，还有在分子筛骨架中掺杂其他元素的杂原子分子筛，如 TS-1、SAPO 系列等。不同类型的分子筛结构不同，孔道大小不同、表面酸性不同，催化性能差异很大。

其中 Y 分子筛中 SiO_2 的摩尔数：$x=3.1\sim5.0$。

分子筛的组成单元是硅（铝）氧四面体（如图 7-4）。硅氧四面体和铝氧四面体按一定的方式通过氧桥连接在一起，可以形成为环状、链状或笼状骨架。由于四面体的数目不同，则所形成骨架的形状、大小也不相同。如四个四面体形成一个四元环，六个四面体形成一个六元环（如图 7-5），环的当中是一个孔，不同的环则有不同的孔径。在某一型号的分子筛中，不完全是由一种环组成，这样同一分子筛可以有几种不同的孔径。

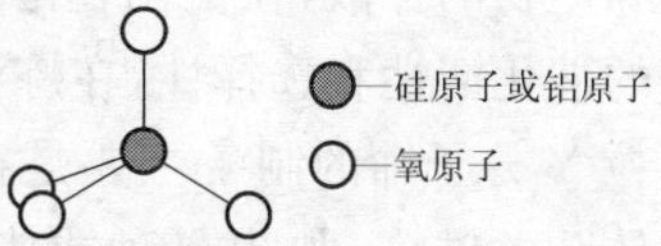

图 7-4　硅氧四面体或铝氧四面体

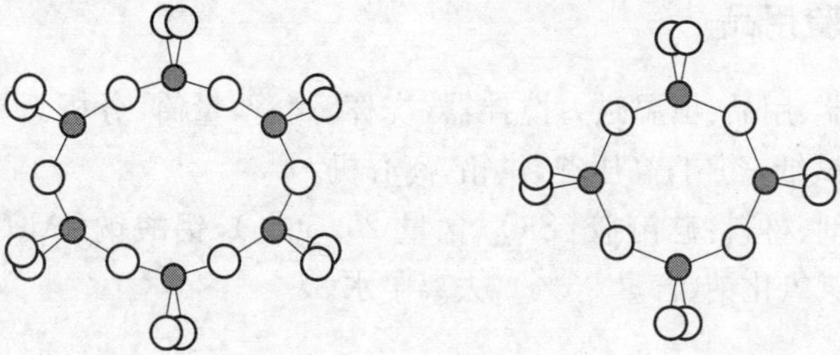

图 7-5　四元环和六元环

分子筛中的 SiO_4 四面体中的 Si 是四价的，而 AlO_4 四面体中的 Al 是三价的，它与四个氧配位，构成负电性的四面体。这样，整个硅氧铝氧骨架是带负电荷的，为此必须吸附阳离子以保持电中性平衡。通常合成分子筛时，在骨架中每个铝氧四面体的附近携带一个 Na^+，使整个分子筛保持电中性。这样，分子筛结构中的 Na 和 Al 的原子数是相同的。

分子筛具有孔径均匀、比表面积和孔体积大、可以进行离子交换、骨架有酸中心等特点。可以作为催化剂、吸附剂和离子交换剂，广泛应用于洗涤剂工业、石油化学工业、精细化工、环境保护等诸多领域。

目前在炼油工业中用量最大的是Y分子筛，工业产品的Y分子筛粒径一般在微米级。而小晶粒的分子筛孔道短，有利于反应物和产物的扩散，在催化裂化、加氢裂化和异构化等反应中具有较高的催化活性和选择性，在炼油工业有广阔的应用前景。目前，小晶粒Y分子筛的制备主要是在常规合成方法中，通过提高水热合成体系的碱度、加入晶种或表面活性剂等手段来抑制晶粒长大。也可以通过改变反应混合物的配比、陈化时间、晶化温度和时间来制备。在本实验中，我们给出一个具体的Y分子筛制备方法。同学进行实验时可以通过对具体条件的微调(如改变水含量、添加表面活性剂、改变陈化温度、时间等)，来考察不同条件下产品粒径的变化。

三、实验用品

仪器、用品：恒温磁力搅拌器，烧杯，滴管，量筒，分析天平，表面皿，pH试纸，药勺，高压釜，烘箱，离心机。

试剂、材料：硅溶胶(SiO_2 含量25.56%)，铝酸钠(Al_2O_3 含量41%)，氢氧化钠(含量96%)，去离子水。

四、实验内容

按配比(摩尔比)5.1 Na_2O/Al_2O_3/10 SiO_2/200 H_2O 计算各原料的用量。实验时可根据具体要求缩小用量，下面以 Al_2O_3 为0.01 mol时计算各原料用量为例进行实验。

称取3.33 g NaOH加入到17 mL去离子水中，搅拌条件下加入2.49 g铝酸钠。完全溶解后加入23.47 g硅溶胶，搅拌30 min。得到混合凝胶。凝胶在室温陈化24 h，放入带聚四氟乙烯内衬的反应釜中，于100℃下晶化9 h。

将得到的产品混合液抽滤，并用去离子水洗涤至pH小于8，然后在110℃下干燥8 h，干燥后产品置于马弗炉中在350℃焙烧3 h，所得产品用X-射线粉末衍射(XRD)进行结构表征，并与文献报道的 Y 分子筛谱图进行比较。应用低温 N_2 吸附测试比表面积、孔容和孔径;应用 TEM 或 SEM 观察粒子形貌和尺寸。

以上面的实验条件为基准,可以通过调整反应混合物中的水含量、改变陈化温度和陈化时间、改变晶化时间或添加表面活性剂等手段来调控分子筛的晶粒大小。

思考题

1. 制备 Y 分子筛需要注意哪些问题?
2. 不同制备条件对晶粒大小有何影响,为什么?

7-8 实验四十 二茂铁的合成和表征

一、实验目的

1. 通过二茂铁的制备,掌握无水、无氧合成实验操作方法。
2. 熟悉用刺形分馏柱分离不同沸点有机化合物的操作方法。
3. 学习以废弃化学品做原料的绿色化学原理。
4. 熟悉旋转蒸发仪的使用方法。
5. 学习红外光谱表征化合物结构的方法。

二、实验提要

实验是用无机强碱 KOH 在二甲亚砜溶剂中脱去环戊二烯的质子,然后直接与两价铁反应制备二茂铁。反应如下:

$$2C_5H_6 + 2KOH + (NH_4)_2SO_4 \cdot FeSO_4 = Fe(C_5H_5)_2 + 2K_2SO_4 + (NH_4)_2SO_4 + 2H_2O$$

因为实验“硫酸亚铁铵的制备”中的产品常常被丢弃,造成大量浪费。而硫酸亚铁铵(摩尔盐)的抗氧化性较高,所以为了避免浪费,实验采用经干燥的硫酸亚铁铵为原料合成二茂铁。

三、实验流程图

制备环戊二烯单体 → 合成二茂铁：氮气气氛下加料，控温，反应，过滤，产品洗涤，旋蒸 → 称重，计算产率

四、实验内容

1. 环戊二烯单体的制备

市售的环戊二烯是二聚体，将二聚体加热到170℃以上就可以裂解为环戊二烯单体（图 7－6）。在 100 mL 单颈烧瓶上装有一个 30 cm长的刺形分馏柱（Vigreux），并通过蒸馏头（附有温度计）与一个直型冷凝管连接。在烧瓶中加入 50 mL 环戊二烯二聚体，慢慢加热分馏，控制分馏柱顶端温度计的温度不超过 45℃。接收环戊二烯单体的烧瓶放在冰水浴中，蒸出的环戊二烯要尽快使用，最好在 1 h 内使用，若放置时间过长，环戊二烯单体会聚合为二聚体。

环戊二烯单体和二聚体都有特殊的臭味，接触过环戊二烯的玻璃仪器不要拿出通风橱，应先在稀 $KMnO_4$ 水溶液中浸泡 20 min 后，再拿出在自来水上冲洗。

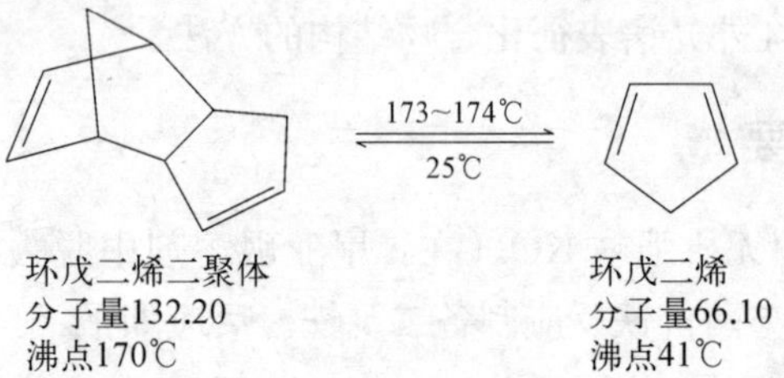

图 7－6　环戊二烯二聚体和单体的转化

2. 二茂铁的合成

在电磁搅拌器上装置 250 mL 三颈烧瓶，烧瓶上配有滴液漏斗、氮气导管和液封装置，检查气密性，放入搅拌子，彻底置换氮气。在通氮气条件下向烧瓶中加入 150 mL 二甲亚砜和 30 g 氢氧化钾粉末

(如是块状 KOH 则需先研磨)和 6.6 g (0.10 mol)新蒸馏的环戊二烯,保持溶液不低于 30℃。将 19.7 g (0.05 mol)硫酸亚铁铵分批加入烧瓶中,约在 1 h 内加完后,升高反应温度至 40～50℃,继续剧烈搅拌 30 min,将反应混合物倾入 200 mL 冰水和 70 mL 浓盐酸 (12 mol · L^{-1})的混合溶液中,有大量棕褐色沉淀析出。将该混合物搅拌 10 min 后抽滤,并用 60 mL 水分四次洗涤。将粗产物溶于少量二氯甲烷,滤去不溶物,滤液于旋转蒸发仪中蒸去溶剂,得到橙色二茂铁晶体,干燥,称重,计算产率。测试红外光谱。

思考题

1. 摩尔盐为何在空气中可以稳定存在?氯化亚铁为何不能?

2. 用实验"硫酸亚铁铵的制备"中的产品硫酸亚铁铵为原料,在废物得到利用的同时,还节约费用,减少了浪费,这些是符合绿色化学的哪一个原理?

3. 为何要将固体硫酸亚铁铵碾压成粉状并直接加入热的反应液中?

7-9 实验四十一 未知配合物的合成和表征

一、实验目的

1. 通过未知配合物的合成表征,了解研究无机化合物和配合物的一般方法。

2. 独立自行设计并完成未知配合物的表征,培养和提高研究工作的能力。

二、实验提要

对于合成的未知配合物,要对其进行表征。即确定配合物的组成、性质与特征,要有一定的化学专业基础知识和掌握一定的实验技术，以及具有一定的查阅文献资料的能力才能完成这项工作。如在配合物的合成中要应用有关化学基础知识或查阅有关文献资料来判断有哪些基团参加反应而形成配体和外界离子，然后应用有关的研究方法和实验技术来确定配合物的配体及其含量。有关配合物的性质与特征也要有相对应的研究方法和实验技术来测定和研究。总之，配合物的表征是一项综合性的实验工作，不仅要具有一定的化学基础知识和实验技术，同时还要有综合的分析问题和解决问题的能力。

三、实验用品

仪器、用品：恒温控制烘箱 1 只，研钵 1 只，烧杯(250 mL)1 只，表面皿(ϕ6 cm)1 只

试剂、材料：硝酸铬 C. P，乙醚 C. P，尿素 C. P，硫氰酸铵 C. P，异丙醇 C. P，重铬酸铵 C. P。

四、实验内容

1. 未知配合物(Ⅰ)的合成

将 10 g 硝酸铬和尿素在研钵中研细并混合均匀，转移到 250 mL 烧杯中。烧杯盖上表面皿，放入恒温控制烘箱。在 130～140℃ 反应 48 h，待冷却到室温后用 50 mL 乙醇与 50 mL 0.5 $mol \cdot L^{-1}$ 硝酸混合溶液提取反应混合物。在 35～40℃ 温度范围内微微加热提取液，使反应混合物固体逐渐溶解，这过程中有橙红色小晶体悬浮在绿色溶液中。过滤得橙红色晶体，分别用 10 mL 0.5 $mol \cdot L^{-1}$ 硝酸、乙醇、乙醚洗涤晶体。产物在空气中晾干，即为配合物(I-1)。

称取部分配合物(I-1)溶于一定体积的 1∶1 HCl 中，并在搅拌情况下慢慢加热混合溶液。温度不要超过 50℃，直到溶液中有粉红色晶体析出。再在 50℃ 搅拌 10 min，待溶液冷却到室温后过滤可得粉红色晶体。用少量异丙醇、乙醚洗涤晶体，在空气中晾干得配合物(I-2)。

2. 未知配合物(Ⅱ)的合成

将 16 g NH_4SCN 在蒸发皿中慢慢加热，并充分搅拌。当温度升到 145～150℃有部分 NH_4SCN 熔融时，分批加入预先充分研细的 3.4 g$(NH_4)_2Cr_2O_7$ 和 4.0 g NH_4SCN 的混合物，每次加入量为 0.4～0.5 g。加入混合物时必须充分搅拌，加入约为 10 次时会发生激烈反应并放出氨气。当温度升到约 160℃时停止加热，由反应热使反应物保温在 160℃。当反应缓慢时再分批加入剩余的混合物，这需要约 5～8 min。加完混合物后边搅拌边冷却，得到块状生成物。当生成物在完全冷却前弄碎块状物后转移到烧杯中，再加入 15 mL 冰水。搅拌 15 min后，减压过滤得不溶物，这不溶物是含有产物和副产物的混合物。

为分离上述混合物，在混合物中加入 65℃温水 50 mL，并充分搅拌，当温度达到 60℃时趁热过滤(注意：温度不能超过 65℃，否则会分解!)。滤液在水浴中冷却析出晶体，过滤得紫红色产物。除去产物的滤液中再加入上述 60℃提取的残留物，用同样的方法再提取产物。产物可用水或水和乙醇等容比的混合液来重结晶，在空气中干燥得配合物(Ⅱ-1)，不溶物为配合物(Ⅱ-2)。

3. 未知配合物的表征

对所合成的配合物(Ⅰ-1)、配合物(Ⅰ-2)、配合物(Ⅱ-1)、配合物(Ⅱ-2)拟订表征方案，在实验室内准备所需的试剂、仪器设备等，独立开展各种表征工作。表征工作包括配合物中心离子含量、配体有哪些基团及其含量，配合物外界离子种类和含量，配体的配位原子、配离子电荷数、配合物的性质和构型等，配合物若是混合物还需考虑混合配合物的鉴别和分离。经表征和综合测试写出配合物(Ⅰ-1)、配合物(Ⅰ-2)、配合物(Ⅱ-1)、配合物(Ⅱ-2)的组成，并说明配合物的性质和结构。

思考题

1. 根据实验数据写出配合物(Ⅰ)合成的反应方程式。
2. 试说明配合物(Ⅱ)制备过程中酸度和温度对产物有何影响?

7-10 Experiment 42 Anion analysis of unknown solution

Purpose

(1) Design experimental procedure to analysis possible anions for a given unknown solution.

(2) Further study and grasp the basic operation skills of qualitative analysis.

(3) Design and operate independently in order to train one the ability of working independently and the capability of solving practical problems.

Design Prompts

(1) Firstly, fully review of the basic reactions and identification content of all kinds of anions; skillfully grasping chemical properties and chemical reactions of all anions. Refer to the text books and "qualitative analysis" related to possible anions, then design experimental details according to the given conditions.

(2) The unknown solution possibly contains three or four of the following anions: Cl^-、Br^-、I^-、S^{2-}、SO_3^{2-}、$S_2O_3^{2-}$、SO_4^{2-}、NO_2^-、NO_3^-、PO_4^{3-}、$Cr_2O_7^{2-}$、MnO_4^-.

Designing requirements

(1) According to the chemicals given in laboratory and unknown anion solution provided by teachers, design experimental details to qualitative analysis possible anions. These should include experimental purpose, requirements, principle, experimental procedure and phenomena, steps and notes.

(2) Fulfilling the experimental procedure based on the possible components of unknown solution and the feasible experimental principal and detail checked by instructor. Complete a high quality experimental report.

7-11 Experiment 43 Cation analysis of unknown solution

Purpose

(1) To learn and design a qualitative analysis method for a given unknown solution containing mixed ions.

(2) To master the basic operational skills of qualitative analysis.

(3) To improve the abilities of independent working and practical problem solving by independent design and operation.

Suggestions on design

(1) First, fully review the basic reactions and characterization contents involving cations, and skillfully master the properties and characteristic reactions of cations. Meanwhile, refer to related books and materials on qualitative analysis, and design experimental schemes according to the requirements.

(2) The unknown solution may contain three to four kinds of common ions selected from Na^+, Fe^{3+}, Al^{3+}, Cu^{2+},, NH_4^+ etc.

Requests on design

(1) According to the given regents in laboratory and the unknown mixed ionic solutions provided by your teachers, draw up the experimental plan on qualitative analysis, which should include

purpose and requirements, principle, reagents and materials, procedures and notes, etc.

(2) According to the possible composition existing in the unknown solution, and the feasible plan approved by the teachers, finish the experiments independently and write the standard experimental reports.

附录一

国际相对原子质量表

（按原子序数排列）

序数	名称	符号	相对原子质量	序数	名称	符号	相对原子质量
1	氢	H	1.007 94	32	锗	Ge	72.61
2	氦	He	4.002 602	33	砷	As	74.921 60
3	锂	Li	6.941	34	硒	Se	78.96
4	铍	Be	9.012 182	35	溴	Br	79.904
5	硼	B	10.811	36	氪	Kr	83.80
6	碳	C	12.010 7	37	铷	Rb	85.467 8
7	氮	N	14.006 74	38	锶	Sr	87.62
8	氧	O	15.999 4	39	钇	Y	88.905 85
9	氟	F	18.998 403 2	40	锆	Zr	91.224
10	氖	Ne	20.179 7	41	铌	Nb	92.906 38
11	钠	Na	22.989 770	42	钼	Mo	95.94
12	镁	Mg	24.305 0	43	锝	Tc	(98)
13	铝	Al	26.981 538	44	钌	Ru	101.07
14	硅	Si	28.085 5	45	铑	Rh	102.905 50
15	磷	P	30.973 761	46	钯	Pa	106.42
16	硫	S	32.066	47	银	Ag	107.868 2
17	氯	Cl	35.452 7	48	镉	Cd	112.411
18	氩	Ar	39.948	49	铟	In	114.818
19	钾	K	39.098 3	50	锡	Sn	118.710
20	钙	Ca	40.078	51	锑	Sb	121.760
21	钪	Sc	44.955 910	52	碲	Te	127.60
22	钛	Ti	47.867	53	碘	I	126.904 47
23	钒	V	50.941 5	54	氙	Xe	131.29
24	铬	Cr	51.996 1	55	铯	Cs	132.905 45
25	锰	Mn	54.938 049	56	钡	Ba	137.327
26	铁	Fe	55.845	57	镧	La	138.905 5
27	钴	Co	58.933 200	58	铈	Ce	140.116
28	镍	Ni	58.693 4	59	镨	Pr	140.907 65
29	铜	Cu	63.546	60	钕	Nd	144.24
30	锌	Zn	65.39	61	钷	Pm	(145)
31	镓	Ga	69.723	62	钐	Sm	150.36

续 表

序数	名称	符号	相对原子质量	序数	名称	符号	相对原子质量
63	铕	Eu	151.964	88	镭	Ra	(226)
64	钆	Gd	157.25	89	锕	Ac	(227)
65	铽	Tb	158.925 34	90	钍	Th	232.038 1
66	镝	Dy	162.50	91	镤	Pa	231.035 88
67	钬	Ho	164.930 32	92	铀	U	238.028 9
68	铒	Er	167.26	93	镎	Np	(237)
69	铥	Tm	168.934 21	94	钚	Pu	(244)
70	镱	Yb	173.04	95	镅	Am	(234)
71	镥	Lu	174.967	96	锔	Cm	(247)
72	铪	Hf	178.49	97	锫	Bk	(247)
73	钽	Ta	180.947 9	98	锎	Cf	(251)
74	钨	W	183.84	99	锿	Es	(252)
75	铼	Re	186.207	100	镄	Fm	(257)
76	锇	Os	190.23	101	钔	Md	(258)
77	铱	Ir	192.217	102	锘	No	(259)
78	铂	Pt	195.078	103	铹	Lr	(262)
79	金	Au	196.966 55	104	𬬻	Rf	(261)
80	汞	Hg	200.5 9	105	𬭊	Db	(262)
81	铊	Tl	204.3833	106	𬭳	Sg	(266)
82	铅	Pb	207.2	107	𬭛	Bh	(264)
83	铋	Bi	208.980 38	108	𬭶	Hs	(269)
84	钋	Po	(209)	109	鿏	Mt	(268)
85	砹	At	(210)	110		Uun	(271)
86	氡	Rn	(222)	111		Uuu	(272)
87	钫	Fr	(223)	112		Uub	

注：摘自 Lide D R. Handbook of Chemistry and Physics. 81st Ed. CRC PRESS，2000～2001

附录二

不同温度下一些常见无机化合物的溶解度

序号	分子式	相对分子质量	0℃	10℃	20℃	30℃	40℃	50℃	60℃	70℃	80℃	90℃	100℃
1	$AgNO_3$	169.87	55.9	62.3	67.8	72.3	76.1	79.2	81.7	83.8	85.4	86.7	87.8
2	$AlCl_3$	133.34	30.84	30.91	31.03	31.18	31.37	31.60	31.87	32.17	32.51	32.90	33.32
3	$Al(NO_3)_3$	213.00	37.0	38.2	39.9	42.0	44.5	47.3	50.4	53.8			61.5
4	$Al_2(SO_4)_3$	342.15	27.5			28.2	29.2	30.7	32.6	34.9	37.6	40.7	44.2
5	$BaCl_2$	208.25	23.30	24.88	26.33	27.70	29.00	30.27	31.53	32.81	34.14	35.54	37.05
6	$Ba(NO_3)_2$	261.35	4.7	6.3	8.2	10.2	12.4	14.7	17.0	19.3	21.5	23.5	25.5
7	$Ba(OH)_2$	171.35	1.67			8.4	19	33	52	74	101		
8	$CaCl_2$	110.99	36.70	39.19	42.13	49.12	52.85	56.05	56.73	57.44	58.21	59.04	59.94
9	$Ca(NO_3)_2$	164.09	50.1	53.1	56.7	60.9	65.4	77.8	78.1	78.2	78.3	78.4	78.5
10	$CaSO_4$	136.14	0.174	0.191	0.202	0.208	0.210	0.207	0.201	0.193	0.184	0.173	0.163
11	CH_3COOK	98.15	68.40	70.29	72.09	73.70	75.08	76.27	77.31	78.22	79.04	79.80	80.55
12	CH_3COONa	82.03	26.5	28.8	31.8	35.5	39.9	45.1	58.3	59.3	60.5	61.7	62.9
13	$CoCl_2$	129.84	30.30	32.60	34.85	37.10	39.27	41.38	43.46	45.50	47.51	49.51	51.50
14	$Co(NO_3)_2$	182.94	45.51	47.0	49.4	52.4	56.0	60.1	62.6	64.9	67.7		
15	$CoSO_4$	155.00	19.9	23.0	26.1	29.2	32.3	34.4	35.9	35.5	33.2	30.6	27.8
16	$CuCl_2$	134.45	40.8	41.7	42.6	43.7	44.8	46.5	47.2	48.5	49.9	51.3	52.7

续 表

序号	分子式	相对分子质量	0℃	10℃	20℃	30℃	40℃	50℃	60℃	70℃	80℃	90℃	100℃
17	$Cu(NO_3)_2$	187.56	45.2	49.8	56.3	61.1	62.0	63.1	64.5	65.9	67.5	69.2	71.0
18	$CuSO_4$	159.61	12.4	14.4	16.7	19.3	22.2	25.4	28.8	32.4	36.3	40.3	43.5
19	$FeCl_2$	126.75	33.2										48.7
20	$FeCl_3$	162.21	42.7	44.9	47.9	51.6	74.8	76.7	84.6	84.3	84.3	84.4	84.7
21	$Fe(NO_3)_3$	241.86	40.15										
22	$FeSO_4$	151.91	13.5	17.0	20.8	24.8	28.8	32.8	35.5	33.6	30.4	27.1	24.0
23	$HgCl_2$	271.50	4.24	5.05	6.17	7.62	9.53	12.02	15.18	19.16	24.06	29.90	36.62
24	KBr	119.01	35.0	37.3	39.4	41.4	43.2	44.8	46.2	47.6	48.8	49.8	50.8
25	$KBrO_3$	167.00	2.97	4.48	6.42	8.79	11.57	14.71	18.14	21.79	25.57	29.42	33.28
26	KCl	74.56	27.6	31.0	34.0	37.0	40.0	42.6	45.5	48.3	51.1	53.9	56.7
27	$KClO_3$	122.55	3.03	4.67	6.74	9.21	12.06	15.26	18.78	22.65	26.88	31.53	36.65
28	$KClO_4$	138.55	0.70	1.10	1.67	2.47	3.54	4.94	6.74	8.99	11.71	14.94	18.67
29	KH_2PO_4	136.09	11.74	14.91	18.25	21.77	25.28	28.95	32.76	36.75	40.96	45.41	50.121
30	KI	166.01	56.0	57.6	59.0	60.4	61.6	62.8	63.8	64.8	65.7	66.6	67.4
31	KIO_3	214.01	4.53	5.96	7.57	9.34	11.09	13.22	15.29	17.41	19.58	21.78	24.03
32	$KMnO_4$	158.04	2.74	4.12	5.96	8.28	11.11	14.42	18.16				
33	KNO_2	85.11	73.7	74.6	75.3	76.0	76.7	77.4	78.0	78.5	79.1	79.6	80.1
34	KNO_3	101.11	13.3	20.9	31.6	45.8	63.9	83.5	110.0	138	169	201	246
35	KOH	56.11	48.7	50.8	53.2	56.1	57.9	58.6	59.5	60.6	61.8	63.1	64.6
36	KSCN	97.18	63.8	66.4	69.1	71.6	74.1	76.5	78.9	81.1	83.3	85.3	87.3
37	K_2CO_3	138.211	51.3	51.7	52.3	53.1	54.0	54.9	56.0	57.2	58.4	59.6	61.0
38	K_2CrO_4	194.20	37.1	38.1	38.9	39.8	40.5	41.3	41.9	42.6	43.2	43.8	44.3
39	$K_2Cr_2O_7$	294.19	4.30	7.12	10.9	15.5	20.8	26.3	31.7	36.9	41.5	45.5	48.9
40	K_2HPO_4	174.18	57.0	59.1	61.5	64.1	67.7		72.7				

续　表

序号	分子式	相对分子质量	0℃	10℃	20℃	30℃	40℃	50℃	60℃	70℃	80℃	90℃	100℃
41	K_2SO_3	158.27	51.30	51.39	51.49	51.62	51.76	51.93	52.11	52.32	52.54	52.79	53.06
42	K_2SO_4	174.27	7.11	8.46	9.95	11.4	12.9	14.2	15.5	16.6	17.7	18.6	19.3
43	$K_3Fe(CN)_6$	329.26	23.9	27.6	31.1	34.3	37.2	39.6	41.7	43.5	45.0	46.1	47.0
44	K_3PO_4	212.28	44.3										
45	$K_4Fe(CN)_6$	368.36	12.5	17.3	22.0	25.6	29.2	32.5	35.5	38.2	40.6	41.4	43.1
46	LiCl	42.39	40.45	42.46	45.29	46.25	47.30	48.47	49.78	51.27	52.98	54.98	56.34
47	$LiNO_3$	68.94	34.8	37.6	42.7	57.9	60.1	62.2	64	65.7	67.2	68.5	69.7
48	$MgCl_2$	95.21	33.96	34.85	35.58	36.20	36.77	37.34	37.97	38.71	39.62	40.75	42.15
49	$Mg(NO_3)_3$	148.32	38.4	39.5	40.8	42.4	44.1	45.9	47.9	50.0	52.2	70.6	72.0
50	$MgSO_4$	120.37	18.2	21.7	25.1	28.2	30.9	33.4	35.6	36.9	35.9	34.7	33.3
51	$MnCl_2$	125.84	38.7	40.6	42.5	44.7	47.0	49.4	54.1	54.7	55.2	55.7	56.1
52	$Mn(NO_3)_2$	178.95	50.0						34.6				
53	$MnSO_4$	151.00	34.6	37.3	38.6	38.9	37.7	36.3	34.6	32.8	30.8	28.8	26.7
54	NH_4Cl	53.49	22.92	25.12	27.27	29.39	31.46	33.50	35.49	37.46	39.40	41.33	43.24
55	NH_4F	37.04	41.7	43.2	44.7	46.3	47.8	49.3	50.9	52.5	54.1		
56	NH_4HCO_3	79.06	10.6	13.7	17.6	22.4	27.9	34.2	41.4	49.3	58.1	67.6	78.0
57	$NH_4H_2PO_4$	115.03	17.8	22.0	26.4	31.2	36.2	41.6	47.2	53.0	59.2	65.7	72.4
58	NH_4NO_3	80.04	54.0	60.1	65.5	70.3	74.3	77.7		83.4	85.8	88.2	90.3
59	NH_4SCN	76.12							80.8	81.1			
60	$(NH_4)_2C_2O_4$	124.10	2.31	3.11	4.25	5.73	7.56	9.73	12.2	15.1	18.3	21.8	25.7
61	$(NH_4)_2HPO_4$	132.06	36.4	38.2	40.0	42.0	44.1	46.2	48.5	50.9	53.3	55.9	58.6
62	$(NH_4)_2S_2O_8$	228.20	37.00	40.45	43.84	47.11	50.25	53.28	56.23	59.13	62.00		
63	$(NH_4)_2SO_3$	116.14	32.2	34.9	37.7	40.6	43.7	47.0	50.6	54.5	58.9		
64	$(NH_4)_2SO_4$	132.14	70.6	73.0	75.4	78.0	81.0	84.2	88.0				

续 表

序号	分子式	相对分子质量	0℃	10℃	20℃	30℃	40℃	50℃	60℃	70℃	80℃	90℃	100℃
65	$NaBr$	102.89	44.4	45.9	47.7	49.6	51.6	53.7	54.1	54.3	54.5	54.7	54.9
66	$NaBrO_3$	150.89	20.0	23.22	26.65	29.86	32.83	35.55	38.05	40.37	42.52		
67	$NaCl$	59.44	35.7	35.8	36.0	36.3	36.6	36.8	37.3	38.0	38.4	39.0	39.8
68	$NaClO$	74.44	22.7										
69	$NaClO_2$	90.44							9.53				
70	$NaClO_3$	106.44	44.27	46.67	49.3	51.2	53.6	55.5	57.0	58.5	60.5	63.3	67.1
71	$NaClO_4$	122.44	61.9	64.1	66.2	68.3	70.4	72.5	74.1	74.7	75.4	76.1	76.7
72	NaF	41.99	3.52	3.72	3.89	4.05	4.20	4.34	4.46	4.57	4.66	4.75	4.82
73	$NaHCO_3$	84.01	6.48	7.59	8.73	9.91	11.13	12.40	13.70	15.02	16.37	17.73	19.10
74	NaH_2PO_4	119.98	36.54	41.07	46.00	51.54	57.89	61.7	62.3	65.9	68.7		
75	NaI	149.89	61.2	62.4	63.9	65.7	67.7	69.8	72.0	74.7	74.8	74.9	75.1
76	$NaIO_3$	197.89	2.43	4.40	7.78	9.60	11.67	13.99	16.52	19.25	21.1	22.9	24.7
77	$NaNO_2$	69.00	41.9	43.4	45.1	46.8	48.7	50.7	52.8	55.0	57.2	59.5	61.8
78	$NaNO_3$	84.99	73	80	88	96	104	114	124	135	148	162	180
79	$NaOH$	40.00	30	39	46	53	58	63	67	71	74	76	79
80	$Na_2B_4O_7$	201.22	1.23	1.71	2.50	3.82	6.02	9.7	14.9	17.1	19.9	23.5	28.0
81	Na_2CO_3	105.99	6.44	10.8	17.9	28.7	32.8	32.2	31.7	31.3	31.1	30.9	30.9
82	$Na_2C_2O_4$	134.00	2.62	2.95	3.3	3.65	4.00	4.36	4.71	5.06	5.41	5.75	6.08
83	Na_2CrO_4	161.97	22.6	32.3	44.6	46.9	48.9	51.0	53.4	55.3	55.5	55.8	56.1
84	$Na_2Cr_2O_7$	261.97	62.1	63.1	64.4	66.1	68.0	70.1	72.3	74.6	77.0	79.6	80.0
85	Na_2HPO_4	141.96	1.66	4.19	7.51	16.34	35.17	44.64	45.20	46.81	48.78	50.52	51.53
86	Na_2MoO_4	205.92	30.6	38.8	39.4	39.8	40.3	41.0	41.7	42.6	43.5	44.5	45.5
87	Na_2S	78.04	11.1	13.2	15.7	18.6	22.1	26.7	28.1	30.2	33.0	36.4	41.0
88	Na_2SO_3	126.04	12.0	16.1	20.9	26.3	27.3	25.9	24.8	23.7	22.8	22.1	21.5

续表

序号	分子式	相对分子质量	0℃	10℃	20℃	30℃	40℃	50℃	60℃	70℃	80℃	90℃	100℃
89	Na_2SO_4	142.04			16.13	29.22	32.35	31.55	30.90	30.90	30.02	29.79	29.67
90	$Na_2S_2O_3$	158.11	33.1	36.3	40.6	45.9	52.0	62.3	65.7	68.8	69.4	70.1	71.0
91	Na_2WO_4	293.81	41.6	41.9	42.3	42.9	43.6	44.4	45.3	46.2	47.3	48.4	49.5
92	Na_3PO_4	163.94	4.28	7.30	10.8	14.1	16.6	22.9	28.4	32.4	37.6	40.4	43.5
93	$Na_4P_2O_7$	265.90	2.23	3.28	4.81	7.00	10.10	14.38	20.07	27.31	36.03	32.37	30.67
94	$NiCl_2$	129.62	34.7	36.1	38.5	41.7	42.1	43.2	45.0	46.1	46.2	46.4	46.6
95	$Ni(NO_3)_2$	182.72	44.1	46.0	48.4	51.3	54.6	58.3	61.0	63.1	65.6	67.9	69.0
96	$NiSO_4$	154.77	21.4	24.4	27.4	30.3	32.0	34.1	35.8	37.7	39.9	42.3	44.8
97	$Pb(NO_3)_2$	331.20	28.46	32.13	35.67	39.05	42.22	45.17	47.90	50.42	52.72	54.82	56.75
98	$SbCl_3$	228.11	85.7										
99	$SnCl_2$	189.60	46	64									
100	$ZnCl_2$	136.28		76.6	79.0	81.4	81.8	82.4	83.0	83.7	84.4	85.2	86.0
101	$Zn(NO_3)_2$	189.38	47.8	50.8	54.4	58.5	79.1	80.1	87.5	89.9			
102	$ZnSO_4$	161.43	29.1	32.0	35.0	38.2	41.3	43.0	42.1	41.0	39.9	38.8	37.6

注：大部分数据摘自 Lide D R. Handbook of Chemistry and Physics. 81st Ed. CRC PRESS，2000～2001

附录三

不同温度下水的饱和蒸气压

(从0℃~370℃)

t/℃	p/kPa	t/℃	p/kPa	t/℃	p/kPa	t/℃	p/kPa
0	0.611 29	29	4.007 8	58	18.159	87	62.499
1	0.657 16	30	4.245 5	59	19.028	88	64.958
2	0.706 05	31	4.495 3	60	19.932	89	67.496
3	0.758 13	32	4.757 8	61	20.873	90	70.117
4	0.813 59	33	5.033 5	62	21.851	91	72.823
5	0.872 60	34	5.322 9	63	22.868	92	75.614
6	0.935 37	35	5.626 7	64	23.925	93	78.494
7	1.002 1	36	5.945 3	65	25.022	94	81.465
8	1.073 0	37	6.279 5	66	26.163	95	84.529
9	1.148 2	38	6.629 8	67	27.347	96	87.688
10	1.228 1	39	6.996 9	68	28.576	97	90.945
11	1.312 9	40	7.381 4	69	29.852	98	94.301
12	1.402 7	41	7.784 0	70	31.176	99	97.759
13	1.497 9	42	8.205 4	71	32.549	100	101.32
14	1.598 8	43	8.646 3	72	33.972	101	104.99
15	1.705 6	44	9.107 5	73	35.448	102	108.77
16	1.818 5	45	9.589 8	74	36.978	103	112.66
17	1.938 0	46	10.094	75	38.565	104	116.67
18	2.064 4	47	10.620	76	40.205	105	120.79
19	2.197 8	48	11.171	77	41.905	106	125.03
20	2.338 8	49	11.745	78	43.665	107	129.39
21	2.487 7	50	12.344	79	45.487	108	133.88
22	2.644 7	51	12.970	80	47.373	109	138.50
23	2.810 4	52	13.623	81	49.324	110	143.24
24	2.985 0	53	14.303	82	51.342	111	148.12
25	3.169 0	54	15.012	83	53.428	112	153.13
26	3.362 9	55	15.752	84	55.585	113	158.29
27	3.567 0	56	16.522	85	57.815	114	163.58
28	3.781 8	57	17.324	86	60.119	115	169.02

续　表

t/℃	p/kPa	t/℃	p/kPa	t/℃	p/kPa	t/℃	p/kPa
116	174.61	154	528.96	192	1 310.1	230	2 795.1
117	180.34	155	542.99	193	1 338.8	231	2 846.7
118	186.23	156	557.32	194	1 368.0	232	2 899.0
119	192.28	157	571.94	195	1 397.6	233	2 952.1
120	198.48	158	586.87	196	1 427.8	234	3 005.9
121	204.85	159	602.11	197	1 458.5	235	3 060.4
122	211.38	160	617.66	198	1 489.7	236	3 115.7
123	218.09	161	633.53	199	1 521.4	237	3 171.8
124	224.96	162	649.73	200	1 553.6	238	3 228.6
125	232.01	163	666.25	201	1 586.4	239	3 286.3
126	239.24	164	683.10	202	1 619.7	240	3 344.7
127	246.66	165	700.29	203	1 653.6	241	3 403.9
128	254.25	166	717.83	204	1 688.0	242	3 463.9
129	262.04	167	735.70	205	1 722.9	243	3 524.7
130	270.02	168	753.94	206	1 758.4	244	3 586.3
131	278.20	169	772.52	207	1 794.5	245	3 648.8
132	286.57	170	791.47	208	1 831.1	246	3 712.1
133	295.15	171	810.78	209	1 868.4	247	3 776.2
134	303.93	172	830.47	210	1 906.2	248	3 841.2
135	312.93	173	850.53	211	1 944.6	249	3 907.0
136	322.14	174	870.98	212	1 983.6	250	3 973.6
137	331.57	175	891.80	213	2 023.2	251	4 041.2
138	341.22	176	913.03	214	2 063.4	252	4 109.6
139	351.09	177	934.64	215	2 104.2	253	4 178.9
140	361.19	178	956.66	216	2 145.7	254	4 249.1
141	371.53	179	979.09	217	2 187.8	255	4 320.2
142	382.11	180	1 000.9	218	2 230.5	256	4 392.2
143	292.92	181	1 025.2	219	2 273.8	257	4 465.1
144	403.98	182	1 048.9	220	2 317.8	258	4 539.0
145	415.29	183	1 073.0	221	2 362.5	259	4 613.7
146	426.85	184	1 097.5	222	2 407.8	260	4 689.4
147	438.67	185	1 122.5	223	2 453.8	261	4 766.1
148	450.75	186	1 147.9	224	2 500.5	262	4 843.7
149	463.10	187	1 173.8	225	2 547.4	263	4 922.3
150	475.72	188	1 200.1	226	2 595.9	264	5 001.8
151	488.61	189	1 226.9	227	2 644.6	265	5 082.3
152	501.78	190	1 254.2	228	2 694.1	266	5 163.8
153	515.23	191	1 281.9	229	2 744.2	267	5 246.3

续 表

t/℃	p/kPa	t/℃	p/kPa	t/℃	p/kPa	t/℃	p/kPa
268	5 329.8	295	7 995.2	322	11 581	349	16 320
269	5 414.3	296	8 110.3	323	11 734	350	16 521
270	5 499.9	297	8 226.8	324	11 889	351	16 752
271	5 586.4	298	8 344.5	325	12 046	352	16 931
272	5 674.0	299	8 463.5	326	12 204	353	17 138
273	5 762.7	300	8 583.8	327	12 364	354	17 348
274	5 852.4	301	8 705.4	328	12 525	355	17 561
275	5 943.1	302	8 828.3	329	12 688	356	17 775
276	6 035.0	303	8 952.6	330	12 852	357	17 992
277	6 127.9	304	9 078.2	331	13 019	358	18 211
278	6 221.9	305	9 205.1	332	13 187	359	18 432
279	6 317.0	306	9 333.4	333	13 357	360	18 655
280	6 413.2	307	9 463.1	334	13 528	361	18 881
281	6 510.5	308	9 594.2	335	13 701	362	19 110
282	6 608.9	309	9 726.7	336	13 876	363	19 340
283	6 708.5	310	9 860.5	337	14 053	364	19 574
284	6 809.2	311	9 995.0	338	14 232	365	19 809
285	6 911.1	312	10 133	339	14 412	366	20 048
286	7 014.1	313	10 271	340	14 594	367	20 289
287	7 118.3	314	10 410	341	14 778	368	20 533
288	7 223.7	315	10 551	342	14 964	369	20 780
289	7 330.2	316	10 694	343	15 152	370	21 030
290	7 438.0	317	10 838	344	15 342	371	21 283
291	7 547.0	318	10 984	345	15 533	372	21 539
292	7 657.2	319	11 131	346	15 727	373	21 799
293	7 768.6	320	11 279	347	15 922	373.98	22 055
294	7 881.3	321	11 429	348	16 120		

注：摘自 Lide D R. Handbook of Chemistry and Physics. 81st Ed. CRC PRESS，2000～2001

附录四

弱酸和弱碱的电离平衡常数

（离子强度等于零的稀溶液）

弱酸的电离平衡常数

弱酸的分子式	t/℃	级	K_a	pK_a
H_3AsO_4	25	1	5.5×10^{-2}	2.26
	25	2	1.7×10^{-7}	6.76
	25	3	5.1×10^{-12}	11.29
H_3AsO_3	25		5.1×10^{-10}	9.29
H_3BO_3	20	1	5.4×10^{-10}	9.27
	20	2		>14
HBrO	18		2.8×10^{-9}	8.55
H_2CO_3	25	1	4.5×10^{-7}	6.35
	25	2	4.7×10^{-11}	10.33
HClO	25		4.0×10^{-8}	7.40
$HClO_2$	25		1.1×10^{-2}	1.94
$HClO_4$	20		40	−1.6
H_2CrO_4	25	1	1.8×10^{-1}	0.74
	25	2	3.2×10^{-7}	6.49
HCNO	25		3.5×10^{-4}	3.46
HCN	25		6.2×10^{-10}	9.21
HF	25		6.3×10^{-4}	3.20
HIO	25		3×10^{-11}	10.5
HIO_3	25		1.7×10^{-1}	0.78
HIO_4	25		2.3×10^{-2}	1.64
HNO_2	25		5.6×10^{-4}	3.25
H_2O_2	25	1	2.4×10^{-12}	11.62
H_3PO_4	25	1	6.9×10^{-3}	2.16
	25	2	6.23×10^{-8}	7.21
	25	3	4.8×10^{-13}	12.32
H_3PO_3	20	1	5×10^{-2}	1.3
	20	2	2.0×10^{-7}	6.70
$H_4P_2O_7$	25	1	1.2×10^{-1}	0.91
	25	2	7.9×10^{-3}	2.10

续 表

弱酸的分子式	t/℃	级	K_a	pK_a
	25	3	2.0×10^{-7}	6.70
	25	4	4.8×10^{-10}	9.32
HSCN	25	1	633	−2.8
H_2SeO_4	25	2	2×10^{-2}	1.7
H_2SeO_3	25	1	2.4×10^{-3}	2.62
	25	2	4.8×10^{-9}	8.32
H_4SiO_4	30	1	1×10^{-10}	9.9
	30	2	2×10^{-12}	11.8
	30	3	10^{-12}	12
	30	4	10^{-12}	12
H_2S	25	1	8.9×10^{-8}	7.05
	25	2	1×10^{-19}	19
H_2SO_4	25	2	1.0×10^{-2}	1.99
H_2SO_3	25	1	1.4×10^{-2}	1.85
	25	2	6×10^{-8}	7.2
H_2TeO_4	18	1	2.1×10^{-8}	7.68
	18	2	1.0×10^{-11}	11.0
H_2TeO_3	20	1	5.4×10^{-7}	6.27
	25	2	3.7×10^{-9}	8.43
HCOOH	20		1.77×10^{-4}	3.75
HAc	25		1.76×10^{-5}	4.75
$H_2C_2O_4$	25	1	5.9×10^{-2}	1.23
	25	2	6.4×10^{-5}	4.19

弱碱的电离平衡常数

弱碱的分子式	t/℃	级	K_a	pK_a
$NH_3\cdot H_2O$	25		1.79×10^{-5}	4.75
* $Be(OH)_2$	25	2	5×10^{-11}	10.30
* $Ca(OH)_2$	25	1	3.74×10^{-3}	2.43
	30	2	4.0×10^{-2}	1.4
NH_2NH_2	20		1.2×10^{-6}	5.9
NH_2OH	25		8.71×10^{-9}	8.06
* $Pb(OH)_2$	25		9.6×10^{-4}	3.02
* Ag_2OH	25		1.1×10^{-4}	3.96
* $Zn(OH)_2$	25		9.6×10^{-4}	3.02

摘自 Lide D R，Handbook of Chemistry and Physics，81st Ed. 2000～2001

* 摘自 Weast R C，Handbook of Chemistry and Physics，81st Ed. 2000～2001

附录五

一些难溶化合物的溶度积常数

化合物	溶度积(t/℃)	化合物	溶度积(t/℃)
* $Al(OH)_3$	1.9×10^{-33}(20)	* Cu_2S	2×10^{-47}(25)
$BaCO_3$	2.58×10^{-9}(25)	* CuS	8.5×10^{-45}(18)
$BaCrO_4$	1.17×10^{-10}(25)	$FeCO_3$	3.13×10^{-11}(25)
BaF_2	1.84×10^{-7}(25)	FeF_2	2.36×10^{-6}(25)
$Ba(IO_3)_2$	1.67×10^{-9}(25)	$Fe(OH)_2$	4.87×10^{-17}(25)
* BaC_2O_4	1.2×10^{-7}(18)	$Fe(OH)_3$	2.79×10^{-39}(25)
* $BaSO_4$	1.08×10^{-10}(25)	$FePO_4\cdot2H_2O$	9.91×10^{-16}(25)
$CdCO_3$	1.0×10^{-12}(25)	* FeS	3.7×10^{-19}(25)
$CdC_2O_4\cdot3H_2O$	1.42×10^{-8}(25)	$PbCO_3$	7.4×10^{-14}(25)
$Cd(OH)_2$	7.2×10^{-15}(25)	* $PbCrO_4$	1.17×10^{-14}(18)
* CdS	3.6×10^{-29}(18)	$PbCl_2$	1.7×10^{-5}(25)
$CaCO_3$	3.36×10^{-9}(25)	PbF_2	3.3×10^{-8}(25)
CaF_2	3.45×10^{-11}(25)	$Pb(OH)_2$	1.43×10^{-20}(25)
$Ca(OH)_2$	5.02×10^{-6}(25)	$Pb(IO_3)_2$	3.69×10^{-13}(25)
$Ca(IO_3)_2$	6.47×10^{-6}(25)	PbI_2	9.8×10^{-9}(25)
$Ca(IO_3)_2\cdot6H_2O$	7.10×10^{-7}(25)	$PbSO_4$	2.53×10^{-8}(25)
CaC_2O_4	2.32×10^{-9}(25)	* PbS	3.4×10^{-28}(18)
* $CaC_2O_4\cdot H_2O$	2.57×10^{-9}(25)	Li_2CO_3	8.15×10^{-4}(25)
$Ca_3(PO_4)_2$	2.07×10^{-33}(25)	LiF	1.84×10^{-3}(25)
$CaSO_4$	4.93×10^{-5}(25)	$MgCO_3$	6.82×10^{-6}(25)
$CaSO_4\cdot2H_2O$	3.14×10^{-5}(25)	$MgCO_3\cdot3H_2O$	2.38×10^{-6}(25)
$Co(OH)_2$	5.92×10^{-15}(25)	$MgCO_3\cdot5H_2O$	3.79×10^{-6}(25)
* α—CoS	4.0×10^{-21}(25)	MgF_2	5.16×10^{-11}(25)
* β—CoS	2.0×10^{-25}(25)	* $MgNH_4PO_4$	2.5×10^{-13}(25)
CuBr	6.27×10^{-9}(25)	$Mg(OH)_2$	5.61×10^{-12}(25)
CuCl	1.72×10^{-7}(25)	$MgC_2O_4\cdot2H_2O$	4.83×10^{-6}(25)
CuCN	3.47×10^{-20}(25)	$Mg_3(PO_4)_2$	1.04×10^{-24}(25)
CuI	1.27×10^{-12}(25)	$MnCO_3$	2.24×10^{-11}(25)
CuSCN	1.77×10^{-13}(25)	* $Mn(OH)_2$	4×10^{-14}(18)
$Cu(IO_3)_2\cdot H_2O$	6.94×10^{-8}(25)	$MnC_2O_4\cdot2H_2O$	1.7×10^{-7}(25)
CuC_2O_4	4.43×10^{-10}(25)	* MnS	1.4×10^{-15}(18)
$Cu_3(PO_4)_2$	1.40×10^{-37}(25)	Hg_2Br_2	6.40×10^{-23}(25)

续 表

化合物	溶度积(t/℃)	化合物	溶度积(t/℃)
Hg_2CO_3	3.6×10^{-17}(25)	AgBr	5.35×10^{-13}(25)
Hg_2Cl_2	1.43×10^{-18}(25)	Ag_2CO_3	8.46×10^{-12}(25)
Hg_2F_2	3.10×10^{-6}(25)	AgCl	1.77×10^{-10}(25)
Hg_2I_2	5.2×10^{-29}(25)	Ag_2CrO_4	1.12×10^{-12}(25)
$Hg_2C_2O_4$	1.75×10^{-13}(25)	AgCN	5.97×10^{-17}(25)
$HgBr_2$	6.2×10^{-20}(25)	$AgIO_3$	3.17×10^{-8}(25)
HgI_2	2.9×10^{-29}(25)	AgI	8.52×10^{-17}(25)
* $Hg(OH)_2$	3.0×10^{-26}(25)	Ag_2SO_4	1.20×10^{-5}(25)
* HgS(red)	4.0×10^{-53}(25)	AgSCN	1.03×10^{-12}(25)
* HgS(black)	1.6×10^{-52}(25)	$SrCO_3$	5.60×10^{-10}(25)
$NiCO_3$	1.42×10^{-7}(25)	SrF_2	4.33×10^{-9}(25)
$Ni(OH)_2$	5.48×10^{-16}(25)	$SrSO_4$	3.44×10^{-7}(25)
* α-NiS	3.2×10^{-19}(25)	$Sn(OH)_2$	5.45×10^{-27}(25)
* β-NiS	1.0×10^{-24}(25)	$ZnCO_3$	1.46×10^{-10}(25)
γ-NiS	2.0×10^{-26}(18～25)	$Zn(OH)_2$	3×10^{-17}(25)
$AgBrO_3$	5.38×10^{-5}(25)		

注：摘自 Lide D R. Handbook of Chemistry and Physics. 81st Ed. CRC PRESS，2000～2001

*摘自 Weast R C，Handbook of Chemistry and Physics，81st Ed. 2000～2001

附录六

常用酸、碱的浓度

试剂名称	密度/（g·cm^{-3}）	质量分数/%	物质的量浓度/（mol·L^{-1}）	试剂名称	密度/（g·cm^{-3}）	质量分数/%	物质的量浓度/（mol·L^{-1}）
盐　酸	1.18	37	12	醋　酸	1.05	99	17.5
	1.10	20	6		1.04	35	6
	1.03	7	2		1.0	12	2
硫　酸	1.84	98	18	氢氧化钠	1.44	41	14.3
	1.18	25.4	3		1.22	20	6
	1.06	9	1		1.08	7.5	2
硝　酸	1.42	70	16	氢氧化钾	1.40	40	10
	1.19	32	6		1.26	27	6
	1.07	12	2		1.09	10	2
磷　酸	1.68	85	14.6	氨　水	0.90	28	14.8
	1.10	17.5	2		0.96	10.7	6
	1.05	9.4	1		0.98	3.5	2
高氯酸	1.67	70	11.6	碳酸钠	1.19	17.7	2
	1.11	18	2		1.10	9.5	1

附录七

标准电极电势(298.16K)

在酸性溶液中

电 极 反 应	$\varphi^{\ominus}$ /V
$Ag^{+}+e^{-} \rightleftharpoons Ag$	+0.799 6
$AgBr+e^{-} \rightleftharpoons Ag+Br^{-}$	+0.071 33
$AgCl+e^{-} \rightleftharpoons Ag+Cl^{-}$	+0.222 33
$AgI+e^{-} \rightleftharpoons Ag+I^{-}$	−0.152 24
$[Ag(S_2O_3)_2]^{3-}+e^{-} \rightleftharpoons Ag+2S_2O_3^{2-}$	+0.01
$Ag_2CrO_4+2e^{-} \rightleftharpoons 2Ag+CrO_4^{2-}$	+0.447 0
$Al^{3+}+3e^{-} \rightleftharpoons Al$	−1.662
$AlF_6^{3-}+3e^{-} \rightleftharpoons Al+6F^{-}$	−2.069
$HAsO_2+3H^{+}+3e^{-} \rightleftharpoons As+2H_2O$	+0.248
$H_3AsO_4+2H^{+}+2e^{-} \rightleftharpoons HAsO_2+2H_2O$	+0.560
$Au^{3+}+3e^{-} \rightleftharpoons Au$	+1.498
$AuCl_4^{-}+3e^{-} \rightleftharpoons Au+4Cl^{-}$	+1.002
$H_3BO_3+3H^{+}+3e^{-} \rightleftharpoons B+3H_2O$	−0.869 8
$Ba^{2+}+2e^{-} \rightleftharpoons Ba$	−2.912
$Be^{2+}+2e^{-} \rightleftharpoons Be$	−1.847
$Bi^{3+}+3e^{-} \rightleftharpoons Bi$	+0.308
$BiO^{+}+2H^{+}+3e^{-} \rightleftharpoons Bi+H_2O$	+0.320
$Bi_2O_5+6H^{+}+4e^{-} \rightleftharpoons 2BiO^{+}+3H_2O$	+1.6
$Br_2(aq)+2e^{-} \rightleftharpoons 2Br^{-}$	+1.087 3
$Br_2(l)+2e^{-} \rightleftharpoons 2Br^{-}$	+1.066
$HBrO+H^{+}+2e^{-} \rightleftharpoons Br^{-}+H_2O$	+1.331
$HBrO+H^{+}+e^{-} \rightleftharpoons 1/2Br_2(l)+H_2O$	+1.596
$BrO_3^{-}+6H^{+}+5e^{-} \rightleftharpoons 1/2Br_2+3H_2O$	+1.482
$Ca^{2+}+2e^{-} \rightleftharpoons Ca$	−2.868
$Cd^{2+}+2e^{-} \rightleftharpoons Cd$	−0.403 0
$Ce^{3+}+3e^{-} \rightleftharpoons Ce$	−2.336
$Cl_2(g)+2e^{-} \rightleftharpoons 2Cl^{-}$	+1.358 27
$HOCl+H^{+}+2e^{-} \rightleftharpoons Cl^{-}+H_2O$	+1.482
$HOCl+H^{+}+e^{-} \rightleftharpoons 1/2Cl_2+H_2O$	+1.611
$HClO_2+2H^{+}+2e^{-} \rightleftharpoons HClO+H_2O$	+1.645
$ClO_3^{-}+6H^{+}+6e^{-} \rightleftharpoons Cl^{-}+3H_2O$	+1.451
$ClO_3^{-}+6H^{+}+5e^{-} \rightleftharpoons 1/2Cl_2+3H_2O$	+1.47

续 表

电 极 反 应	$\varphi^{\ominus}$/V
$ClO_3^- + 3H^+ + 2e^- \rightleftharpoons HClO_2 + H_2O$	+1.214
$ClO_4^- + 8H^+ + 8e^- \rightleftharpoons Cl^- + 4H_2O$	+1.389
$ClO_4^- + 8H^+ + 7e^- \rightleftharpoons 1/2Cl_2 + 4H_2O$	+1.39
$ClO_4^- + 2H^+ + 2e^- \rightleftharpoons ClO_3^- + H_2O$	+1.189
$Co^{2+} + 2e^- \rightleftharpoons Co$	−0.28
$Co^{3+} + e^- \rightleftharpoons Co^{2+}$	+1.92
$Cr^{3+} + 3e^- \rightleftharpoons Cr$	−0.744
$Cr^{3+} + e^- \rightleftharpoons Cr^{2+}$	−0.407
$Cr^{2+} + e^- \rightleftharpoons Cr$	−0.913
$Cr_2O_7^{2-} + 14H^+ + 6e^- \rightleftharpoons Cr^{3+} + 7H_2O$	+1.232
$Cs^+ + e^- \rightleftharpoons Cs$	−3.026
$Cu^+ + e^- \rightleftharpoons Cu$	+0.521
$CuBr + e^- \rightleftharpoons Cu + Br^-$	+0.033
$CuCl + e^- \rightleftharpoons Cu + Cl^-$	+0.137
$CuI + e^- \rightleftharpoons Cu + I^-$	−0.185
$Cu^{2+} + 2e^- \rightleftharpoons Cu$	+0.341 9
$Cu^{2+} + e^- \rightleftharpoons Cu^+$	+0.153
$Cu^{2+} + Br^- + e^- \rightleftharpoons CuBr$	+0.640
$Cu^{2+} + Cl^- + e^- \rightleftharpoons CuCl$	+0.538
$Cu^{2+} + I^- + e^- \rightleftharpoons CuI$	+0.86
$F_2 + 2e^- \rightleftharpoons 2F^-$	+2.866
$F_2(g) + 2H^+ + 2e^- \rightleftharpoons 2HF(aq)$	+3.053
$Fe^{2+} + 2e^- \rightleftharpoons Fe$	−0.447
$Fe^{3+} + 3e^- \rightleftharpoons Fe$	−0.037
$Fe^{3+} + e^- \rightleftharpoons Fe^{2+}$	+0.771
$[Fe(CN)_6]^{3-} + e^- \rightleftharpoons [Fe(CN)_6]^{4-}$	+0.358
$FeO_4^{2-} + 8H^+ + 3e^- \rightleftharpoons Fe^{3+} + 4H_2O$	+2.20
$Ga^{3+} + 3e^- \rightleftharpoons Ga$	−0.549
$H_2(g) + 2e^- \rightleftharpoons 2H^-$	−2.23
$2H^+ + 2e^- \rightleftharpoons H_2(g)$	0
$2H^+ (C_{H^+} = 10^{-7}\ mol/L) + 2e^- \rightleftharpoons H_2$	$\varphi = -0.414$
$Hg_2^{2+} + 2e^- \rightleftharpoons 2Hg$	+0.797 3
$Hg_2Cl_2 + 2e^- \rightleftharpoons 2Hg + 2Cl^-$	+0.268 08
$Hg_2I_2 + 2e^- \rightleftharpoons 2Hg + 2I^-$	−0.040 5
$Hg^{2+} + 2e^- \rightleftharpoons Hg$	+0.851
$[HgI_4]^{2-} + 2e^- \rightleftharpoons Hg + 4I^-$	−0.04
$2Hg^{2+} + 2e^- \rightleftharpoons Hg_2^{2-}$	+0.920
$I_2 + 2e^- \rightleftharpoons 2I^-$	+0.535 5
$I_3^- + 2e^- \rightleftharpoons 3I^-$	+0.536
$HIO + H^+ + 2e^- \rightleftharpoons I^- + H_2O$	+0.987
$HIO + H^+ + e^- \rightleftharpoons 1/2I_2 + H_2O$	+1.439

续 表

电 极 反 应	$\varphi^{\ominus}$/V
$IO_3^- + 6H^+ 6e^- \rightleftharpoons I^- + 3H_2O$	+1.085
$IO_3^- + 6H^+ + 5e^- \rightleftharpoons 1/2I_2 + 3H_2O$	+1.195
$H_5IO_6 + H^+ + 2e^- \rightleftharpoons IO_3^- + 3H_2O$	+1.610
$In^+ + e^- \rightleftharpoons In$	−0.14
$In^{3+} + 3e^- \rightleftharpoons In$	−0.338 2
$K^+ + e^- \rightleftharpoons K$	−2.931
$La^{3+} + 3e^- \rightleftharpoons La$	−2.379
$Li^+ + e^- \rightleftharpoons Li$	−3.040 1
$Mg^{2+} + 2e^- \rightleftharpoons Mg$	−2.372
$Mn^{2+} + 2e^- \rightleftharpoons Mn$	−1.185
$Mn^{3+} + 3e^- \rightleftharpoons Mn$	+1.541 5
$MnO_2 + 4H^+ + 2e^- \rightleftharpoons Mn^{2+} + 2H_2O$	+1.224
$MnO_4^- + 8H^+ + 5e^- \rightleftharpoons Mn^{2+} + 4H_2O$	+1.507
$MnO_4^- + 4H^+ + 3e^- \rightleftharpoons MnO_2 + 2H_2O$	+1.679
$MnO_4^- + e^- \rightleftharpoons MnO_4^{2-}$	+0.558
$Mo^{3+} + 3e^- \rightleftharpoons Mo$	−0.200
$N_2O + 2H^+ + 2e^- \rightleftharpoons N_2 + H_2O$	+1.766
$2NO + 2H^+ + 2e^- \rightleftharpoons N_2O + H_2O$	+1.591
$2HNO_2 + 4H^+ + 4e^- \rightleftharpoons N_2O + 3H_2O$	+1.297
$HNO_2 + H^+ + e^- \rightleftharpoons NO + H_2O$	+0.983
$N_2O_4 + 4H^+ + 4e^- \rightleftharpoons 2NO + 2H_2O$	+1.035
$N_2O_4 + 2H^+ + 2e^- \rightleftharpoons 2HNO_2$	+1.065
$NO_3^- + 3H^+ + 2e^- \rightleftharpoons HNO_2 + H_2O$	+0.934
$NO_3^- + 4H^+ + 3e^- \rightleftharpoons NO + 2H_2O$	+0.957
$2NO_3^- + 4H^+ + 2e^- \rightleftharpoons N_2O_4 + 2H_2O$	+0.803
$Na^+ + e^- \rightleftharpoons Na$	−2.71
$Ni^{2+} + 2e^- \rightleftharpoons Ni$	−0.257
$O_2 + 4H^+ + 4e^- \rightleftharpoons 2H_2O$	+1.229
$O_2 + 2H^+ + 2e^- \rightleftharpoons H_2O_2$	+0.695
$H_2O_2 + 2H^+ + 2e^- \rightleftharpoons 2H_2O$	+1.776
P(白磷) $+ 3H^+ + 3e^- \rightleftharpoons PH_3(g)$	−0.063
$H_3PO_2 + H^+ + e^- \rightleftharpoons P + 2H_2O$	−0.508
$H_3PO_3 + 2H^+ + 2e^- \rightleftharpoons H_3PO_2 + H_2O$	−0.499
$H_3PO_4 + 2H^+ + 2e^- \rightleftharpoons H_3PO_3 + H_2O$	−0.276
$Pb^{2+} + 2e^- \rightleftharpoons Pb$	−0.126 2
$PbCl_2 + 2e^- \rightleftharpoons Pb + 2Cl^-$	−0.267 5
$PbI_2 + 2e^- \rightleftharpoons Pb + 2I^-$	−0.365
$PbSO_4 + 2e^- \rightleftharpoons Pb + SO_4^-$	−0.358 8
$PbO_2 + 4H^+ + 2e^- \rightleftharpoons Pb^{2+} + 2H_2O$	+1.455

续　表

电 极 反 应	$\varphi^{\ominus}$/V
$PbO_2+SO_4^{2-}+4H^++2e^- \rightleftharpoons PbSO_4+2H_2O$	+1.691 3
$PbO_2+2H^++2e^- \rightleftharpoons PbO(s)+H_2O$	+0.28
$Pd^{2+}+2e^- \rightleftharpoons Pd$	+0.951
$Pt^{2+}+2e^- \rightleftharpoons Pt$	+1.18
$[PtCl_4]^{2-}+2e^- \rightleftharpoons Pt+4Cl^-$	+0.755
$[PtCl_6]^{2-}+2e^- \rightleftharpoons [PtCl_4]^{2-}+2Cl^-$	+0.68
$S+2H^++2e^- \rightleftharpoons H_2S(aq)$	+0.142
$H_2SO_3+4H^++4e^- \rightleftharpoons S+3H_2O$	+0.449
$S_2O_3^{2-}+6H^++4e^- \rightleftharpoons 3H_2O+2S$	+0.5
$2H_2SO_3+2H^++4e^- \rightleftharpoons S_2O_3^{2-}+3H_2O$	+0.40
$4H_2SO_3+4H^++6e^- \rightleftharpoons S_4O_6^{2-}+6H_2O$	+0.51
$SO_4^{2-}+4H^++2e^- \rightleftharpoons H_2SO_3+H_2O$	+0.172
$S_2O_8^{2-}+2e^- \rightleftharpoons 2SO_4^{2-}$	+2.010
$Sb_2O_3+6H^++6e^- \rightleftharpoons 2Sb+3H_2O$	+0.152
$SbO^++2H^++3e^- \rightleftharpoons Sb+H_2O$	+0.212
$Sb_2O_5+6H^++4e^- \rightleftharpoons 2SbO^++3H_2O$	+0.581
$Se+2e^- \rightleftharpoons Se^{2-}$	−0.924
$Se+2H^++2e^- \rightleftharpoons H_2Se(aq)$	−0.399
$H_2SeO_3+4H^++4e^- \rightleftharpoons Se+3H_2O$	+0.74
$SeO_4^{2-}+4H^++2e^- \rightleftharpoons H_2SeO_3+H_2O$	+1.151
$Si+4H^++4e^- \rightleftharpoons SiH_4(g)$	+0.102
$SiO_2+4H^++4e^- \rightleftharpoons Si+2H_2O$	+0.857
$[SiF_6]^{2-}+4e^- \rightleftharpoons Si+6F^-$	−1.24
$Sn^{2+}+2e^- \rightleftharpoons Sn$	−0.137 5
$Sn^{4+}+2e^- \rightleftharpoons Sn^{2+}$	+0.151
$Sr^{2+}+2e^- \rightleftharpoons Sr$	−4.10
$Ti^{2+}+2e^- \rightleftharpoons Ti$	−1.630
$TiO^{2+}+2H^++4e^- \rightleftharpoons Ti+H_2O$	−0.89
$TiO_2+4H^++4e^- \rightleftharpoons Ti+2H_2O$	−0.86
$TiO^{2+}+2H^++e^- \rightleftharpoons Ti^{3+}+H_2O$	+0.1
$Ti^{3+}+e^- \rightleftharpoons Ti^{2+}$	−0.9
$V^{2+}+2e^- \rightleftharpoons V$	−1.175
$V^{3+}+e^- \rightleftharpoons V^{2+}$	−0.255
$V^{4+}+2e^- \rightleftharpoons V^{2+}$	−1.186
$VO^{2+}+2H^++e^- \rightleftharpoons V^{3+}+H_2O$	+0.337
$V(OH)_4^++4H^++5e^- \rightleftharpoons V+4H_2O$	−0.254
$V(OH)_4^++2H^++e^- \rightleftharpoons VO^{2+}+3H_2O$	+1.00
$VO_2^{2+}+4H^++2e^- \rightleftharpoons V^{4+}+2H_2O$	+0.62
$Zn^{2+}+2e^- \rightleftharpoons Zn$	−0.7618
$AgCN+e^- \rightleftharpoons Ag+CN^-$	−0.017

续 表

电 极 反 应	$\varphi^{\ominus}$/V
$[Ag(CN)_2]^- + e^- \rightleftharpoons Ag + 2CN^-$	−0.31
$[Ag(NH_3)_2]^+ + e^- \rightleftharpoons Ag + 2NH_3$	+0.373
$Ag_2O + H_2O + 2e^- \rightleftharpoons 2Ag + 2OH^-$	+0.342
$Ag_2S + 2e^- \rightleftharpoons 2Ag + S^{2-}$	−0.691
$2AgO + H_2O + 2e^- \rightleftharpoons Ag_2O + 2OH^-$	+0.607
$H_2AlO_3^- + H_2O + 3e^- \rightleftharpoons Al + 4OH^-$	−2.33
$AsO_2^- + 2H_2O + 3e^- \rightleftharpoons As + 4OH^-$	−0.68
$AsO_4^{3-} + 2H_2O + 2e^- \rightleftharpoons AsO_2^- + 4OH^-$	−0.71
$[Au[CN]_2]^- + e^- \rightleftharpoons Au + 2CN^-$	−0.60
$H_2BO_3^- + H_2O + 3e^- \rightleftharpoons B + 4OH^-$	−1.79
$Ba(OH)_2 \cdot 8H_2O + 2e^- \rightleftharpoons Ba + 2OH^- + 8H_2O$	−2.99
$Be_2O_3^{2-} + 3H_2O + 4e^- \rightleftharpoons 2Be + 6OH^-$	−2.63
$BrO^- + H_2O + 2e^- \rightleftharpoons Br^- + 2OH^-$	+0.761
$2BrO^- + 2H_2O + 2e^- \rightleftharpoons Br_2 + 4OH^-$	+0.45
$BrO_3^- + 3H_2O + 6e^- \rightleftharpoons Br^- + 6OH^-$	+0.61
$Ca(OH)_2 + 2e^- \rightleftharpoons Ca + 2OH^-$	−3.02
$Cd(OH)_2 + 2e^- \rightleftharpoons Cd + 2OH^-$	−0.809
$ClO^- + H_2O + 2e^- \rightleftharpoons Cl^- + 2OH^-$	+0.81
$ClO_2^- + 2H_2O + 4e^- \rightleftharpoons Cl^- + 4OH^-$	+0.76
$ClO_2^- + H_2O + 2e^- \rightleftharpoons ClO^- + 2OH^-$	+0.66
$ClO_3^- + 3H_2O + 6e^- \rightleftharpoons Cl^- + 6OH^-$	+0.62
$ClO_3^- + H_2O + 2e^- \rightleftharpoons ClO_2^- + 2OH^-$	+0.33
$ClO_4^- + H_2O + 2e^- \rightleftharpoons ClO_3^- + 2OH^-$	+0.36
$Co(OH)_2 + 2e^- \rightleftharpoons Co + 2OH^-$	−0.73
$Co(OH)_3 + e^- \rightleftharpoons Co(OH)_2 + OH^-$	+0.17
$[Co(NH_3)_6]^{3+} + e^- \rightleftharpoons [Co(NH_3)_6]^{2+}$	+0.108
$Cr(OH)_3 + 3e^- \rightleftharpoons Cr + 3OH^-$	−1.48
$CrO_2^- + 2H_2O + 3e^- \rightleftharpoons Cr + 4OH^-$	−1.2
$CrO_4^{2-} + 4H_2O + 3e^- \rightleftharpoons Cr(OH)_3 + 5OH^-$	−0.13
$[Cu(CN)_2]^- + e^- \rightleftharpoons Cu + 2CN^-$	−0.429
$[Cu(NH_3)_2]^+ + e^- \rightleftharpoons Cu + 2NH_3$	−0.12
$Cu_2O + H_2O + 2e^- \rightleftharpoons 2Cu + 2OH^-$	−0.360
$Fe(OH)_2 + 2e^- \rightleftharpoons Fe + 2OH^-$	−0.877
$Fe(OH)_3 + e^- \rightleftharpoons Fe(OH)_2 + OH^-$	−0.56
$2H_2O + 2e^- \rightleftharpoons H_2 + 2OH^-$	−0.827 7
$HgO + H_2O + 2e^- \rightleftharpoons Hg + 2OH^-$	+0.097 7
$IO^- + H_2O + 2e^- \rightleftharpoons I^- + 2OH^-$	+0.485
$IO_3^- + 3H_2O + 6e^- \rightleftharpoons I^- + 6OH^-$	+0.26

续 表

电极反应	$\varphi^{\ominus}$/V
$H_3IO_6^{2-}+2e^- \rightleftharpoons IO_3^-+3OH^-$	+0.7
$La(OH)_3+3e^- \rightleftharpoons La+3OH^-$	−2.90
$Mg(OH)_2+2e^- \rightleftharpoons Mg+2OH^-$	−2.690
$Mn(OH)_2+2e^- \rightleftharpoons Mn+2OH^-$	−1.56
$MnO_2+2H_2O+2e^- \rightleftharpoons Mn(OH)_2+2OH^-$	−0.05
$MnO_4^{2-}+2H_2O+2e^- \rightleftharpoons MnO_2+4OH^-$	+0.60
$MnO_4^-+2H_2O+3e^- \rightleftharpoons MnO_2+4OH^-$	+0.595
$MoO_4^{2-}+4H_2O+6e^- \rightleftharpoons Mo+8OH^-$	−0.92
$NO_3^-+H_2O+2e^- \rightleftharpoons NO_2^-+2OH^-$	+0.01
$2NO_3^-+2H_2O+2e^- \rightleftharpoons N_2O_4+4OH^-$	−0.85
$Ni(OH)_2+2e^- \rightleftharpoons Ni+2OH^-$	−0.72
$Ni(OH)_3+e^- \rightleftharpoons Ni(OH)_2+OH^-$	+0.48
$O_2+2H_2O+4e^- \rightleftharpoons 4OH^-$	+0.401
$O_3+H_2O+2e^- \rightleftharpoons O_2+2OH^-$	+1.24
$P+3H_2O+3e^- \rightleftharpoons PH_3(g)+3OH^-$	−0.87
$PO_4^{3-}+2H_2O+2e^- \rightleftharpoons HPO_3^{2-}+3OH^-$	−1.05
$PbO_2+H_2O+2e^- \rightleftharpoons PbO+2OH^-$	+0.47
$Pt(OH)_2+2e^- \rightleftharpoons Pt+2OH^-$	+0.14
$S+2e^- \rightleftharpoons S^{2-}$	−0.476 27
$S_4O_6^{2-}+2e^- \rightleftharpoons 2S_2O_3^{2-}$	+0.08
$SO_3^{2-}+3H_2O+6e^- \rightleftharpoons S^{2-}+6OH^-$	−0.66
$2SO_3^{2-}+3H_2O+4e^- \rightleftharpoons S_2O_3^{2-}+6OH^-$	−0.571
$SO_4^{2-}+H_2O+2e^- \rightleftharpoons SO_3^{2-}+2OH^-$	−0.93
$SbO_2^-+2H_2O+3e^- \rightleftharpoons Sb+4OH^-$	−0.66
$H_3SbO_6^{4-}+H_2O+2e^- \rightleftharpoons SbO_2^-+5OH^-$	−0.40
$SeO_4^{2-}+H_2O+2e^- \rightleftharpoons SeO_3^{2-}+2OH^-$	+0.05
$SiO_3^{2-}+3H_2O+4e^- \rightleftharpoons Si+6OH^-$	−1.697
$SnS+2e^- \rightleftharpoons Sn+S^{2-}$	−0.94
$HSnO_2^-+H_2O+2e^- \rightleftharpoons Sn+3OH^-$	−0.909
$[Sn(OH)_6]^{2-}+2e^- \rightleftharpoons HSnO_2^-+H_2O+3OH^-$	−0.93
$[Zn(CN)_4]^{2-}+2e^- \rightleftharpoons Zn+4CN^-$	−1.26
$[Zn(NH_3)_4]^{2+}+2e^- \rightleftharpoons Zn+4NH_3(aq)$	−1.04
$Zn(OH)_2+2e^- \rightleftharpoons Zn+2OH^-$	−1.249
$ZnO_2^{2-}+2H_2O+2e^- \rightleftharpoons Zn+4OH^-$	−1.216
$ZnS+2e \rightleftharpoons Zn+S^{2-}$	−1.44

以上数据摘自 Lide D R，Handbook of Chemistry and Physics，8-21～8-26，81st Ed. 2000～2001

附录八

常见配离子的稳定常数

配离子	$K_{稳}$	$\lg K_{稳}$
Br^-		
$[CdBr_4]^{2-}$	5.0×10^{3}	3.70
$[HgBr_4]^{2-}$	1.0×10^{21}	21.00
Cl^-		
$[AuCl_2]^{+}$	6.3×10^{9}	9.8
$[CdCl_4]^{2-}$	6.3×10^{2}	2.80
$[CuCl_3]^{2-}$	5.0×10^{5}	5.7
$[FeCl_4]^{-}$	1.0	0.01
$[HgCl_4]^{2-}$	1.18×10^{15}	15.07
$[PbCl_4]^{2-}$	3.98×10^{1}	1.60
$[PtCl_4]^{2-}$	1.0×10^{16}	16.0
$[ZnCl_4]^{2-}$	1.59	0.20
F^-		
$[AlF_6]^{3-}$	6.92×10^{19}	19.84
$[FeF_6]^{3-}$	1.0×10^{16}	16.00
I^-		
$[CdI_4]^{2-}$	2.57×10^{15}	5.41
$[CuI_2]^{-}$	7.08×10^{8}	8.85
$[PbI_4]^{2-}$	2.96×10^{4}	4.47
$[HgI_4]^{2-}$	6.76×10^{29}	29.83
CN^-		
$[Ag(CN)_2]^{-}$	1.0×10^{21}	21.00
$[Ag(CN)_3]^{2-}$	4.90	0.69
$[Ag(CN)_4]^{3-}$	3.98×10^{20}	20.6
$[Au(CN)_2]^{-}$	2.0×10^{38}	38.30
$[Cd(CN)_4]^{2-}$	6.03×10^{18}	18.78
$[Co(CN)_6]^{3-}$	1.0×10^{64}	64.00
$[Cu(CN)_2]^{-}$	2.0×10^{38}	38.30
$[Cu(CN)_4]^{3-}$	2.0×10^{30}	30.30
$[Fe(CN)_6]^{3-}$	1.0×10^{42}	42
$[Fe(CN)_6]^{4-}$	1.0×10^{35}	35.00
$[Hg(CN)_4]^{2-}$	2.5×10^{41}	41.4
$[Ni(CN)_4]^{2-}$	2.0×10^{31}	31.3
$[Zn(CN)_4]^{2-}$	1.0×10^{16}	16.00
NH_3		
$[Ag(NH_3)_2]^{+}$	1.1×10^{7}	7.05
$[Cd(NH_3)_4]^{2+}$	3.55×10^{6}	6.55
$[Cd(NH_3)_6]^{2+}$	1.38×10^{5}	5.14
$[Co(NH_3)_6]^{2+}$	1.29×10^{5}	5.11
$[Co(NH_3)_6]^{3+}$	1.6×10^{35}	35.2
$[Cu(NH_3)_2]^{+}$	7.24×10^{10}	10.86
$[Cu(NH_3)_4]^{2+}$	7.24×10^{12}	12.86
$[Hg(NH_3)_4]^{2+}$	1.91×10^{19}	19.28
$[Mn(NH_3)_2]^{2+}$	2.0×10^{1}	1.3
$[Ni(NH_3)_6]^{2+}$	5.50×10^{8}	8.74
$[Pt(NH_3)_6]^{2+}$	2.0×10^{35}	35.3
$[Zn(NH_3)_4]^{2+}$	2.88×10^{9}	9.46
OH^-		
$[Al(OH)_4]^{-}$	1.07×10^{33}	33.03
$[Cd(OH)_4]^{2-}$	4.17×10^{8}	8.62
$[Cr(OH)_4]^{-}$	7.9×10^{29}	29.9
$[Cu(OH)]^{+}$	1.0×10^{5}	5.00
$[Cu(OH)_4]^{2-}$	3.2×10^{18}	18.5
$[Pb(OH)_6]^{4-}$	1.0×10^{61}	61.0
$[Zn(OH)_4]^{2-}$	4.57×10^{17}	17.66
$S_2O_3^{2-}$		
$[Ag(S_2O_3)_2]^{3-}$	2.88×10^{13}	13.46
$[Cd(S_2O_3)]^{2-}$	2.75×10^{6}	6.44
$[Cu(S_2O_3)_3]^{5-}$	6.46×10^{13}	13.81
$[Hg(S_2O_3)_4]^{6-}$	1.74×10^{33}	33.24
NCS^-		
$[Ag(NCS)_2]^{-}$	3.72×10^{7}	7.57
$[Au(NCS)_2]^{-}$	1.0×10^{23}	23

续 表

配离子	$K_稳$	$\lg K_稳$	配离子	$K_稳$	$\lg K_稳$
$[Cd(NCS)_4]^{2-}$	3.98×10^{3}	3.6	**Y^{4-}**		
$[Co(NCS)_4]^{2-}$	1.0×10^{3}	3.00	$[AgY]^{3-}$	2.09×10^{7}	7.32
$[Cu(NCS)_2]^{-}$	1.51×10^{5}	5.18	$[AlY]^{-}$	1.29×10^{16}	16.11
$[Fe(NCS)_2]^{+}$	2.29×10^{3}	3.36	$[NaY]^{3-}$	4.57×10^{1}	1.66
$[Fe(NCS)_3]^{0}$	2.0×10^{3}	3.30	$[BaY]^{2-}$	6.03×10^{7}	7.78
$[Hg(SCN)_4]^{2-}$	1.70×10^{21}	21.23	$[CaY]^{2-}$	1.0×10^{11}	11.0
$[Ni(NCS)_3]^{-}$	6.46×10^{1}	1.81	$[CdY]^{2-}$	2.51×10^{16}	16.4
$[Zn(NCS)_4]^{2-}$	2.0×10^{1}	1.30	$[CoY]^{2-}$	2.04×10^{16}	16.31
$C_2O_4^{2-}$			$[CrY]^{2-}$	4.0×10^{13}	13.6
$[Al(C_2O_4)_3]^{3-}$	2.0×10^{16}	16.30	$[CuY]^{2-}$	5.0×10^{18}	18.70
$[Cd(C_2O_4)_2]^{2-}$	5.89×10^{5}	5.77	$[FeY]^{2-}$	2.14×10^{14}	14.33
$[Co(C_2O_4)_3]^{4-}$	5.0×10^{9}	9.7	$[HgY]^{2-}$	6.31×10^{21}	21.80
$[Co(C_2O_4)_3]^{3-}$	1.0×10^{20}	20	$[MnY]^{2-}$	6.31×10^{13}	13.8
$[Fe(C_2O_4)_3]^{4-}$	1.66×10^{5}	5.22	$[NiY]^{2-}$	3.63×10^{18}	18.56
$[Fe(C_2O_4)_3]^{3-}$	1.60×10^{20}	20.2	$[PbY]^{2-}$	2.0×10^{18}	18.3
$[Mn(C_2O_4)_3]^{4-}$	6.31×10^{5}	5.80	$[SnY]^{2-}$	1.26×10^{22}	22.1
$[Zn(C_2O_4)_3]^{4-}$	1.41×10^{8}	8.15	$[SrY]^{2-}$	6.31×10^{8}	8.80
en			$[ZnY]^{2-}$	2.5×10^{16}	16.4
$[Ag(en)_2]^{+}$	6.92×10^{7}	7.84	$[VOY]^{2-}$	1.0×10^{18}	18.0
$[Cd(en)_3]^{2+}$	1.23×10^{12}	12.09	$[CoY]^{-}$	1.0×10^{36}	36.00
$[Co(en)_3]^{2+}$	8.71×10^{13}	13.94	$[CrY]^{-}$	1.0×10^{23}	23
$[Co(en)_3]^{3+}$	4.79×10^{48}	48.68	$[FeY]^{-}$	1.70×10^{24}	24.23
$[Cu(en)_3]^{2+}$	1.0×10^{21}	21.0	$[GaY]^{-}$	1.78×10^{20}	20.25
$[Fe(en)_3]^{2+}$	5.01×10^{9}	9.70	$[InY]^{-}$	8.91×10^{24}	24.95
$[Mn(en)_3]^{2+}$	4.68×10^{5}	5.67	$[TlY]^{-}$	3.16×10^{22}	22.5
$[Ni(en)_3]^{2+}$	2.14×10^{18}	18.33	$[TlHY]^{-}$	1.48×10^{23}	23.17
$[Zn(en)_3]^{2+}$	1.29×10^{14}	14.11			

注：Y表示EDTA的酸根；en表示乙二胺数据主要摘自 Lide D R. Handbook of Chemistry and Physics. 81st Ed. CRC PRESS, 2000～2001

附录九
某些试剂溶液的配制

试剂	浓度/ mol·L^{-1}	配制方法
三氯化铋 $BiCl_3$	0.1	溶解 31.6 g $BiCl_3$ 于 330 mL 6 mol/L HCl 中，加水稀释至 1 L。
三氯化锑 $SbCl_3$	0.1	溶解 22.8 g $SbCl_3$ 于 330 mL 6 mol/L HCl 中，加水稀释至 1 L。
二氯化锡 $SnCl_2$	0.1	溶解 22.6 g $SnCl_2 \cdot 2H_2O$ 于 330 mL 6 mol/L HCl 中，加水稀释至 1 L，加入少量锡粒。
硝酸汞 $Hg(NO_3)_2$	0.1	溶解 33.4 g $Hg(NO_3)_2 \cdot 1/2H_2O$ 于0.6 mol/LHNO_3 中，加水稀释至 1 L。
硝酸亚汞 $Hg_2(NO_3)_2$	0.1	溶解 56.1 g $Hg_2(NO_3)_2 \cdot 2H_2O$ 于0.6 mol/LHNO_3 中，加水稀释至 1 L，并加入少量金属汞。
碳酸铵$(NH_4)_2CO_3$	1	96 g 研细的$(NH_4)_2CO_3$ 溶于氨水。
硫酸铵$(NH_4)_2SO_4$	饱和	50 g$(NH_4)_2SO_4$ 溶于 100 mL 热水，冷却后过滤。
硫酸亚铁 $FeSO_4$	0.5	溶解 69.5 g $FeSO_4 \cdot 7H_2O$ 于适量水中，加入5 mL18 mol/L H_2SO_4，再用水稀释至 250 mL，加入几枚小铁钉。
六羟基锑酸钠 $Na[Sb(OH)_6]$	0.1	溶解 12.2 g 锑粉于 50 mL 浓 HNO_3 中微热，使锑粉完全作用，所得的白色粉末洗涤数次，再加入50 mL 6 mol/L NaOH，使其溶解，稀释至 1 L。
六硝基钴酸钠 $Na_3[Co(NO_2)_6]$		溶解 230 g $NaNO_2$ 于 500 mLH_2O 中，加入 165 mL 6 mol/L HAc 和 30 g $Co(NO_3)_2 \cdot 6H_2O$ 放置 24 h，取其清液，稀释至 1 L，保存在棕色瓶中。该溶液应呈橙色，若变为红色，表明已分解，应重新配制。
硫化钠 Na_2S	2	溶解 240 g $Na_2S \cdot 9H_2O$ 和 40 g NaOH 于水中，稀释至 1 L。
仲钼酸铵 $(NH_4)_6Mo_7O_{24}$		溶解 124 g$(NH_4)_6Mo_7O_{24} \cdot 4H_2O$ 于1 L水中，将所得溶液倒入 1 L 6 mol/L HNO_3 中，放置 24 h，取其澄清液。
硫化铵$(NH_4)_2S$		取一定量氨水，将其分为两份，往其中一份通硫化氢至饱和，再将其与另一份氨水混合。
六氰合铁酸钾 $K_3[Fe(CN)_6]$		溶解 0.7～1 g 六氰合铁酸钾于水中，稀释至 100 mL(使用前临时配制)。
五氰氧氮合铁(Ⅲ)酸钠 $Na_2[Fe(CN)_5NO]$		溶解10 g 五氰氧氮合铁(Ⅲ)酸钠于100 mL水中。保存于棕色瓶中，如果溶液变绿，应重新配制。
铬黑 T		将铬黑 T 和烘干的 NaCl 按 1∶100 的比例研细，均匀混合，贮于棕色瓶中。
二苯胺		将 1 g 二苯胺溶于 100 mL 98%的硫酸或 100 mL 85%的磷酸中。
铝试剂		1 g 铝试剂溶于 1 L 水中。
镁试剂		溶解 0.01 g 镁试剂于 1 L 1 mol/LNaOH 溶液中。
镍试剂		溶解 10 g 镍试剂(二乙酰二肟)于1 L 95%的乙醇中。

续　表

试　剂	浓度/ $mol \cdot L^{-1}$	配　制　方　法
镁铵试剂		将 100 g $MgCl_2 \cdot 6H_2O$ 和 100 g NH_4Cl 溶于水，加入 50 mL 浓氨水，再加水稀释至 1 L。
奈氏试剂		溶解 115 g HgI_2 和 80 g KI 于水中，稀释至 500 mL，加入 500 mL 6 mol/L NaOH 溶液，静置后，取其清液，保存在棕色瓶中。
甲基红		溶解 2 g 甲基红于 1 L 60%的乙醇中。
甲基橙	0.1	溶解 1 g 甲基橙于 1 L 水中。
酚酞		溶解 1 g 酚酞于 1 L 90%的乙醇中。
溴甲酚蓝（溴甲酚绿）		溶解 1 g 溴甲酚蓝于 1 L 20%的乙醇中。
石蕊		将 2 g 石蕊溶解于 50 mL 水中，静置一昼夜后过滤，滤液中加入 30 mL 95%的乙醇，再稀释至 100 mL。
品红溶液		0.1 g 品红溶于 100 mL 水中。
淀粉溶液	0.2%	将 0.2 g 淀粉与少量冷水调成糊状，倒入 100 mL 沸水中，煮沸后冷却至室温。
格里斯试剂		(1) 溶解 0.5 g 对氨基苯磺酸于 50 mL 热的 30% HAc 中，贮于暗处保存； (2)将 0.4 g α-萘胺与 100 mL 水混合煮沸，在从蓝色渣滓中倾出的无色溶液中加入 6 mL 80% HAc。 使用前将(1)、(2)两溶液等体积混合。
打萨宗（二苯缩氨硫脲）		溶解 0.1 g 打萨宗于 1 L CCl_4 或 CH_3Cl 中。
氯水		在水中通入氯气至饱和，使用时临时配制。
溴水		在水中滴入液溴至饱和。
碘溶液	0.01	溶解 1.3 g 碘和 5 g KI 于少量水中，稀释至 1 L。
NH_3-NH_4Cl 缓冲溶液		溶解 20 g 氯化铵于少量水中，加入100 mL 28%的氨水，混合后稀释至 1 L，pH=10。

附录十

强酸、强碱、氨溶液的百分浓度与比重、物质的量浓度(M)的关系

百分浓度%	H_2SO_4		HNO_3		HCl		KOH		NaOH		氨溶液	
	比重	*M*	比重	*M*	比重	*M*	比重	*M*	比重	*M*	比重	*M*
2	1.013		1.011		1.009		1.016		1.023		0.992	
4	1.027		1.022		1.019		1.033		1.046		0.983	
6	1.040		1.033		1.029		1.048		1.069		0.973	
8	1.055		1.044		1.039		1.065		1.092		0.967	
10	1.069	1.1	1.056	1.7	1.049	2.0	1.032	1.9	1.115	2.8	0.960	5.6
12	1.083		1.068		1.059		1.100		1.137		0.953	
14	1.098		1.080		1.069		1.118		1.159		0.946	
16	1.112		1.093		1.079		1.137		1.181		0.939	
18	1.127		1.106		1.089		1.156		1.213		0.932	
20	1.148	2.3	1.119	3.6	1.100	6	1.176	4.2	1.225	6.1	0.926	10.9
22	1.158		1.132		1.118		1.196		1.247		0.919	
24	1.174		1.145		1.121		1.217		1.268		0.913	12.9
26	1.190		1.158		1.132		1.240		1.289		0.908	13.9
28	1.205		1.171		1.142		1.263		1.310		0.908	
30	1.224	3.7	1.184	5.6	1.152	9.5	1.268	6.8	1.332	10	0.906	16.0

续　表

百分浓度%	H_2SO_4		HNO_3		HCl		KOH		NaOH		氨溶液	
	比重	*M*	比重	*M*	比重	*M*	比重	*M*	比重	*M*	比重	*M*
32	1.238		1.198		1.163		1.310		1.362		0.893	
34	1.256		1.211		1.173		1.334		1.374		0.889	
36	1.273		1.225		1.183	11.7	1.358		1.395		0.884	18.7
38	1.290		1.238		1.194	12.4	1.384		1.416			
40	1.307	5.3	1.251	7.9				1.411	10.1	1.437	14.4	
42	1.324		1.264						1.437		1.458	
44	1.342		1.277						1.460		1.478	
46	1.361		1.290						1.485		1.499	
48	1.380		1.303						1.511		1.519	
50	1.399	7.1	1.316	10.4				1.538	13.7	1.540	19.5	
52	1.419		1.328						1.564		1.560	
54	1.439		1.340						1.590		1.580	
56	1.460		1.351						1.616	16.1	1.601	
58	1.482		1.362						1.622			
60	1.503	9.2	1.373	13.1					1.645	24.6		
62	1.525		1.384									
64	1.547		1.394									
66	1.571		1.403	14.7								
68	1.594		1.412	15.2								
70	1.617	11.5	1.421	15.8								
72	1.640		1.429									
74	1.664		1.437									

续 表

百分浓度%	H_2SO_4		HNO_3		HCl		KOH		NaOH		氨溶液	
	比重	*M*	比重	*M*	比重	*M*	比重	*M*	比重	*M*	比重	*M*
76	1.687		1.445									
78	1.710		1.453									
80	1.732	14.1	1.460	18.5								
82	1.765		1.467									
84	1.776		1.474									
86	1.793		1.480									
88	1.808		1.486									
90	1.819	16.7	1.491	21.5								
92	1.830		1.496									
94	1.837		1.500									
96	1.840	18	1.504									
98	1.341	18.4	1.510									
100	1.838	18.7	1.522	24.2								

附录十一

酸碱指示剂

指示剂	变色范围 pH	颜色 酸色	颜色 碱色	pK_{HIn}	浓度
百里酚蓝(第一次变色)	1.2～2.8	红	黄	1.6	0.1%(20%乙醇溶液)
甲基黄	2.9～4.0	红	黄	3.3	0.1%(90%乙醇溶液)
甲基橙	3.1～4.4	红	黄	3.4	0.05%水溶液
溴酚蓝	3.1～4.6	黄	紫	4.1	0.1%(20%乙醇溶液),或指示剂钠盐的水溶液
溴甲酚绿	3.8～5.4	黄	蓝	4.9	0.1%水溶液,每 100 mg 指示剂加 0.05 mol/LNaOH 2.9 L
甲基红	4.4～6.2	红	黄	5.2	0.1%(60%乙醇溶液),或指示剂钠盐的水溶液
溴百里酚蓝	6.0～7.6	黄	蓝	7.3	0.1%(20%乙醇溶液),或指示剂钠盐的水溶液
中性红	6.8～8.0	红	黄橙	7.4	0.1%(60%乙醇溶液)
酚红	6.7～8.4	黄	红	8.0	0.1%(60%乙醇溶液),或指示剂钠盐的水溶液
酚酞	8.0～9.6	无	红	9.1	0.1%(90%乙醇溶液)
百里酚蓝(第二次变色)	8.0～9.6	黄	蓝	8.9	0.1%(90%乙醇溶液)
百里酚酞	9.48.0～10.6	无	蓝	10.0	0.1%(20%乙醇溶液)

主要参考资料

1. 古凤才，肖衍繁等主编. 基础化学实验教程. 北京：科学出版社，2005.

2. 南京大学. 大学化学实验. 北京：高等教育出版社，2006.

3. 中山大学等编. 无机化学实验. 北京：高等教育出版社.

4. 华东理工大学无机化学实验教研组编. 无机化学实验（第四版）. 北京：高等教育出版社，2007.

5. 徐甲强，孙淑香主编. 无机及分析化学实验. 海洋出版社，1999.

6. 刘约权，李贵深主编. 实验化学（第二版）. 北京：高等教育出版社，2005.

7. 吴茂英，肖楚民主编. 微型无机化学实验. 北京：化学工业出版社，2006.

8. 上海师范大学生命与环境科学学院组编. 无机化学实验. 北京：科学出版社，2008.

9. 浙江、南京、北京、兰州大学主编. 综合化学实验. 北京：高等教育出版社.

10. 游效曾编著. 配位化合物的结构和性质. 北京：科学出版社，1992.

11. 中科院大连物化所. 沸石分子筛. 北京：科学出版社，1978.

12. 陈烨璞等编. 无机及分析化学实验. 北京：化学工业出版社，1998.

13. 王伯康等编. 中级无机化学实验. 北京：高等教育出版社，1984.

14. 徐甲强，刘艳丽，牛新书. 贵州大学学报，2001，3.

15. 徐甲强，刘艳丽，牛新书. 功能材料，2002，4.

16. 浙江大学化学系组编，徐伟亮主编. 基础化学实验. 北京：科学出版社，2007.

17. 蔡炳新、陈贻文，湖南大学化工学院组编. 基础化学实验. 北京：科学出版社，2001.

18. Michell J. Sienko, et al. Experimental Chemistry (5th). McGraw-Hill, Inc., U. S. A., 1976.

19. Lide D R. Handbook of Chemistry and Physics 81st edition. CRC PRESS, 2000 - 2001.

20. Weast R C. Handbook of Chemistry and Physics 81st edition. 2000 - 2001.